中国工程院 国家开发银行重大咨询项目

中国海洋工程与科技发展战略研究

海洋环境与生态卷

主 编 孟 伟

U0202205

海洋出版社

2014年·北京

内 容 简 介

中国工程院"中国海洋工程与科技发展战略研究"重大咨询项目研究成果形成了海洋工程与科技发展战略系列研究丛书,包括综合研究卷、海洋探测与装备卷、海洋运载卷、海洋能源卷、海洋生物资源卷、海洋环境与生态卷和海陆关联卷,共七卷。本书是海洋环境与生态卷,分为两部分:第一部分是海洋环境与生态工程以及科技领域的综合研究成果,包括国家战略需求、国内发展现状、国际发展现状与特点、主要差距和问题、发展战略和任务、保障措施和政策建议、推进发展的重大建议等;第二部分是中国海洋环境与生态工程以及科技4个专业领域的发展战略和对策建议研究,包括环境污染防治、重点海域生态保护、重大涉海工程保护、管理和保障工程。

本书对海洋工程与科技相关的各级政府部门具有重要参考价值,同时可供科技界、教育界、企业界及社会公众等作参考。

图书在版编目(CIP)数据

中国海洋工程与科技发展战略研究. 海洋环境与生态卷/孟伟主编. —北京:海洋出版社,2014.12

ISBN 978 - 7 - 5027 - 9029 - 5

Ⅰ.①中… Ⅱ.①孟… Ⅲ.①海洋工程 - 科技发展 - 发展战略 - 研究 - 中国②海洋环境 - 生态环境 - 发展战略 - 研究 - 中国 Ⅳ.①P75②X321.2

中国版本图书馆 CIP 数据核字(2014)第 295251 号

责任编辑:方 菁

责任印制:赵麟苏

海洋出版社 出版发行

http://www.oceanpress.com.cn

北京市海淀区大慧寺路 8 号 邮编:100081

北京画中画印刷有限公司印刷 新华书店北京发行所经销

2014 年 12 月第 1 版 2014 年 12 月第 1 次印刷

开本:787mm×1092mm 1/16 印张:25

字数:400 千字 定价:120.00 元

发行部:62132549 邮购部:68038093 总编室:62114335

海洋版图书印、装错误可随时退换

编辑委员会

中国海洋工程与科技发展战略研究
项目组主要成员

顾　问　宋　健　第九届全国政协副主席，中国工程院原院长、
　　　　　　　　院士

　　　　徐匡迪　第十届全国政协副主席，中国工程院原院长、
　　　　　　　　院士

　　　　周　济　中国工程院院长、院士

组　长　潘云鹤　中国工程院常务副院长、院士

副组长　唐启升　中国科协副主席，中国水产科学研究院黄海水
　　　　　　　　产研究所，中国工程院院士，项目常务副组长，
　　　　　　　　综合研究组和生物资源课题组组长

　　　　金翔龙　国家海洋局第二海洋研究所，中国工程院院
　　　　　　　　士，海洋探测课题组组长

　　　　吴有生　中国船舶重工集团公司第702研究所，中国工
　　　　　　　　程院院士，海洋运载课题组组长

　　　　周守为　中国海洋石油总公司，中国工程院院士，海洋
　　　　　　　　能源课题组组长

　　　　孟　伟　中国环境科学研究院，中国工程院院士，海洋
　　　　　　　　环境课题组组长

　　　　管华诗　中国海洋大学，中国工程院院士，海陆关联课
　　　　　　　　题组组长

　　　　白玉良　中国工程院秘书长

成　员　沈国舫　中国工程院原副院长、院士，项目综合组顾问

丁　健　　中国科学院上海药物研究所，中国工程院院士，生物资源课题组副组长

丁德文　　国家海洋局第一海洋研究所，中国工程院院士

马伟明　　海军工程大学，中国工程院院士

王文兴　　中国环境科学研究院，中国工程院院士

卢耀如　　中国地质科学院，中国工程院院士，海陆关联课题组副组长

石玉林　　中国科学院地理科学与资源研究所，中国工程院院士

冯士筰　　中国海洋大学，中国科学院院士

刘鸿亮　　中国环境科学研究院，中国工程院院士

孙铁珩　　中国科学院应用生态研究所，中国工程院院士

林浩然　　中山大学，中国工程院院士

麦康森　　中国海洋大学，中国工程院院士，生物资源课题组副组长

李德仁　　武汉大学，中国工程院院士

李廷栋　　中国地质科学院，中国科学院院士

金东寒　　中国船舶重工集团公司第 711 研究所，中国工程院院士，海洋运载课题组副组长

罗平亚　　西南石油大学，中国工程院院士，海洋能源课题组副组长

杨胜利　　中国科学院上海生物工程中心，中国工程院院士

赵法箴　　中国水产科学研究院黄海水产研究所，中国工程院院士

张炳炎　　中国船舶工业集团公司第 708 研究所，中国工程院院士

张福绥　　中国科学院海洋研究所，中国工程院院士

封锡盛　中国科学院沈阳自动化研究所，中国工程院院士
宫先仪　中国船舶重工集团公司第 715 研究所，中国工程院院士
钟　掘　中南大学，中国工程院院士
闻雪友　中国船舶重工集团公司第 703 研究所，中国工程院院士
徐　洵　国家海洋局第三海洋研究所，中国工程院院士
徐玉如　哈尔滨工程大学，中国工程院院士
徐德民　西北工业大学，中国工程院院士
高从堦　国家海洋局杭州水处理技术研究开发中心，中国工程院院士
顾心怿　胜利石油管理局钻井工艺研究院，中国工程院院士
侯保荣　中国科学院海洋研究所，中国工程院院士
袁业立　国家海洋局第一海洋研究所，中国工程院院士
曾恒一　中国海洋石油总公司，中国工程院院士，海洋运载课题组副组长和海洋能源课题组副组长
谢世楞　中交第一航务工程勘察设计院，中国工程院院士，海陆关联课题组副组长
雷霁霖　中国水产科学研究院黄海水产研究所，中国工程院院士
潘德炉　国家海洋局第二海洋研究所，中国工程院院士
刘保华　国家深海基地管理中心，研究员，海洋探测课题组副组长
陶春辉　国家海洋局第二海洋研究所，研究员，海洋探测课题组副组长
刘少军　中南大学，教授，海洋探测课题组副组长

李杰人　中华人民共和国渔业船舶检验局局长，生物资源课题组副组长

于志刚　中国海洋大学校长，教授，海洋环境课题组副组长

马德毅　国家海洋局第一海洋研究所所长，研究员，海洋环境课题组副组长

王振海　中国工程院一局副局长，海陆关联课题组副组长

项目办公室

主　任　阮宝君　中国工程院二局副局长

安耀辉　中国工程院三局副局长

成　员　张　松　中国工程院办公厅院办

潘　刚　中国工程院二局农业学部办公室

刘　玮　中国工程院一局综合处

黄　琳　中国工程院一局咨询工作办公室

郑召霞　中国工程院二局农业学部办公室

位　鑫　中国工程院二局农业学部办公室

中国海洋工程与科技发展战略研究
海洋环境与生态课题组主要成员及执笔人

组　长　孟　伟　中国环境科学研究院　中国工程院院士

副组长　于志刚　中国海洋大学校长　教授

　　　　马德毅　国家海洋局第一海洋研究所　研究员

成　员　丁德文　国家海洋局第一海洋研究所　中国工程院院士

　　　　王文兴　中国环境科学研究院　中国工程院院士

　　　　刘鸿亮　中国环境科学研究院　中国工程院院士

　　　　孙铁珩　中国科学院应用生态研究所　中国工程院院士

　　　　侯保荣　中国科学院海洋研究所　中国工程院院士

　　　　焦念志　厦门大学　中国科学院院士

　　　　孙　松　中国科学院海洋研究所　研究员

　　　　丁平兴　华东师范大学　教授

　　　　舒俭民　中国环境科学研究院　研究员

　　　　温　泉　国家海洋环境监测中心　研究员

　　　　杨作升　中国海洋大学　教授

　　　　李永祺　中国海洋大学　教授

　　　　雷　坤　中国环境科学研究院　研究员

　　　　林卫青　上海市环境科学研究院　研究员

　　　　马明辉　国家海洋环境监测中心　研究员

　　　　韩保新　环境保护部华南督查中心　研究员

　　　　高会旺　中国海洋大学　教授

　　　　柴国旱　环境保护部核与辐射安全中心　研究员

陈晓秋　环境保护部核与辐射安全中心　研究员
李新正　中国科学院海洋研究所　研究员
李盛泉　山东省海事局　高工
富　国　中国环境科学研究院　研究员
徐惠民　辽宁师范大学　副教授
高增祥　中国海洋大学　副教授
李俊生　中国环境科学研究院　研究员
刘录三　中国环境科学研究院　研究员
张　远　中国环境科学研究院　研究员
闫振广　中国环境科学研究院　研究员
马　伟　中国船舶重工集团公司第 715 研究所　高工
王秀通　中国科学院海洋研究所　副研究员
张朝晖　国家海洋局第一海洋研究所　副研究员
全占军　中国环境科学研究院　助理研究员
陈　浩　中国环境科学研究院　副研究员
余云军　环境保护部华南研究所　工程师
孟庆佳　中国环境科学研究院　助理研究员
刘　静　中国环境科学研究院　助理研究员

主要执笔人

孟　伟　雷　坤　刘录三　徐惠民　闫振广　全占军

丛书序言

海洋是宝贵的"国土"资源,蕴藏着丰富的生物资源、油气资源、矿产资源、动力资源、化学资源和旅游资源等,是人类生存和发展的战略空间和物质基础。海洋也是人类生存环境的重要支持系统,影响地球环境的变化。海洋生态系统的供给功能、调节功能、支持功能和文化功能具有不可估量的价值。进入21世纪,党和国家高度重视海洋的发展及其对中国可持续发展的战略意义。中共中央总书记、国家主席、中央军委主席习近平同志指出,海洋在国家经济发展格局和对外开放中的作用更加重要,在维护国家主权、安全、发展利益中的地位更加突出,在国家生态文明建设中的角色更加显著,在国际政治、经济、军事、科技竞争中的战略地位也明显上升。因此,海洋工程与科技的发展受到广泛关注。

2011年7月,中国工程院在反复酝酿和准备的基础上,按照时任国务院总理温家宝的要求,启动了"中国海洋工程与科技发展战略研究"重大咨询项目。项目设立综合研究组和6个课题组:海洋探测与装备工程发展战略研究组、海洋运载工程发展战略研究组、海洋能源工程发展战略研究组、海洋生物资源工程发展战略研究组、海洋环境与生态工程发展战略研究组和海陆关联工程发展战略研究组。第九届全国政协副主席宋健院士、第十届全国政协副主席徐匡迪院士、中国工程院院长周济院士担任项目顾问,中国工程院常务副院长潘云鹤院士担任项目组长,45位院士、300多位多学科多部门的一线专家教授、企业工程技术人员和政府管理者参与研讨。经过两年多的紧张工作,如期完成项目和课题各项研究任务,取得多项具有重要影响的重大成果。

项目在各课题研究的基础上,对海洋工程与科技的国内发展现状、主要差距和问题、国家战略需求、国际发展趋势和启示等方面进行了系统、综合的研究,形成了一些基本认识:一是海洋工程与科技成为推动我国海洋经济持续发展的重要因素,海洋探测、海洋运载、海洋能源、海洋生物资源、海洋环境和海陆关联等重要工程技术领域呈现快速发展的局面;二是海洋6个重要工程技术领域50个关键技术方向差距雷达图分析表明，我国海洋工程与科技整体水平落后于发达国家10年左右，差距主要体现在关键技术的现代化水平和产业化程度上；三是为了实现"建设海洋强国"宏伟目标，国家从开发海洋资源、发展海洋产业、建设海洋文明和维护海洋权益等多个方面对海洋工程与科技发展有了更加迫切的需求；四是在全球科技进入新一轮的密集创新时代，海洋工程与科技向着大科学、高技术方向发展，呈现出绿色化、集成化、智能化、深远化的发展趋势，主要的国际启示是：强化全民海洋意识、强化海洋科技创新、推进海洋高技术的产业化、加强资源和环境保护、加强海洋综合管理。

基于上述基本认识，项目提出了中国海洋工程与科技发展战略思路，包括"陆海统筹、超前部署、创新驱动、生态文明、军民融合"的发展原则，"认知海洋、使用海洋、保护海洋、管理海洋"的发展方向和"构建创新驱动的海洋工程技术体系，全面推进现代海洋产业发展进程"的发展路线；项目提出了"以建设海洋工程技术强国为核心，支撑现代海洋产业快速发展"的总体目标和"2020年进入海洋工程与科技创新国家行列，2030年实现海洋工程技术强国建设基本目标"的阶段目标。项目提出了"四大战略任务"：一是加快发展深远海及大洋的观测与探测的设施装备与技术，提高"知海"的能力与水平；二是加快发展海洋和极地资源开发工程装备与技术，提高"用海"的能力与水平；三是统筹协调陆海经济与生态文明建设，提高"护海"的能力与水平；四是以全球视野积极规划海洋事业的发展，提高"管海"的能力与水平。为了实现上述目标和任务，项目明确提出"建设海洋强国，科技必须先行，必须首先建设海洋工程技术强国"。为此，国家应加大海洋工程技术发展力度，建议近期实施加快发展"两大计划"：海洋工程科技创新重大专项，即选择海洋工程科技发展的关键方向，设置海洋工程科技重大专项，动员和组织全国优势力量，突破一批具有重大支撑和引领作用的海洋工程前沿技术和关键技术，实现创新驱动发展，抢占国际竞争的制高点；现代海洋产业发展推进计划，即在推进海洋工程科技创新重大专项的同时，实施现代海洋产业发展推进计划（包括海洋生物产业、海洋能源及矿产产业、海水综合利用产业、海洋装备制造与工程产业、海洋物流产业和海洋旅游产业），推动海洋经济向质量效益型转变，提高海洋产业对经济增长的贡献率，使海洋产业成为国民经济的支柱产业。

项目在实施过程中，边研究边咨询，及时向党中央和国务院提交了6项建议，包括"大力发展海洋工程与科技，全面推进海洋强国战略实施的建议"、"把海洋渔业提升为战略产业和加快推进渔业装备升级更新的建议"、"实施海洋大开发战略，构建国家经济社会可持续发展新格局"、"南极磷虾资源规模化开发的建议"、"南海深水油气勘探开发的建议"、"深海空间站重大工程的建议"等。这些建议获得高度重视，被采纳和实施，如渔业装备升级更新的建议，在2013年初已使相关领域和产业得到国家近百亿元的支持，国务院还先后颁发了《国务院关于促进海洋渔业持续健康发展的若干意见》文件，召开了全国现代渔业建设工作电视电话会议。刘延东副总理称该建议是中国工程院500多个咨询项目中4个最具代表性的重大成果之一。另外，项目还边研究边服务，注重咨询研究与区域发展相结合，先后在舟山、青岛、广州和海口等地召开"中国海洋工程与科技发展研讨暨区域海洋发展战略咨询会"，为浙江、山东、广东、海南等省海洋经济发展建言献策。事实上，这种服务于区域发展的咨询活动，也推动了项目自身研究的深入发展。

在上述战略咨询研究的基础上，项目组和各课题组进一步凝练研究成果，编撰形成了《中国海洋工程与科技发展战略研究》系列丛书，包括综合研究卷、海洋探测与装备卷、海洋运载卷、海洋能源卷、海洋生物资源卷、海洋环境与生态卷和海陆关联卷，共7卷。无疑，海洋工程与科技发展战略研究系列丛书的产生是众多院士和几百名多学科多部门专家教授、企业工程技术人员及政府管理者辛勤劳动和共同努力的结果，在此向他们表示衷心的感谢，还需要特别向项目的顾问们表示由衷的感谢和敬意，他们高度重视项目研究，宋健和徐匡迪二位老院长直接参与项目的调研，在重大建议提出和定位上发挥关键作用，周济院长先后4次在各省市举办的研讨会上讲话，指导项目深入发展。

希望本丛书的出版，对推动海洋强国建设，对加快海洋工程技术强国建设，对实现"海洋经济向质量效益型转变，海洋开发方式向循环利用型转变，海洋科技向创新引领型转变，海洋维权向统筹兼顾型转变"发挥重要作用，希望对关注我国海洋工程与科技发展的各界人士具有重要参考价值。

编辑委员会
2014年4月

本卷前言

海洋是一个巨大的资源宝库，为人类提供了食物、药物、矿产、能源等重要资源，以及各种优美的自然景观。我国是海洋大国，拥有 18 000 余千米的大陆海岸线，近 300 万平方千米的管辖海域以及面积大于 500 平方米的 6 500 余个岛屿。因此良好的海洋生态环境对维持自然生态系统平衡、海洋资源持续利用、海洋经济可持续发展、增进和改善民生福祉具有重要意义，是关系国家生态安全的重大问题。在 21 世纪我国经济迅速增长、人口快速增加及城市化进程加快的背景下，采取工程技术手段保护海洋环境与生态，构建现代绿色海洋产业体系，探索沿海地区经济社会与海洋生态环境相协调的科学发展模式，是我国海洋环境与生态保护亟待解决的重要问题。

2011 年 7 月，中国工程院启动了"中国海洋工程与科技发展战略研究"重大咨询项目，设立综合研究组和 6 个课题组。"中国海洋环境与生态工程发展战略研究"是其中一个课题，共邀请 7 位院士和 40 多位专家参与研究。课题按专业领域设立了 4 个研究专题：海洋环境污染防治工程发展战略、重点海域生态保护工程发展战略、重大涉海工程的生态和环境保护发展战略、海洋环境监测与风险控制工程发展战略。近 3 年来，在项目组总体思路的指导下，课题组在上述 4 个专业领域开展了大量研究工作，全面系统地分析研究了我国海洋环境与生态保护工程发展的战略需求和发展现状、世界海洋环境与生态保护现状与发展趋势以及我国海洋环境与生态工程面临的主要问题等，提出了我国海洋环境与生态工程发展的战略任务、保障措施与政策建议，以及实施国家河口计划、构建陆海统筹的海洋生态环境保护管理体制、建设海洋生态文明示范区 3 个重大工程与科技专项建议。

海洋环境与生态卷凝聚了课题研究成果，以一个课题综合研究报告和 4 个专业领域研究报告形式呈现。研究成果指出，我国海洋环境与生态工程发展战略定位于坚持以保护优先、预防为主的方针，通过海洋环境和生态工程建设与相关产业发展，提高我国海洋环境和生态保护水平，支撑我国社会经济的协调可持续发展，为建设海洋生态文明、建设美丽中国，实现海洋强国提供生态安全保障。课题以维护海洋生态系统健康、保持海洋生物的多样性，保护人类健康为宗旨，以改善海洋环境质量和保障生态安全为目标，以提高技术创新能力和推动产业化为核心，坚持"陆海统筹、河海兼顾"的原则，构建三大海洋环境与生态工程体系，即海洋污染防治工程、海洋生态保护工程、海洋环境管理与保障工程。经过 20~30 年的努力，通过开展三类工程技术创新与产业发展，实现"技术水平提高、生态功能改善、管控能力提升"三大目标；最终形成完整的海洋环境与生态工程研究开发、装备制造和技术服务产业体系；支撑我国海洋环境质量全面改善，生态系统健康状况良好；促进沿海地区资源、环境协调发展；海洋生态安全得以保障，海洋生态文明蔚然成风。

在课题实施过程中，课题组专家们开展了深入的调研工作，积极参与中国工程科技论坛，召开了 5 次研讨会，凝练研究成果。在中国工程院第 140 场工程科技论坛——"中国海洋工程与科技发展战略研究论坛"上，海洋环境与生态工程领域作为论坛一个分会场，特邀国家海洋局第二海洋研究所苏纪兰院士、中国海洋大学冯士筰院士等 12 位报告人做主题报告，介绍了"海洋可持续发展"、"海湾环境保护"、"海洋环境化学污染"、"海洋监测/观测技术体系"、"大规模围填海的生态环境影响"等方面的内容。另外，课题组积极参与项目组组织的边研究边咨询边服务活动，形成了《关于广西壮族自治区典型环境问题的政策建议》院士建议。在报告撰写过程中，课题组认真听取了院士和专家们的宝贵指导性意见和建议，保证了研究报告编写的水平与质量。

根据"中国海洋工程与科技发展战略研究"重大咨询项目的总体安排，决定将课题研究成果编辑出版，奉献给关心和支持我国海洋环境与生态工程和科技发展事业的政府部门、生产企业、科技界、教育界以及社会其他各界的专家和学者，为我国海洋环境与生态保护贡献一份力量。课题研究任务的圆满完成是各方面专家努力和辛勤劳动的成果，为此一并向为课题研究报告和专业领域研究报告做出贡献的院士、专家学者、企业工程技术人员以及政府管理人员致以衷心的感谢。

本卷编写中，有众多不同专业的专家参与，在表述的方式、研究深度及成果归纳上难免有不足之处，敬请读者批评指正。

海洋环境与生态工程发展战略研究课题组

2014 年 4 月

目　录

第二部分　中国海洋环境与生态工程发展战略研究专业领域报告

第一部分
中国海洋环境与生态工程
发展战略研究
综合报告

第一章　我国海洋环境与生态工程
发展的战略需求

　　海洋是人类环境的重要组成部分。地球表面有近70.8%的面积被海水所覆盖，可以说海洋是地球上一切生命的摇篮，为众多生物提供了生活的家园。对人类而言，海洋还是一个巨大的资源宝库，蕴藏了大量人类所需的食物、药物、矿产和其他资源，为人类提供了舟楫之便和各种优美的自然景观，是居民进行商业、文化交流、娱乐以及迁徙的重要通道。此外，海洋环境以其自身的承载力和净化能力为维持自然生态系统的平衡发挥了无可替代的作用，对于人类的生存和发展有重要意义。

一、改善近海环境质量，维护海洋生态安全的需求　　▶

　　我国既是陆地大国，又是海洋大国，拥有18 000余千米的大陆海岸线，6 500多个面积大于500平方米的岛屿。依据《联合国海洋法公约》和中国的主张，我国有300万平方千米的辽阔管辖海域。在过去的几十年来，我国沿海地区社会经济快速发展，由于在海洋开发利用过程中重视对资源的索取，而对海洋生态及环境的保护相对不足，导致我国海洋生态环境问题日益突出。如入海污染物显著增加，氮、磷引起的富营养化问题突出，赤潮灾害多发，新型污染物等问题日益凸显，海岸带生态遭到破坏，海洋生态系统服务功能和渔业资源严重衰退，突发性环境污染事故频发等，我国海洋生态安全面临严重挑战。目前，环境改善已成为增进民生福祉、关系国家生态安全的重大问题。通过海洋环境与生态工程建设，加强海洋环境综合治理，修复受损生态系统，控制海洋环境污染，保护海洋生物多样性、维护海洋生态系统健康，推进海洋生态文明建设，已经成为改善海洋环境质量、保障海洋食品安全、改善民生和保护海洋生态安全的现实需求，也是维护社会公平与稳定的重要保障。

二、促进沿海地区社会经济可持续发展的需求 ▶

　　我国管辖海域蕴藏着十分丰富的生物、油气和各种矿产资源，是国家的宝贵财富。我国人口众多，陆地资源相对贫乏，从海洋中获取的能源、矿产、食物、药物、材料等各类资源，对于缓解我国陆域资源短缺矛盾、支撑社会经济发展具有重要的战略意义，而良好的海洋环境和生态是支持海洋资源可持续利用的重要物质基础。21世纪是海洋世纪，是人类全面开发、利用、保护海洋的世纪。在21世纪我国经济迅速增长、人口快速增加及城市化进程加快而陆地资源日益枯竭的背景下，如何立足陆海统筹，在开发利用海洋资源、发展海洋经济，构建现代海洋产业体系的同时，防治海洋环境污染，维护海洋生态健康，探索沿海地区经济社会与海洋生态环境相协调的科学发展模式，增强海洋环境的管控能力，是我国海洋环境保护亟待解决的严峻问题，是海岸带地区转变经济发展模式、实现经济社会可持续发展的必然选择，也是推动我国沿海地区经济社会和谐、持续和健康发展，实现21世纪宏伟蓝图的必由之路。沿海经济社会发展，应坚持尊重海洋、顺应海洋、保护海洋的原则，坚持将海洋和海岸带生态系统摆在重要位置，在全面维持和养护海洋生态系统的前提下，将发展目标与海洋自然规律有机结合，在各类海洋生产实践活动中，提高海洋资源开发能力，有效保护海洋生态环境，以经济社会的繁荣发展，以海洋生态的平衡有序，全面推进海洋生态文明建设，逐步形成人－海和谐的海洋生态文明格局。

三、建设海洋生态文明的需求 ▶

　　党的十七大首次提出了建设生态文明的战略任务，标志着我国进入全面建设生态文明的新阶段。十八大报告将生态文明建设纳入中国特色社会主义事业总体布局，明确提出建设资源节约型、环境友好型"美丽中国"的发展目标。要"把生态文明建设放在突出地位，融入经济建设、政治建设、文化建设、社会建设各方面和全过程"，要"尊重自然、顺应自然、保护自然"，确立了五位一体的中国特色社会主义建设总体布局。海洋生态文明是以人与海洋和谐共生、良性循环为主题，以海洋资源综合开发和海洋经济科学发展为核心，以强化海洋国土意识和建设海洋生态文化为先导，以保护海洋生态环境为基础，以海洋生态科技和海洋综合管理制度创新为动力，整体推进海洋生产与生活方式转变的一种生态文明形态。海洋生态文明是我国建设生态文明不可或缺的组成部分，建设美丽中国离不开美丽海洋。在建设海洋生态文明的进程中，采取工程技术手段，控制海洋环境污染，改善海洋生态，探索沿海地区工业化和城镇化过程中符合生态文明理念的发展模式，是建设海洋生态文明的重要内容和支撑体系。

第二章 我国海洋环境与生态工程发展现状

一、我国海洋环境与生态现状

（一）近岸海域水质较差

1. 入海河流水质不佳

我国入海河流水质总体仍然较差。据2012年《中国近岸海域环境质量公报》，全国201个入海河流监测断面中，94个为Ⅰ~Ⅲ类水质，占46.7%；58个为Ⅳ~Ⅴ类水质，占28.9%；49个为劣Ⅴ类水质，占24.4%。201个入海河流断面的水质达标率仅为64.7%，水质超过《地表水环境质量标准》（GB 3838－2002）Ⅲ类标准的主要因子为化学需氧量、生化需氧量、氨氮和总磷。

2006—2012年，我国入海河流水质监测断面水质中Ⅰ~Ⅲ类断面所占比例先有所降低后逐渐增加，从2006年的37.2%增大到2012年的46.7%，增加了9.5%；Ⅳ~Ⅴ类水质断面所占比例基本保持稳定，在30%左右波动；劣Ⅴ类水质断面所占比例先增加后降低，由33.3%降低到24.4%，下降了8.9%。近年来，虽然总体上入海河流水质有所改善，Ⅰ~Ⅲ类断面所占比例有升高，劣Ⅴ类水质断面所占比例降低，但Ⅳ~Ⅴ类、劣Ⅴ类水质断面所占比例仍超过50%，说明我国入海河流水质污染状况仍然不容乐观（图1－2－1）。

2. 氮、磷引起的富营养化程度高

据《中国近岸海域环境质量公报2012》，2012年全国近岸海域总体水质基本保持稳定（图1－2－2），在301个近岸海域环境质量监测点位中，一类海水点位所占比例为29.9%；二类为39.5%；三类为6.7%；四类为5.3%；劣四类为18.6%。主要超标因子是无机氮和活性磷酸盐。

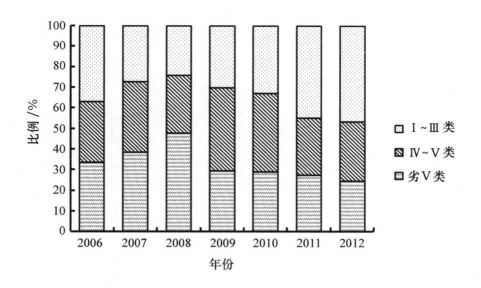

图 1 - 2 - 1　2006—2012 年入海河流断面水质类别

近 10 年来我国近岸海域水质总体保持稳定,局部区域污染严重(图 1 - 2 - 3)。一类、二类海水所占比例总体呈现波动增加的趋势,2012 年较 2003 年增长了 19.2%;三类海水比例则显著减小,由 2003 年的 19.8% 下降到 2012 年的 6.7%;四类、劣四类海水的所占比例较为稳定,在 18% ~ 35% 间波动。4 个海区中渤海、黄海、南海水质总体转好,劣四类海水所占比例下降;东海水质有所下降,劣四类海水比例增加(图 1 - 2 - 4)。

受氮、磷营养物质输入的影响,我国近岸海域营养盐超标严重,富营养化问题突出。2012 年呈富营养化状态的海域面积达到 9.8 万平方千米(图 1 - 2 - 5),其中重度、中度和轻度富营养化海域面积分别为 1.9 万平方千米、4.0 万平方千米和 3.9 万平方千米。重度富营养化海域主要集中在辽河口、渤海湾、莱州湾、长江口、杭州湾和珠江口的近岸区域。

(二) 局部海域沉积物受到污染

2012 年近岸海域沉积物综合质量状况总体良好(图 1 - 2 - 6),沉积物中铜含量符合第一类海洋沉积物质量标准的站位比例为 85%,其余指标符合第一类海洋沉积物质量标准的站位比例均在 96% 以上。

4 个海区中,东海近岸沉积物综合质量良好的站位比例最高,为 96%,渤海、黄海和南海近岸沉积物综合质量良好的站位比例依次为 95%、94%

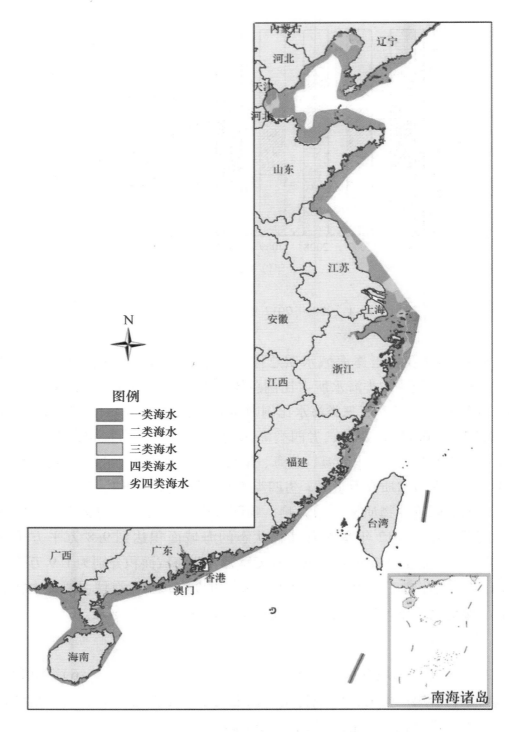

图 1 – 2 – 2 2012 年全国近岸海域水质分布示意图

资料来源：2012 年中国近岸海域环境质量公报

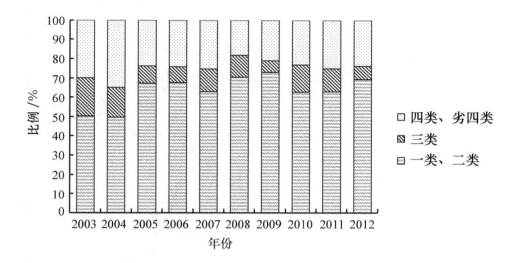

图 1 - 2 - 3   各类海水所占比例年际变化

资料来源：中国近岸海域环境质量公报

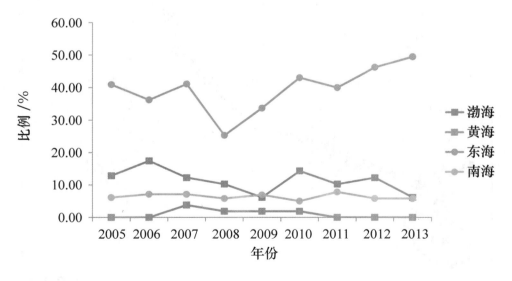

图 1 - 2 - 4   2005—2013 年各海区劣四类海水所占比例

资料来源：中国近岸海域环境质量公报

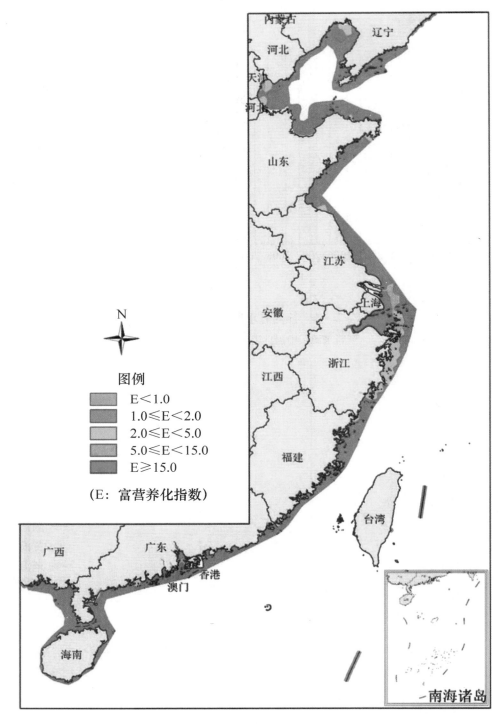

图 1 – 2 – 5 2012 年我国近岸海域海水富营养化状况示意图

资料来源：2012 年中国海洋环境质量公报

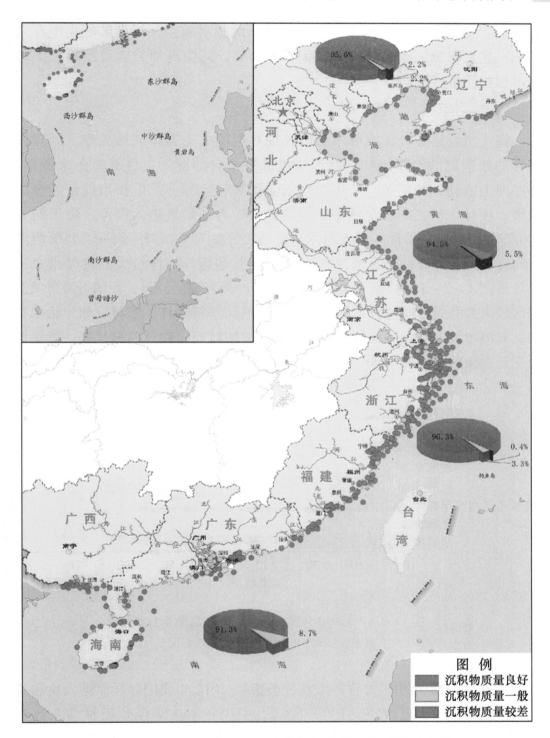

图 1 - 2 - 6　2012 年我国近岸海域沉积物环境质量示意图

资料来源：2012 年中国海洋环境状况公报

和91%。黄海北部近岸沉积物综合质量状况相对较差，污染区域集中在大连湾，主要超标因子为石油类、铜、镉和锌，其中石油类含量超第三类海洋沉积物质量标准。

（三）海洋垃圾污染不容忽视

海洋垃圾是在海洋或海岸带内长期存在的人造物体或被丢弃、处置或遗弃的处理过的固体废物。海洋垃圾既有来自陆源的，也有海上来源的。一些海上活动，如捕鱼、货运、娱乐活动和客运等可产生相当数量的海洋垃圾。统计资料表明，全球每年大约有 640 万吨垃圾进入海洋，每天约有 800 万件垃圾进入海洋。进入海洋的垃圾大约有 70% 沉降至海底，15% 漂浮在海洋表面，15% 驻留在海滩上。2012 年我国近岸海洋垃圾的种类组成和来源见图 1-2-7。根据《2012 年中国海洋环境状况公报》，我国近海海域监测区域内的海面漂浮垃圾主要是聚苯乙烯泡沫塑料碎片、塑料袋和片状木头等；海滩垃圾主要为塑料袋、聚苯乙烯泡沫塑料碎片和玻璃碎片等；海底垃圾主要为塑料袋、废弃渔网和塑料瓶等。

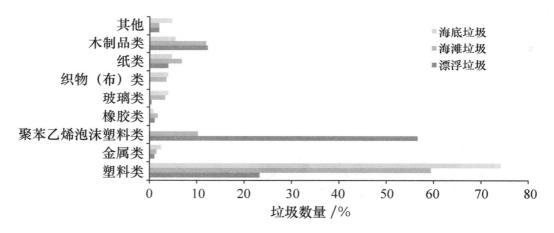

图 1-2-7　2012 年监测海域海洋垃圾数量分布

资料来源：2012 年中国海洋环境状况公报

根据《2012 年中国海洋环境状况公报》，2012 年我国海洋漂浮大块和特大块漂浮垃圾平均个数为 37 个/千米^2；中块和小块漂浮垃圾平均个数为 5 482 个/千米^2，平均密度为 14 千克/千米^2。聚苯乙烯泡沫塑料类垃圾数量最多，占 57%，其次为塑料类和木制品类，分别占 23% 和 12%。87% 的海面漂浮垃圾来源于陆地，13% 来源于海上活动。海滩垃圾平均个数为 72 581

个/千米^2，平均密度为 2 494 千克/千米^2。塑料类垃圾数量最多，占 59%，其次为木制品和聚苯乙烯泡沫塑料类，分别占 12% 和 10%。94% 的海滩垃圾来源于陆地，6% 来源于海上活动。海底垃圾平均个数为 1 837 个/千米^2，平均密度为 127 千克/千米^2。其中塑料类垃圾数量最多，占 74%（图 1-2-8）。

(四) 海岸带生态遭到破坏，渔业资源衰退

随着重点海域沿岸经济开发步伐的加快，围填海规模迅速增大。据不完全统计，2002 年前，我国围海造地确权面积约为 155 平方千米，2002—2013 年的 12 年中增加面积相当于 2002 年以前的 8 倍（图 1-2-9）。由于围海造地项目、环海公路工程以及盐田和养殖池塘修建等开发利用活动，侵占了大量滨海湿地，导致湿地生态功能、环境和社会效益得不到正常发挥。根据"908 专项"调查，与 20 世纪 50 年代相比，我国滨海湿地面积丧失 57%，红树林面积丧失 73%，珊瑚礁面积减少 83%，大陆自然岸线保有率已由 20 年前的 90% 以上，下降到 40% 左右。一些重要的经济鱼、虾、蟹和贝类的产卵、育幼场所等生态敏感区消失，对近海生态系统造成不可逆的影响；海洋捕捞品种日趋低端化，同一捕捞品种体型日趋小型化，生物多样性组成结构日趋脆弱化，传统的渔业资源结构已不复存在。

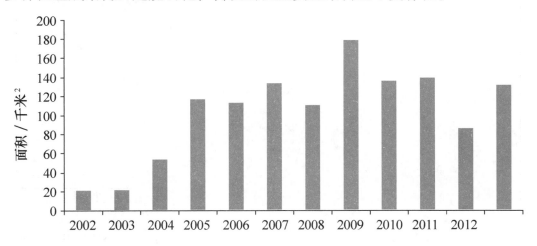

图 1-2-8   2002—2013 年我国围填海确权面积

资料来源：2002—2013 年海域使用管理公报

(五) 典型生态系统受损严重，生物多样性下降

海洋生态系统包括河口生态系统、沿岸和内湾生态系统、红树林生态

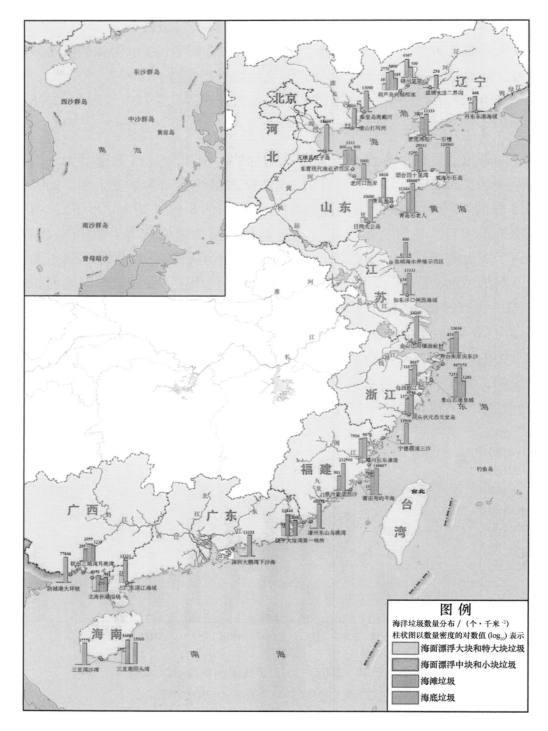

图 1 - 2 - 9 2011 年监测海域海洋垃圾数量分布

资料来源：2012 年中国海洋环境状况公报

系统、草场生态系统、藻场生态系统、珊瑚礁生态系统等；远海区有大洋生态系统、上升流生态系统、深海生态系统、海底热泉生态系统等。2012年《中国海洋环境状况公报》对我国重点监控的河口、海湾、滩涂湿地、珊瑚礁、红树林和海草床等典型海洋生态系统健康状况进行了评价，结果表明处于健康、亚健康和不健康状态的海洋生态系统分别占 19%、71% 和10%（表1-2-1）。

表1-2-1　2012年重点监测区海洋生态系统健康状况　　　　千米^2

生态系统类型	监测区名称	所属经济发展规划区	监测海域面积	健康状况
河口	双台子河口	辽宁沿海经济带	3 000	亚健康
	滦河口-北戴河	河北沿海经济区	900	亚健康
	黄河口	黄河三角洲高效生态经济区	2 600	亚健康
	长江口	长江三角洲经济区	13 668	亚健康
	珠江口	珠江三角洲经济区	3 980	亚健康
海湾	锦州湾	辽宁沿海经济带	650	不健康
	渤海湾	天津滨海新区	3 000	亚健康
	莱州湾	黄河三角洲高效生态经济区	3 770	亚健康
	杭州湾	长江三角洲经济区	5 000	不健康
	乐清湾	浙江海洋经济发展示范区	464	亚健康
	闽东沿岸	海峡西岸经济区	5 063	亚健康
	大亚湾	珠江三角洲经济区	1 200	亚健康
滩涂湿地	苏北浅滩	江苏沿海经济区	15 400	亚健康
珊瑚礁	雷州半岛西南沿岸	广东海洋经济综合试验区	1 150	健康
	广西北海	广西北部湾经济区	120	健康
	海南东海岸	海南国际旅游岛	3 750	亚健康
	西沙珊瑚礁	海南国际旅游岛	400	亚健康
红树林	广西北海	广西北部湾经济区	120	健康
	北仑河口	广西北部湾经济区	150	亚健康
海草床	广西北海	广西北部湾经济区	120	亚健康
	海南东海岸	海南国际旅游岛	3 750	健康

资料来源：2012年中国海洋环境状况公报．

红树林和海草床是典型海洋生态系统，是全球海洋生态与生物多样性保护的重要对象。过去 50 年来，受到各种自然和人为因素干扰，红树林湿地面积大为缩小，红树种类也有所减少。目前我国红树林主要分布在海南、广东、广西、福建和台湾等省（自治区）沿海及港澳地区和浙江南部沿海局部地区。历史上我国红树林面积曾达到 25 万公顷，20 世纪 50 年代锐减至 5.5 万公顷，80—90 年代减少至 2.3 万公顷，21 世纪初约有 2.2 万公顷，目前仅有 1.5 万公顷。

滨海湿地中的海草场是鱼类特别喜爱的育幼场。在黄渤海尤其是山东、辽宁沿岸，海草场一度曾广泛分布，但围垦等开发活动导致海草大面积消失，目前仅在荣成附近海域有成片海草存在。胶东半岛的特色民居"海草房"就是大叶藻、虾海藻等海草种类曾广布于胶东半岛近海的最好证据，但目前在该海域只有零星分布的海草场。

珊瑚礁生态系统具有丰富的生物多样性和极高的生产力水平，同时也是重要的生态旅游资源。西沙群岛是我国面积最大的珊瑚礁区域，且珊瑚种类最多，珊瑚资源非常丰富。与 20 世纪 50 年代相比，我国珊瑚礁面积减少 80%。据国家海洋局 2005—2009 年对永兴岛、石岛、西沙洲、赵述岛和北岛造礁石珊瑚的调查，西沙群岛造礁石珊瑚呈现逐年退化趋势。活造礁石珊瑚覆盖率从 2005 年的 65% 下降到 2009 年的 7.93%，而死珊瑚覆盖率从 2005 年的 4.7% 增加到 2009 年的 72.9%。新生珊瑚的补充量也越来越小，2005 年为 1 121 个/米^3，而 2009 年仅为 0.07 个/米^3。

（六）海洋生物入侵严重

生物入侵是指非本地物种由于自然或人为因素从原分布区域进入一个新的区域（进化史上不曾分布）的地理扩张过程。当非本地种，即外来种，已经或即将对本地经济、环境、社会和人类健康造成损害时，称其为"入侵种"。我国海岸线长，生态系统类型多，十分容易遭受外来物种的侵害。近年来，随着我国海洋运输业的发展和海水养殖品种的传播和引入，生物入侵呈现出物种数量多、传入频率加快、蔓延范围扩大、危害加剧和经济损失加重的趋势。

互花米草是一种世界性恶性入侵植物，一旦入侵就能很快形成单种优势群落，排挤其他物种的生存，给生态系统带来不可逆转的危害，是列入 2003 年我国首批 16 种外来入侵物种名单中唯一的海洋入侵种。互花米草最初是作为保滩护岸、改良土壤、绿化和改善海滩生态环境的有益植物于 20 世纪 70 年代被引种到江苏、浙江、上海一带。现已广泛分布于辽宁、河北、天津、山东、江苏、上海、浙江、福建、广东、广西等 10 个沿海省、市、自治区（图 1 - 2 - 10）。由于其良好的适应性和旺盛的繁殖能力，造成了大面积的暴发

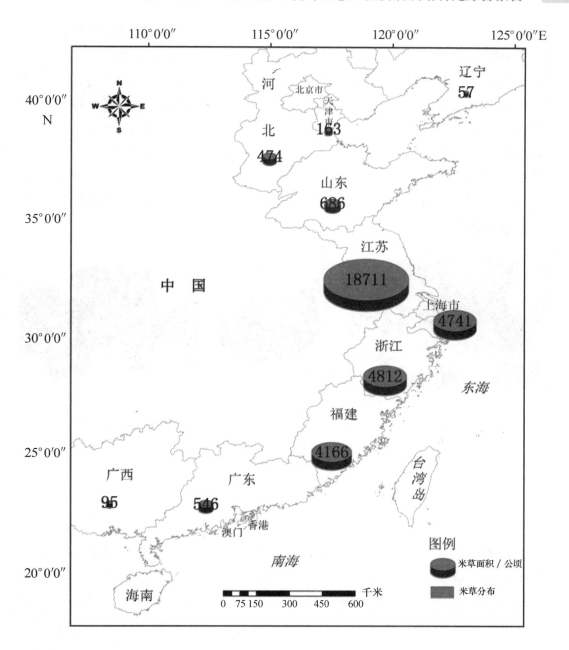

图 1 - 2 - 10　互花米草在全国的分布现状

资料来源：左平，刘长安，赵书河，等. 2009. 米草属植物在中国海岸带的分布现状.

式扩散蔓延，导致入侵地原有生物群落的衰退和生物多样性的丧失。互花米草
已对我国从辽宁营口到广东电白的滨海潮间带生态系统产生了极大的危害。

　　20 世纪 90 年代，在厦门马銮湾和福建东山相继发现一种原产于中美洲

的海洋贝类——沙筛贝（图1-2-11），造成虾贝等本土底栖生物的减少，甚至绝迹。我国北方从日本引进的虾夷马粪海胆，从养殖笼中逃逸到自然海域环境中，能够咬断海底大型海藻根部而破坏海藻床。同时，它在自然生态系统中繁殖起来，与土著光棘球海胆争夺食物与生活空间，对土著海胆生存构成了危害，严重干扰了本土海洋生态平衡。外来物种同时还会带来遗传污染，通过与当地物种杂交或竞争，影响或改变原生态系统的遗传多样性。如利用引进的日本盘鲍与我国的皱纹盘鲍杂交繁殖的杂交鲍，其大量底播增殖使青岛和大连附近主要增殖区的杂交鲍占绝对优势，原种皱纹盘鲍种群基本消失，宝贵的遗传资源就此丧失。

图1-2-11 海洋外来入侵物种

（左：虾夷马粪海胆 *Strongylocentrotus intermedius*，中：日本虾夷盘鲍 *Haliotis discus*，

右：沙筛贝 *Mytilopsis sallei*）

（七）生态灾害频现且呈加重趋势

1. 赤潮

赤潮是海水中某些浮游藻类、原生动物或细菌在一定的环境条件下暴发性增殖或聚集在一起而引起海洋水体变色的一种生态异常现象，是海水富营养化加剧的集中体现，赤潮的发生会破坏局部海区的生态平衡，引起海洋生物大量死亡，对渔业、人体健康和海水的利用都带来极大危害。根据赤潮生物的毒性作用一般可分为有毒赤潮与无毒赤潮两类，前者是因其赤潮生物体内含有或分泌有毒物质，而对生态系统，渔业资源、海产养殖及人体健康等造成损害；而后者则是因赤潮生物的大量增殖导致海域耗氧过度，影响海洋生物生存环境，进而破坏海域生态系统结构。

与20世纪90年代相比，21世纪以来，我国赤潮灾害发生频次和面积均居高不下（图1-2-12）。20世纪90年代，我国近海平均每年发生赤潮

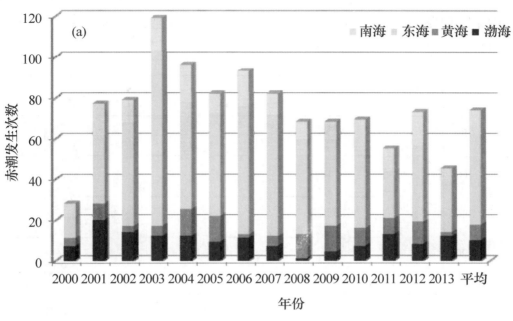

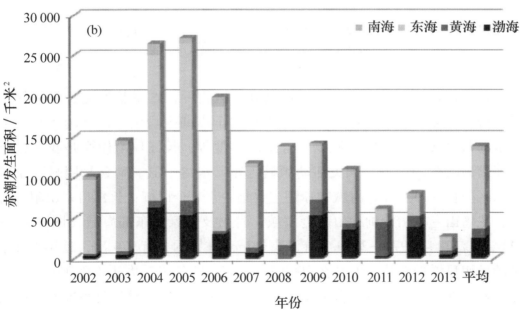

图 1 - 2 - 12   2000—2013 年我国近海赤潮发生次数（a）和面积（b）

资料来源：2000—2013 年中国海洋环境状况公报

20 起，2000—2013 年间，我国平均每年发生赤潮 74 起，为 20 世纪 90 年代的 3.7 倍。2002 年以来，有毒有害赤潮发生比例呈增加趋势，特别是 2009 年以来，甲藻和鞭毛藻引发的赤潮次数占当年总次数的 80% 左右（图 1 - 2 - 13）。

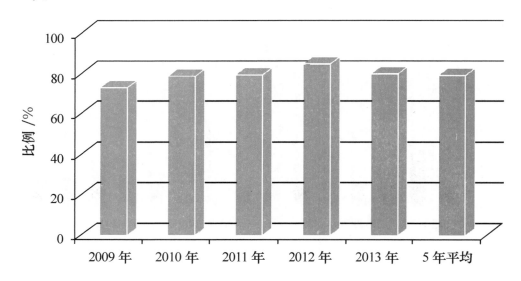

图 1 - 2 - 13　2009—2013 年甲藻和鞭毛藻等引发的赤潮次数占当年总次数比例
资料来源：2013 年中国海洋环境状况公报

　　长江口及其邻近海域是我国赤潮高发区之一，这里长期受长江冲淡水以及台湾暖流的直接影响，易于形成有利于赤潮生物生长的环境条件，如丰富的营养盐、充足的光照以及合适的温度等；长江口沿岸亦是我国经济发展最为活跃的区域，人类活动频繁，导致水体中氮、磷含量明显高于其他海区。长江口及邻近海域的赤潮主要集中于 3 个区域：长江口佘山附近海域、花鸟山－嵊山－枸杞山附近海域、舟山及朱家尖东部海域（图 1 - 2 - 14）。长江口自 1972—2009 年赤潮事件记录在案的共有 174 次，近年来发生频次呈明显增加趋势，尤其在 2000 年后除 2007 年未见大于 1 000 平方千米赤潮发生外，其余年份均有发现（图 1 - 1 - 15）。从赤潮生物组成看，引发长江口赤潮形成的原因种也处于不断演变当中，2000 年前导致该区域赤潮发生的主要物种为中肋骨条藻及夜光藻，伴随一些东海原甲藻、颤藻等；2003 年后，东海原甲藻已成为该海区最为显著的赤潮原因种，且每年该类赤潮均有发生。

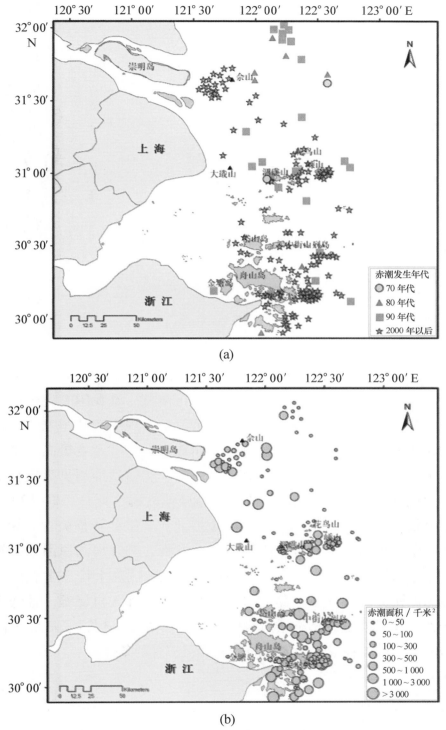

图 1 - 2 - 14 1972—2009 年长江口及邻近海域主要赤潮
发生年代（a）与赤潮面积（b）

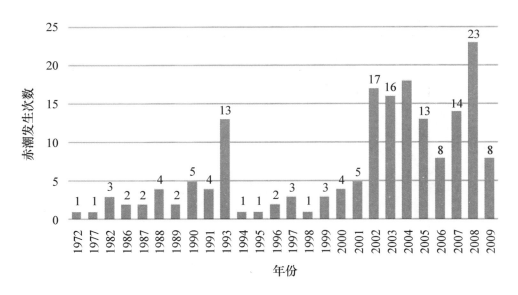

图 1 - 2 - 15　长江口及邻近海域赤潮发生次数

2. 褐潮

自 2009 年以来，秦皇岛海域连续 4 年出现"微微型藻"赤潮，实为"褐潮"，影响范围已经扩展至山东荣成一带海域，是我国有记录以来的首次出现。我国也成为继美国和南非之后第三个出现褐潮的国家。褐潮与传统赤潮相比有其自身的一些明显特征，如藻华发生时密度极高、藻华区水体常呈黄褐色、经常发生在近海贝类养殖区、能强烈抑制贝类摄食等，对贝类养殖业造成较大冲击，甚至使生命力极强的海草死亡。据《2010 年海洋灾害公报》显示，当年"褐潮"造成河北省直接经济损失达 2.05 亿元。有关专家采用色素分析和分子生物学鉴定发现，渤海褐潮原因种是抑食金球藻，属于海洋金球藻类。由于褐潮危害巨大，国际上许多学者开始关注抑食金球藻研究。抑食金球藻能够同时利用有机和无机氮源，且低光照条件利于其生长。同时，藻类通过吸收水体中营养盐，促进了底泥中溶解性有机质和氮、磷的释放，为褐潮的暴发提供了有利条件。

3. 绿潮

绿潮与赤潮一样，与陆源营养物质的输入、海水富营养化、气候异常等有关。随着我国近岸海域环境的变化，绿潮灾害也同样会出现周期性变化趋势。自 2007 年以来，南黄海每年都发生浒苔绿潮灾害，目前南黄海绿潮灾害有所减轻，但对海洋环境影响仍不容忽视。2008—2012 年我国黄海沿岸海域绿潮最大分布面积和最大覆盖面积见图 1 - 2 - 16。尽管浒苔本身无毒无害，但若在近岸海域和潮间带大量漂浮堆积，将对海洋环境、生态服务功能以及沿海社会经济和人民生活、生产造成严重影响。

年份	最大分布面积 / 千米^2	最大覆盖面积 / 千米^2
2008	25 000	650
2009	58 000	2 100
2010	29 800	530
2011	26 400	560
2012	19 610	267
2013	29 733	790

图 1 - 2 - 16　2008—2012 年我国黄海沿岸海域绿潮最大面积及覆盖

面积和 2012 年 6 月 13 日绿潮分布

资料来源：2008—2013 年中国海洋环境质量公报

4. 水母

在过去的 10 多年中，全球海洋中的水母数量都有所增加，在一些局部区域出现了水母种群暴发的现象，主要集中于近海，特别是一些重要的渔场和高生产力区。自 20 世纪 90 年代中后期起，渤海、黄海南部及东海北部海域连年发生大型水母暴发现象，并有逐年加重的趋势。水母暴发已经形成重要的生态灾害，对沿海工业、海洋渔业和滨海旅游业等造成严重危害。这些水母能捕食大量浮游动物，直接导致鱼类饵料缺失，影响夏秋鱼汛的海洋渔业生产，对海洋生态系统健康带来极大危害。

（八）持久性有机污染问题日益凸显

目前，我国尚未全面、系统地开展近海持久性有机污染物（POPs）监测。针对局部海域的调查研究主要集中于海湾、河口、河流、地下水以及湖泊。就 POPs 种类而言，以多环芳烃（PAHs）、有机氯农药（OCPs）和多氯联苯（PCBs）的研究为主。环渤海、长三角、珠三角地区是我国沿海最具经济活力的地区，因此 POPs 污染也相对严重。

研究表明，长江河口区域水样检测中共鉴定出有机污染物 9 类 234 种，包括 VOCs（挥发性有机化合物）23 种、SVOCs（半挥发性有机物）211 种；其中属美国列出的 129 种优先控制污染物的有 49 种，属我国列出的 58 种优先控制污染物的有 24 种，属 GB 3838 – 2002 列出的控制污染物有 19 种。

珠江口伶仃洋及附近海域表层沉积物中多环芳烃污染状况与国际上相比处于中 – 低水平，但珠江三角洲河流表层沉积物中多环芳烃浓度较高。滴滴涕类农药在珠江三角洲表层沉积物中多个站位浓度超过 ERL 值，潜在生态风险不可忽视。

环渤海地区曾经是我国重要的氯碱化工、有机氯杀虫剂的生产基地，由于过去生产和管理水平落后，致使大量 POPs 随化工厂排放的废水、废气和固体废物排放到周边区域，使得该区域成为多种 POPs（有机氯农药尤其突出）污染的高风险地区。

（九）海洋健康指数偏低

英属哥伦比亚大学（UBC）渔业研究人员首次对全球海洋的健康水平进行了定量评估，建立了海洋健康指数（Ocean Health Index，简称 OHI）评价体系，用于评估海洋为人类提供福祉的潜力及其可持续性。海洋健康指数选取了被广泛认可的 10 项指标来表征海洋健康状况，每项指标都代表了人类对于海洋的需求愿景，同时每一个指标都是根据大量数据——现状、趋势、压力、弹性——得出的。这 10 项指标（子目标）分别为：

- 食物供给：渔业、海水养殖
- 非商业性捕捞
- 天然产品
- 碳汇
- 海岸保护（安全海岸线）
- 旅游与度假
- 沿海生计和经济
- 地区归属感：标志性物种、持久特殊区
- 清洁水
- 生物多样性：生境、物种

所选取的 10 项指标构成了该评价指标体系的概念框架（图 1 – 2 – 17）。

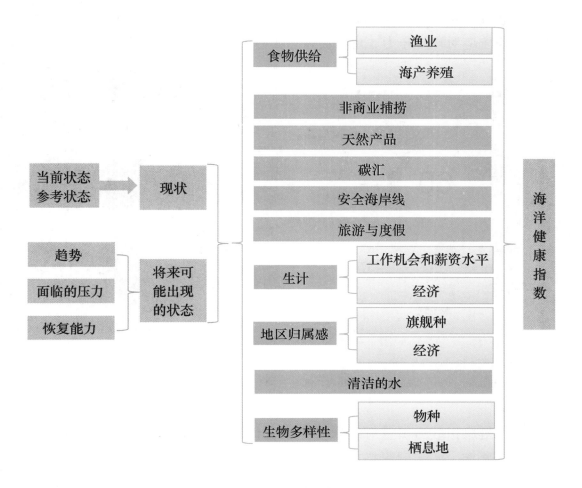

图 1 - 2 - 17　海洋健康指数的概念框架

资料来源：Benjamin S Halpern, Catherine Longo, Darren Hardy, et al. 2012. An index to assess the health and benefits of the global ocean. Nature, 488, (7413)：615 - 620.

　　在上述概念框架的基础上，英属哥伦比亚大学（UBC）渔业研究人员对各个国家的 10 项指标分别评分，并在此基础上汇总得出每个国家的得分以及全球的总体得分（图 1 - 2 - 18）。在评估了沿海各国生态、社会、经济和政治条件后认为，当前全球海洋的健康指数水平仅为 60 分。不同国家间的评分差距很大，从 36 分到 86 分。北欧、加拿大、澳大利亚、日本和一些赤道附近国家以及无人区的得分较高，西非国家、中东国家和美洲中部的一些国家得分非常低。各国中加拿大的得分较高，为 70 分，美国 63 分，英国 62 分，中国 53 分。海洋健康指数得分与人类发展指数呈正相关，发达国家得分较发展中国家普遍偏高。究其原因，发达国家有更好的经济、管理和基础设施应对环境压力，也有更强的实力推进资源可持续利用。

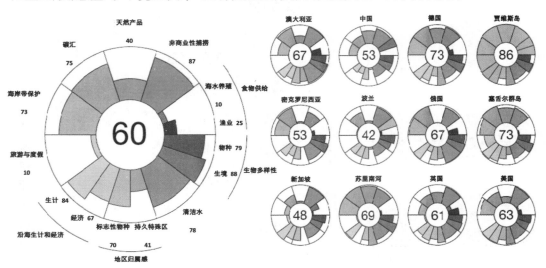

图 1-2-18 各国指标得分情况

资料来源：Benjamin S Halpern, Catherine Longo, Darren Hardy, et al. 2012. An index to assess the health and benefits of the global ocean. Nature, 488, (7413): 615-620.

海洋健康指数为衡量海洋未来健康变化和提出海洋健康的改善措施提供了一个基准。海洋健康指数的目的在于帮助沿海国家提出更多的政策和措施，改善海洋的健康水平。我国海洋健康指数评分为 53 分，低于全球海洋健康指数的平均得分。与世界上评分较高的一些国家相比，导致我国海洋健康指数评分偏低的原因主要在于 3 项指标的评分过低，分别为"旅游与娱乐"指数、"食物供给-渔业"指数和"地区归属感-持久特殊区"，其中第一项指标在全球范围内的评分普遍偏低，因此我国海洋生态保护的趋势应该是力争改变后两项指标的得分，海洋渔业资源和保护特有的海洋环境。

二、海洋环境污染控制工程发展现状

（一）实施陆源污染物总量减排工程，缓解海洋环境压力

1. 陆源工业和生活点源污染物总量减排

"十一五"以来，我国开展了陆域水体化学需氧量（COD）总量减排工

作，实现"十一五"期间我国陆域 COD 排放总量减少 12.4%左右。主要采取了工程减排、结构减排、管理减排 3 方面的措施。通过采取工程减排，"十一五"累计新增城市污水日处理能力超过 6 000 万立方米，到"十一五"末，全国城市污水日处理能力达到 1.25 亿立方米，城市污水处理率由 2005 年的 52%提高到 75%以上；通过结构减排，钢铁、水泥、焦化及造纸、酒精、味精、柠檬酸等高耗能高排放行业淘汰落后产能，造纸行业单位产品化学需氧量排污负荷下降 45%；通过管理减排，"十一五"中央财政投入 100 多亿元，用于支持全国环保监管能力和污染减排"三大体系"建设，全国已建成 343 个省（自治区、直辖市）、地市级污染源监控中心，15 000 多家企业实施自动监控，配备监测执法设备 10 万多台（套），环境监测、在线监控、执法监察能力显著增强。通过总量减排工作，2010 年全国地表水国控断面高锰酸盐指数平均浓度 4.9 毫克/升，比 2005 年下降 31.9%，七大水系国控断面好于Ⅲ类水质的比例由 2005 年的 41%提高到 59.6%。

根据《"十二五"污染物总量减排规划》，"十二五"期间，将持续深入推进主要污染物排放总量控制工作，严格控制增量，强化结构减排，细化工程减排，实化监管减排，加大投入、健全法制、完善政策、落实责任，确保实现 COD 和氨氮减排。"十二五"减排的重点领域和着力点主要放在 4 个方面：强化源头管理，严格控制污染物新增量；突出结构减排，着力降低污染物排放强度；注重协同控制，强化 COD 和氨氮工程减排；优化养殖模式，开展农业源减排工程建设。

2. 实施农业面源污染减排工程

（1）农业面源污染源头控制措施。实施农田最佳养分管理，多种施肥方式相结合、采取生物固氮技术、开发新型肥料、平衡施肥、配方施肥、施用缓释肥。大力推广测土配方施肥，多施有机肥，提倡化肥深施、集中施、叶面喷施，以提高肥料利用率。推广无公害、高效、低残留化学农药，最大限度地控制化肥、农药连年持续攀升的不良势头，对蔬菜地连作土壤酸化地区，采取合理轮作和增施适量的石灰，调解土壤酸碱度，提高肥料利用率和减轻化肥、农药造成的面源污染。

（2）畜禽养殖污染控制措施。遵循"以地定畜、种养结合"的基本原则，倡导有效控制污染的畜禽养殖业清洁生产，对畜禽饲养量实行总量控制，包括根据土地环境容量确定养殖规模，保证畜禽养殖产生的废弃物有足够土地消纳，减少环境污染，增加土壤肥力的养殖业容量化控制；对畜禽粪便进行生化处理，作为肥料、饲料和燃料等综合利用于居民生活、农业种植和渔业生产，实现畜禽粪便的资源化利用；畜禽粪便污水无害化处理再排放。通过改常流滴水为畜禽自动饮水，改稀料喂养为干湿料喂养，改水冲粪为人工干清粪，减少污染物排放量的养殖业减量化处置；完善养殖污水处理利用工程，包括污水收集输送管网、污水厌氧处理设施、沼液贮存设施等。实现以农养牧，以牧促农的生态化发展。农村集市建立畜禽统一宰杀区，毛、皮、内脏等"下脚料"实行回收利用，生产再生饲料或颗粒有机肥。

（3）建立生态农业模式。近年来我国着重发展了以庭院生态农业为主的生态农业模式。主要有3种：①以沼气建设为中心环节的家庭生态农业模式；②物质多层次循环利用的庭院生态农业模式；③种、养、加、农、牧、渔综合经营型家庭生态农业模式。以沼气为纽带的"三位一体"、"四位一体"、"西北五配套"生态农业模式在我国各地发展迅速，实现了种植业、养殖业、加工业的有机结合，大大提高了资源利用率，不仅降低了化肥、农药的使用量，节约生产成本，同时改善了土壤综合性能，提高农产品品质，提升农业综合效益。有效地提高资源利用率和减少发展规模养殖对周围水域的污染，控制农业面源污染。

（二）开展了海洋垃圾污染控制

为了保护海洋环境，防治垃圾污染海洋环境，国际上和我国先后制定了防治垃圾污染海洋环境的海洋法公约以及法律法规，主要有《联合国海洋法公约》、《经1978年议订书修订的〈1973年国际防止船舶造成污染公约〉》（《MAPPOL73/78公约》）、《防止倾倒废物及其他物质污染海洋公约》、《中华人民共和国海洋环境保护法》、《防止船舶污染海域管理条例》和《船舶污染物排放标准》，对于海洋垃圾相关的规定是比较全面、具体的，能够覆盖海洋垃圾的各项主要来源。

我国共有6个涉海部门根据管理职责开展海洋垃圾污染监测、防治方面的相关工作。环境保护部重点开展加强陆上废弃物的管理和控制，推动海事、渔业、海洋等部门和沿海地方环保局参与海洋垃圾国际合作，组织开展海洋垃圾清理和海滩垃圾清扫活动，提高公众海洋环境保护意识。住房与城乡建设部会同发展和改革委员会与环境保护部组织编制了《"十二五"

全国城镇生活垃圾无害化处理设施建设规划》（以下简称《规划》）。《规划》的实施执行，有望部分缓解海洋垃圾的产生。交通部海事局沿海及长江、黑龙江干线水域共下设14个直属海事机构，各省、自治区、直辖市也设立了地方海事机构，主要对船舶垃圾污染控制进行监管。农业部渔业局会同各级渔港监督管理部门，在地方政府的大力支持下，不断加强渔港和渔船垃圾和污染的治理工作。国家海洋局开展了海洋垃圾监测工作。此外全军环办在海洋垃圾污染控制的环保意识、生活习惯培养等方面开展了大量工作。

（三）积极稳妥地控制持久性有机污染物（POPs）

为了有效防止POPs对人类健康和生态环境的危害，我国采取了积极、稳妥的控制对策，从POPs进出口、生产、储存、运输、流通、使用和处置等方面建立削减POPs的全过程管理政策体系。

（1）积极支持和参与联合国有关机构对POPs物质采取的国际控制行动。严格执行国务院《农药管理条例》和《化学危险物品安全管理条例》等法规中农药登记和农药生产许可证的有关规定，任何单位和个人不得生产、经营和使用国家明令禁止生产或撤销登记的农药。完善法规管理和加强执法检查与执法力度，制定淘汰POPs的产业政策和研究替代措施，加强全国POPs生产、使用和环境污染的实地调查和跟踪。

（2）加强环保宣传教育，提高广大群众对POPs公害的认识。提高人民群众的环保意识，做好有害化学品安全使用和突发事故防范。

（3）通过物理修复技术，如土地填埋、换土和通风去污等工程方法转移污染物，此种方法主要用于土壤中POPs污染的修复。对于水相中的POPs，可通过气提、吸附和萃取等手段将水中的POPs去除。此外还可通过化学修复技术、生物修复技术等多种技术降解、转化、去除水体中的POPs。

三、海洋生态保护工程发展现状

（一）海洋保护区网络体系建设初显成效

目前我国的各类涉海保护区包括海洋自然保护区、海洋特别保护区、水产种质资源保护区和海洋公园。我国自20世纪80年代末开始海洋自然保护区的选划，1995年制定了《海洋自然保护区管理办法》。近20年来，我国海洋保护区数量和面积稳步增长。到 2011 年底已建成典型海岸带管理系统、珍稀濒危海洋生物、海洋自然历史遗迹及自然景观等各类海洋保护区 221 处，其中海洋自然保护区 157 处，海洋特别保护区 64 处，涉及海岛的海洋保护区 57 个，总面积达 3.3 万平方千米（含部分陆域），占管辖海域面积 1.12%，初步形成海洋保护区网络体系。此外，已建立海洋国家级水产种质资源保护区 35 个，覆盖海域面积达 505.5 万公顷。2005 年建立了第一个国家级海洋特别保护区，至今达到 21 个。2011 年，国家海洋局开始建设国家海洋公园，并批准 7 处国家级海洋公园。海洋自然保护区从特种保护、繁殖，到生态系统修复等方面进行了大量研究，取得了显著的效果。

（二）海岸带生态修复与治理逐步开展

海岸带是一个既有别于一般陆地生态系统又不同于典型海洋生态系统的独特生态系统。由于沿海经济发展和人口不断地向海岸带地区集聚，海岸带面临的环境和生态压力越来越大，资源和环境问题越来越突出。目前，我国沿海地区的生态修复主要围绕滨海湿地恢复、自然侵蚀岸线修复和城市滨海岸线整治展开，并对受损的红树林、海草床、海湾、河口等海岸带管理系统实施生态修复工程。

我国海岸带生态恢复基本是根据地带性规律、生态演替及生态位原理选择适宜的先锋植物，构造种群和生态系统，实行土壤、植被与生物同步分级恢复，使生态系统逐步恢复到一定功能水平。海岸带生态恢复是采用适当的生物、生态及工程技术，逐步恢复退化海岸带生态系统的结构和功能，最终达到海岸带生态系统的自我持续状态。海岸带生态资源的修复是一项难度大、涉及范围广、因素多的复杂系统工程。但总体上存在生态修复技术粗放、科技含量明显不足的问题，使得生态修复的投入与产出不成比例，事倍功半，甚至出现因选种不当或过度引入而导致生态系统几近崩溃。近年来我国通过红树林人工种植等生态修复工程，恢复了部分区域的海洋生态功能；通过采取海洋伏季休渔、增殖放流、水产健康养殖，水产种质资源保护区、人工鱼礁和海洋牧场建设等措施，减缓了海洋渔业资源衰退趋势。以广西山口红树林保护区为例，自 1993 年建区以来，保护区的天然红树林面积逐年增加，至 2008 年红树林面积达 818.8 公顷，比建区时的 730 公顷扩大了 12%，红树林生态系统健康状况良好。

四、海洋环境管理与保障工程

（一）基于功能区划的海域使用管理和环境保护

海洋功能区划是我国在 20 世纪 80 年代末提出并组织开展的一项海洋管理的基础性工作，目的是为海域使用管理和环境保护提供科学依据，为国民经济和社会发展提供用海保障。在 2002 年国务院批准的《全国海洋功能区划》的基础上，制定了新的《全国海洋功能区划（2011—2020 年）》（以下简称《区划》）。《区划》科学评价了我国管辖海域的自然属性、开发利用与环境保护现状，统筹考虑国家宏观调控政策和沿海地区发展战略，提出了海洋开发、利用的指导思想、基本原则和主要目标，将范围为我国内水、领海、毗连区、专属经济区、大陆架以及管辖的其他海域划分为农渔业、港口航运、工业与城镇用海、矿产与能源、旅游休闲娱乐、海洋保护、特殊利用、保留等 8 类海洋功能区，确定了渤海、黄海、东海、南海及台湾以东海域共五大海区、29 个重点海域的主要功能和开发保护方向，并据此制定保障《区划》实施的政策措施。《区划》是我国海洋空间开发、控制和综合管理的整体性、基础性和约束性文件，具有自上而下的控制性作用，是编制地方各级海洋功能区划及各级各类涉海政策、规划，开展海域管理、海洋环境保护等海洋管理工作的重要依据。

（二）海洋环境监测能力得到长足发展

1. 初步建成较为完善的海洋环境监测体系

我国已建设成较为完善的海洋环境与生态监测体系。初步构建了以卫星、飞机、船舶、浮标、岸站等多种监测手段组成的近岸海域立体化监测体系，共有成员单位 100 余家，分属国家海洋局、环境保护部、交通部、农业部、水利部、中国海洋石油总公司、海军等部门，是一个跨地区、跨部门、多行业、多单位的全国性海洋环境监测业务协作组织，其基本任务是对我国所辖海域的入海污染源进行长期监测，掌握近岸海域生态环境状况和变化趋势，为海洋环境管理、经济建设和科学研究提供基础资料。

海洋环境监测所获得的大量数据、资料，为海洋功能区划、海洋开发规划、滩涂开发、水产养殖、防灾减灾等提供了大量的基础资料和科学依据，在沿海经济建设和海洋开发利用中发挥了重要作用。同时，把海洋监测与陆源口监测有机结合，不断调整充实监测点位，持续完善海洋环境质量趋势性监测工作，具备了全面开展陆源排污监督监测、海洋生态监测、海洋污染事故应急监测等不同目标的全方位海洋环境监测的能力，极大地丰富了海洋环境监测的工作领域与研究内容。

2. 海洋环境监测制度体系已基本构建

2000 年 4 月，《中华人民共和国海洋环境保护法》开始实施，国家海洋管理部门相继组织制定了《海洋环境监测质量保证管理制度》、《海洋环境监测报告制度》等一系列海洋环境监测管理的规章制度。原国家环境保护总局为加强近岸海域的环境管理，防止陆域污染源对海洋产生污染侵害，于 1994 年正式建立了点面结合的近岸海域环境监测网，包含成员单位 74个。全国省（直辖市、自治区）、市级海洋环境监测业务机构基本建立了现场调查、站点布设、样品采集、实验室分析、数据处理、综合评价等海洋环境监测全过程的质量控制体系，经过多年运行，取得了明显成效。

3. 开展了大量海洋环境与生态监测设备研发工作

随着 20 世纪 80 年代中期开展海洋环境监测网的建设，我国从国外引进了一批较先进的海洋环境监测设备，国内也组织研制了一批仪器设备，形成了包括相控阵声学多普勒海流剖面仪（PAADCP）、温盐深测量系统（CTD）、抛弃式深水温度计（XBT）等比较高端的海洋环境监测设备，以及拖曳式多参数剖面测量系统、漂流浮标、潜标、生态浮标等比较先进的海洋生态环境监测平台设备。"十一五"期间我国水质监测传感器技术取得了一定进展，研制了可以在海水中长期使用的水温、盐度、溶解氧、pH 值和氨氮传感器，同时将比色分析法硝酸盐、亚硝酸盐和磷酸盐传感器集成应用于水质自动监测浮标上，并已投入使用。但总体而言，我们还处于买进口设备来应用的初级阶段，自研设备的稳定性、准确性和维护性还不好，在高技术监测设备方面与发达国家还有较大差距，尤其是在线式监测仪器使用的传感器基本完全依靠进口，大量进口海洋仪器，在一定程度上抑制了我国海洋观测技术的正常发展。因此，未来一段时间我国海洋生态环境监测设备的主要发展任务是要进一步加强系统集成能力，发展大规模、阵列化的海洋生态环境监测平台系统，同时加强在线式监测传感器的研发力度，提高设备及系统的稳定性、维护性、准确性和长期工作能力，发展环境监测数据处理技术，建设监测数据库共享管理平台，研究数据统计、分析、评价、预警等环境综合解决方案。

（三）海洋环境与生态风险防范和应急能力建设逐步启动

1. 开展了风险源识别与监控工作

海上溢油与化学品泄漏已成为我国近岸海洋环境的重大风险来源。针对海上溢油，我国目前已初步建成卫星、航空、雷达、船舶等多种监测技术相结合的海洋溢油事件监测体系和应急体系，基本覆盖整个中国近海。对沿海重要风险源，如国家石油战略储备基地、沿海重化工集中区及海上油气田等开展了风险源识别与监控工作。进行了石油勘探开发定期巡航、溢油卫星遥感监测、石油平台视频及雷达监测等海洋石油勘探开发的监管和溢油风险排查，并在重点石油勘探开发区及周边海域进行水质、沉积物质量、底栖环境和生物质量监测，建立了原油指纹信息库，海上溢油应急漂移预测预警系统及海上无主漂油溯源追踪系统等，初步建立了海洋环境敏感区决策支持系统。

为有效开展海上溢油与化学品泄漏应急工作，相关部门进行了高风险区域的识别，对于一些通航密度大、航道拥挤的区域，通航环境复杂，碰撞事故风险大，船舶交通事故多发，可能导致的重大船舶污染事故风险巨大，被认定为高风险区。这些区域主要有：老铁山水道、长山水道、成山头水道、长江口、舟山水域、台湾海峡、珠江口等区域。除此之外，还开展了海洋溢油风险高发区域辨识，包括港口及其邻近海域、沿海国家战略石油储备基地邻近海域及海洋石油勘探开发溢油风险高发区域等。

2. 初步建立了海洋环境应急响应机制

我国于1998年3月30日加入了《1990年国际油污防备、反应与合作公约》（《OPRC1990》），按照该公约要求，公约缔约国必须分层次建立起与潜在的溢油风险相适应的溢油应急反应体系。2009年9月，国务院颁布实施了《防治船舶污染海洋环境管理条例》，对建立健全防治船舶及其有关作业活动污染海洋环境应急反应机制，及制定相应应急预案进行了详细规定。迄今，我国船舶溢油应急机制不断完善，船舶溢油监测体系已覆盖整个中国近海，数值模型计算和遥感监视等先进手段也应用到了溢油动态预报和实时监测中。此外，针对海上化学品泄漏，开展了现场监测和跟踪监测工作；针对潜在的污染源，对优先控制污染物的分析方法进行了技术储备，为化学品泄漏事故后的快速送检、及时检测、确定污染物种类、排查污染源等一系列应急工作奠定技术基础。同时，加大了应急设备和队伍的建设，建立了应急技术交流中心，陆续在全国沿海重点水域和长江沿线建设了一批溢油应急设备库，培养了一批溢油应急指挥人才，极大地提高了我国海洋溢油污染应急能力。

第三章　世界海洋环境与生态工程发展现状与趋势

一、海洋环境与生态工程发展现状与主要特点　▶

（一）基于生态系统健康的海洋环境与生态保护理念

在 20 世纪 90 年代后期，学术界和管理界提出了基于海洋生态系统的管理理念（ecosystem based management），或称基于生态系统途径的管理理念（ecosystem approached management）。该理念迅速被世界各海洋大国应用于海洋管理领域。相关国际组织、各海洋大国和海洋学术界都认为，协调海洋资源开发与保护、解决海洋生态危机必须改进现有海洋管理模式，应用基于生态系统的方法管理海洋。其核心思想是将人类社会和经济的需要纳入生态系统中，协调生态、社会和经济目标，将人类的活动和自然的维护综合起来，维持生态系统健康的结构和功能，在此基础上使社会和经济目标得以持续，既实现生态系统的持续发展，又实现经济和社会的持续发展。

生态系统方法的一个突出特点是它的综合和整体性质，考虑到生态系统的物理和生物等所有组成部分及其相互间的作用和可能对它们产生影响的一切活动。根据对生态系统现状、其各个组成部分之间的相互作用及其面临的压力等方面的科学评估结果，全面、综合地管理可能对海洋产生影响的所有人类活动。生态系统方法为管理协调海洋资源开发和海洋生态环境保护找到了一个新的理念。目前，生态系统方式已经成为环境资源管理的主流思想。美国和澳大利亚等国在海洋管理方面处于世界领先地位，已将生态系统方式提升到了国家海洋管理政策的层面。

（二）污染控制工程发展现状与特点

1. 防治陆基活动影响海洋环境行动计划得到各国的支持

保护海洋环境与控制陆域活动密不可分，是一项十分复杂的系统工程。

国际社会很早就认识到，陆域活动对海洋环境的影响虽然是局部性、国家性或区域性的问题，最终会造成全球性的后果。为应对这一全球性的挑战，联合国环境署发起了"保护海洋环境免受陆源污染全球行动计划"（GPA），其宗旨就是协助各国政府制定保护和改善海洋生态环境的政策和措施，防止陆源污染对海洋环境的破坏。在该框架下 GPA 采取了一系列具体的行动和举措防治陆源污染，包括发展可持续的污水处理工艺技术、控制农业养分污染水环境、关注海洋垃圾污染等。

（1）发展可持续污水处理工艺。可持续污水处理工艺是指向着最小的 COD 氧化、最低的二氧化碳释放、最少的剩余污泥产量以及实现磷回收和污水回用等方向努力。这就需要综合解决污水处理问题，即污水处理不应仅仅是满足水质改善，同时也需要一并考虑污水及所含污染物的资源化和能源化问题，且所采用的技术必须以低能耗（避免出现污染转移现象）、少资源损耗为前提。以德国为例，德国的污水处理采用分散和集中处理相结合的方法，小城镇、村庄使用小型污水处理厂，大城市都采取集中处理的方法，更便于管理和污泥的再利用，达到节能和节省投资的目的。采用雨水、污水分管截流，污水送至污水厂处理，雨水经过雨水沉淀池处理后排入水体。为控制水体的富营养化，德国许多污水处理厂纷纷改造、扩建，用生物脱氮、化学除磷的工艺，以达到脱氮除磷的目的。

（2）控制农业面源污染。随着工农业经济的快速发展，越来越多的营养物质（氮、磷）富集到环境中。对面源污染国际范围内仍然缺少有效的控制和监测技术，在控制上一般采用源头控制策略，强调在全流域范围内广泛推行农田最佳养分管理（Best Nutrient Management Practice，BNMP），通过对水源保护区农田轮作类型、施肥量、施肥时期、肥料品种、施肥方式的规定，进行源头控制。在水源保护区和面源污染严重的水域，因地制宜地制定和执行限定性农业生产技术标准。实施源头控制，是进行氮、磷总量控制，减少农业面源污染最有效的措施。依靠科技，保证限定性农业生产技术标准的科学性和合理性。发达国家不仅对点源和面源污染进行分类控制，对面源污染中不同的类型，如城区面源、农田面源、畜禽场面源也进行分类控制。

（3）控制海洋垃圾污染。近年来，海洋垃圾污染问题越来越严重，不仅破坏海洋生态景观，造成视觉污染，还可能威胁航行安全，并对海洋生态系统健康产生影响。由于海洋垃圾有随洋流和季风漂移的性质，海洋垃圾污染已成为国际水域、生物多样性保护、海岸带开发和保护的重要问题，受到国内外的高度重视。2011 年，美国国家海洋与大气管理局（National Oceanic and Atmospheric Administration，NOAA）和联合国环境署（UNEP）联合发布了"檀香山战略"（Honolulu Strategy），系统地描述了海洋垃圾的危害，给出了全球各地区、各国家在防治、监控和管理海洋垃圾方面应遵循的一般指导原则。

2. 欧、美各国实施了可持续营养物质管理

（1）欧洲国家养分管理政策。欧洲国家养分管理以保护水体环境、控制富营养化为主要目标，对于可能造成养分富余问题的各个环节都确立了指标体系，各国根据实际情况控制本国比较薄弱的环节。如奥地利和瑞典通过控制饲养动物的数量来控制粪肥的排放量，比利时和德国则通过减少农业无机氮向水体排放来控制污染。欧洲国家普遍将重点放在施肥清单上，要求各个农场列出详细的施肥清单，并且日后的控制也主要依靠这些清单。在施肥敏感区，通常采用更为严格的标准。

德国地下水的硝态氮污染和北海、波罗的海的富营养化是欧盟主要的环境问题，而农业排放的氮是主要污染源。为控制氮污染，这些地区的化肥用量必须低于一般用量的 20%，同时通过测量土壤中氮含量进行进一步的控制，农民的减产损失则通过增加对饮用水消费者的收费来补偿。许多地区尤其是西北部的几个州通过颁布法令对有机肥的用量进行限制，规定每百平方米农田的氮素年最大施用量。在荷兰采取一系列立法措施限制水污染区存栏牲畜数量的增加和厩肥的施用。对农田养分流失量也有明确的规定，如果流失量超过标准，则必须缴纳一定费用，且收费标准随着养分流失量的增加而增加。法国农业部和环境部共同成立了一个特别委员会来处理氮、磷对水体的污染问题，并将 4 万平方米的土地划为易受硝酸盐污染区，区内要求更严格的平衡施肥；而且为减少肥料损失，针对不同作物制定了详细的肥料禁用时间。

（2）美国营养物质管理。美国作为一个联邦制政府，从国家和州两个层次上开展对营养物质的管理。美国的营养物质管理主要是为了削弱畜牧场对环境（水和土地）的负面影响，例如营养物质综合管理计划（Comprehensive Nutrient Management Planning，CNMP）是针对畜牧场而设计的。作为

CNMP 的有益补充，最佳管理措施（Best Management Practices，BMPs）则更多关注种植业、水产养殖业、林业等农业生产部门的营养物质管理。联邦政府的农业部和环保署两个部门共同负责全国的养分管理。

3. 海洋垃圾污染控制受到国际关注

海洋垃圾污染不仅破坏海洋生态景观，造成视觉污染，还可能威胁航行安全，对海洋生态系统健康产生影响。由于海洋垃圾有随洋流和季风漂移的特点，海洋垃圾污染已成为国际水域、生物多样性保护、海岸带开发和保护的重要问题，受到国内外的高度重视。

（1）控制陆源生活、生产垃圾，削减入海通量。海洋垃圾主要的来源是河流携带的城镇、码头、港口的固废垃圾，因此防控河流携带固废垃圾是削减海洋垃圾的重要途径。其中使用工程手段从源头削减塑料垃圾进入海洋是目前国际海洋垃圾污染控制工程的热点领域。传统的削减塑料垃圾的策略是进行填埋，或者进行焚烧，但是存在环境副作用大的问题。目前广受关注的替代方法是进行塑料垃圾的循环利用，包括机械循环利用、化学循环利用和热循环利用。机械循环利用是把废塑料重新物理加工，不改变其固有的化学特性而变成其他产品，譬如塑料锭块，碎片或者颗粒。化学循环利用是使用化学过程把塑料废物变成塑料原材料，燃油和工业原料等物质，而热循环利用过程是使用将塑料产生的热能用于发电和水泥生产。

（2）实施河道清扫、拦截工程，防止垃圾入海。实施河道漂浮垃圾的清扫和拦截，是国际上防控海洋垃圾的另一个重要措施，包括驾驶垃圾清扫船在河道内定期巡逻，收集漂浮垃圾，然后集中分类处理；也包括建立拦截网、坝阻拦上游冲下的垃圾。后一种方式在日本较多使用。日本在河道上广泛建立了漂浮木头拦截坝（图 1 - 3 - 1）。

（3）使用环境友好和可生物降解的替代性材料。在源头削减、控制垃圾进入海洋的同时，开发环境友好型的可替代产品，降低对海洋生态的危害，是国际上控制海洋垃圾污染的重要研究方向。在这方面，欧、美和日本走在了研究开发的前沿。日本、美国均成功研制了在海水中完全降解的高分子纤维渔网、钓线和渔具。这种新纤维无毒性，在使用期内的性能和强度与目前的网线无差别，在额定使用期满后开始变色并可遗弃，然后让它在水中慢慢降解，其分解物无毒性和副作用，不影响水生生物的生存，也不会缠绕渔船的螺旋桨。

图 1 - 3 - 1 河道垃圾拦截工程

（4）实施海洋垃圾监控、收集、循环利用的系统工程。海洋垃圾的收集和处置成本高昂。海洋垃圾通常含有盐分，不易于焚烧。由于这些原因，收集、处理海洋垃圾需要从国家层面制定详细系统的办法。韩国海事与渔业部（后改称韩国国土、运输和海事部）启动了一个全国性的行动计划，实施海洋垃圾污染控制工程，包括 4 个方面：海洋垃圾的削减，深水区海洋垃圾的监测，海洋垃圾的收集以及处置（循环利用）。在此计划的实施过程中，韩国采用多种工程技术手段进行海洋垃圾的回收和利用。譬如在海面上建立了漂浮型的垃圾拦截坝（图 1 - 3 - 2），安装深海海洋垃圾监测设施（图 1 - 3 - 3），制造和使用多功能海洋垃圾回收船舶（图 1 - 3 - 4），开发直接利用废弃物生产燃油的工艺，开发多聚苯乙烯浮标的处理技术，建立了直接热融处理系统来处理废弃的玻璃纤维强化型塑料容器，发明了特殊的焚烧技术用于海洋垃圾处置及资源循环利用。

（三）海洋生态保护工程发展现状与特点

1. 严格实施保护区制度，保护珍稀物种和生境

1975 年，国际自然保护联盟（International Union for Conservation of Nature，IUCN）在东京召开第一届会议，呼吁关注人类对海洋环境不断加

图 1-3-2　海上移动拦截坝拦截漂浮垃圾

图 1-3-3　深海海洋垃圾监测设备

大的压力，并主张建立代表世界海洋生态系统的海洋保护区系统。1980
年，IUCN、世界野生生物基金（World Wildlife Fund）和联合国环境计划
署（UNEP）联合发布了《世界保护战略》，强调海洋环境及其生态系统
的保护对维持可持续发展整体目标的重要性。1982 年，第三届世界国家

图 1 - 3 - 4　多功能海洋垃圾回收船

公园大会，促进海洋和海岸带保护区的创建和管理，并出版了《海洋保护区指南》。1994 年，《联合国海洋法公约》（United Nations Convention on the Law of the Sea，UNCLOS）、《国际生物多样性公约》（Convention on Biological Diversity，CBD）正式生效，明确了各国为了保护海洋环境而创建海洋保护区的权利和义务。2003 年，第五届世界国家公园大会呼吁建立全球范围的海洋保护区网络系统。截止到 2003 年，世界范围内包括海岸带在内的海洋保护区总数已从 1970 年全球 27 个国家的 118 个达到 3 858 个，目前还有很多正在筹建中。

世界上许多国家都设有保护区制度，建立了禁渔区、海岛保护区、自然保护区等。例如日本政府采用法律的形式，禁止捕猎海豹和海狗。

美国

美国是世界上最早建立国家自然保护区的国家。美国的海洋保护区大致可分为两大类，即与海域相连的海岸带保护区（以保护陆地区域为主）和纯粹的海洋保护区（以保护海域为主）。其中多数为海岸带保护区，包括潮间带或潮下带海域，如滨海的国家公园（National Parks）、国家海滨公园（National Seashores）、国家纪念地（National Monuments）等；只有少数为纯粹的海洋保护区，如国家海洋禁捕区（National Marine Sanctuaries）、国家河口研究保护区（National Estuarine Research Reserves）、国家野生生物安全区（National Wildlife Refuges）等。

美国的海洋保护区建设主要有 4 个目的，即海洋生物多样性和生境保护、海洋渔业管理、提供海洋生态系统服务和保护海洋文化遗产。此外，还有建立全美海洋生态系统代表性海洋保护区网络的目的。由于海洋保护区的建设和管理涉及多个部门，保护区设立的目的、标准和投入也各有不同，造成现有的海洋保护区类型多样化现状。2000 年，美国政府针对海洋保护区的建设和管理发布了总统令，由商务部、国家海洋与大气管理局负责协调国家层次的海洋保护区认定和管理，并加强和扩展了国家海洋保护区系统（包括国家海洋禁捕区、国家河口湾研究保护区等），鼓励国家海洋保护区管理部门和机构加强合作来提升现有的保护区管理，并建议和创建新的保护区。2000 年 5 月，国家海洋与大气管理局建立了国家海洋保护区中心，负责管理国家海洋保护区、制定政策，提供信息、技术、管理工具以及协调海洋保护区的科学研究等。

澳大利亚

澳大利亚的海域由联邦政府、州和地方政府共同管理，其中州和地方政府负责管理沿海岸基线 3 海里以内的海域。所有 3 海里以内的海洋保护区的建立和管理由州和地方政府负责，而联邦政府负责在 3 海里以外联邦水域建立的海洋保护区和大堡礁海洋公园以及 3 海里内由联邦立法宣布的历史沉船保护区。

在联邦水域，除了大堡礁海洋公园有独立的立法《大堡礁海洋公园法》（1975）外，其他海洋保护区建设和管理的主要法律依据是《环境保护和生物多样性保全法》（1999）及相关的《环境保护和生物多样性保全规制》（2000）。该法律对海洋保护区建立和管理的法律要求、管理机构的权限和责任以及保护区内各种活动的控制进行了规范，一些娱乐、捕捞和矿产开发活动被禁止，但各保护区根据不同的管理目标采取了不同的限制措施。澳大利亚现有大约 305 个保护区满足海洋保护区的定义，以海域保护管理为主要目标的有 246 个。

2. 以自然修复为主，辅以人工修复，恢复生态系统结构与功能

对已经遭到破坏的海岸带及近岸海域生态系统，发达国家普遍采用了以自然修复为主、辅以人工修复的方式。本质上是结合保护区的某些管理措施，限制人为干扰，使得自然生态系统得以休养生息，恢复其结构与功能。在生态修复手段上，特别注重对受损生态系统栖息地的物理结构改

善，以及生态系统关键生物种群（特别是绿色植物）的恢复。目前国际海洋生态恢复工程主要集中于盐沼湿地、红树林湿地、海草床、珊瑚礁等典型海洋生态系统。盐沼湿地是全球开展较早的生态恢复的海洋生态系统类型之一，尤其在美国全国各地普遍开展了大量的盐沼湿地恢复工程。红树林恢复工程在美洲、大洋洲、亚洲等地区都已开展了恢复的试验与理论研究，而珊瑚礁恢复主要集中于美国、大洋洲和东南亚等一些国家。如美国制定了水下植被计划（Submerged Aquatic Vegetation，SAV），并在切萨皮克湾（Chesapeake Bay）、坦帕湾（Tampa Bay）的海草床保护与恢复工作中取得了卓有成效的成果。其中海草床生态恢复工程规模最大、影响范围最广的当属美国国家海洋与大气管理局管理下的美国切萨皮克湾海草场大规模恢复计划。此外，国内外还开展了海岛恢复、沉水植物恢复、牡蛎礁恢复等类型的海洋生态工程。2002 年美国制定了"海岸和河口生境恢复的国家规划"（A National Strategy to Restore Coastal and Estuarine Habitat），以及加利福尼亚的南部海湾、佛罗里达、切萨皮克湾、路易斯安那州等均开展了区域性的生态恢复项目。

3. 以管理为抓手，辅以规章制度硬约束

在保护区的管理方面，各国都以管理为抓手，辅以规章制度作为硬性约束。有"低洼之国"的荷兰，近代以来以围海造地闻名于世，其人工岛的面积已占国土面积的 20%。近 20 年来，荷兰更加注重资源环境保护与维持生态平衡，制定了《自然政策计划》，准备用 30 年时间实现"恢复沿海滩涂的自然面貌"的目标，将现有的 24 万公顷农田恢复成原来的湿地，保护受围海造田影响而急剧减少的动植物，并努力使过去的自然景观重新复原。加拿大制定了海洋水质标准和海洋环境污染界限标准，采取严格措施防止石油及有害物质流入海洋。作为渔业大国，加拿大对捕鱼活动也有严格限制，禁止捕猎鲍鱼等珍稀鱼种，对本国渔业公司实行配额制。为保护鳕鱼、大马哈鱼等珍贵的鱼种和鲸等海洋动物，政府更是投巨资建立了各种研究所和保护设施。菲律宾政府为制止渔民采用炸药捕鱼等非法手段捕捉鱼类和滥采珊瑚礁，于 1984 年在阿波岛（Apo Island）附近海域建立了海洋保护区。几年后，这些资源逐步得到恢复。目前，渔业捕捞量已增长了 3 倍，70% 遭到严重破坏的珊瑚礁已得到了有效保护。

（四）管理与保障工程发展现状与特点

1. 将海洋空间规划作为实现科学、合理的海洋资源开发利用的手段

海洋空间规划（MSP）是一种协调如何可持续利用和保护海洋资源的工具。MSP 以图示的方式，明确海洋在什么位置和如何被利用，以及该区域存在需要保护的自然资源和生物栖息地，从而实现在确保海洋生态系统保持健康和海洋生物多样性的前提下，充分利用海洋生物资源和海洋服务功能。

自 2010 年 7 月美国公布新《国家海洋政策》以后，美国就开始了对沿海及海洋区域进行空间规划的管理工作，提出海洋空间规划管理的国家目标，制定了指导原则，成立了规划管理的组织机构和规定了管理程序。其目的是通过一种广泛的、具有适应性和综合性的、以生态系统为基础的、透明的空间规划管理过程，确认不同形式或不同类型开发活动的最适宜开展的区域，提高多样化开发利用活动的兼容性，减少矛盾冲突，减轻人类开发活动对海洋生态系统的负面影响，保护和保全海洋生态系统的服务功能和自然恢复力，实现经济、环境安全和社会目标。至此，美国开始了对沿海及海洋空间的规划管理工作（图 1-3-5）。

2. 海洋环境与生态监测、预测和风险防范能力建设日趋完善，成为各国发展海洋环境管控硬实力的体现

1）海洋生态与环境监测网络的高效率、立体化、数字化和全球化

国际上海洋监测技术和海洋监测系统向高效率、立体化、数字化和全球化方向发展，目标是形成全球联网的立体监测系统。已发展起来的包括卫星遥感、浮标阵列、海洋监测站、水下剖面、海底有缆网络和科学考察船的全球化监测网络，作为数字海洋的技术支持体系，提供全球性的实时或准实时的基础信息和信息产品服务。世界各沿海发达国家，已纷纷建立或正在建立各种海洋生态环境监测站，如美国于 20 世纪 80 年代建立了国家海洋立体监测系统，包括 175 个海洋监测站、80 个大型浮标等。英国在 80 年代后期将海洋环境监测纳入国家监测计划。根据该计划，英国对 87 个河口、混合带和离岸海域进行监测，包括污染物测定和生物状态评估。一些国际组织也组织发起了若干海洋生态环境监测的计划或项目，如政府间海洋委员会发起了全球海洋观测系统（GOOS）项目，其中包括几个重要的海

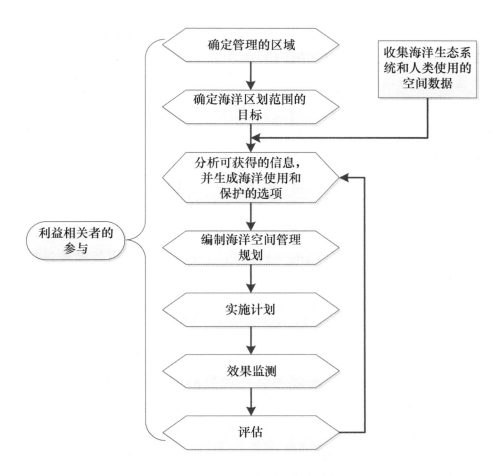

图 1 - 3 - 5　美国海洋空间规划过程

洋生态监测方面的计划——海洋健康（HOTO）、海洋生物资源（LMR）和海岸带海洋观测系统（COOS）。作为全球监测系统的重要组成部分，建设、运行技术难度和成本相对较低的近海监测系统，构建以遥感、调查船只、移动或固定测量平台支撑，形成海天一体化的区域性立体实时监测体系，已成为世界各国的投资建设重点。

2）海洋环境监测技术与设备的系统化和平台化

随着海洋开发和陆地污染物的增加，海洋环境的保护越来越引起各国的重视，海洋环境监测技术的研究和开发得到充足发展。目前，世界各国政府及从事海洋监测的科学家所公认的实施海洋生态环境监测及预警的总体目标是集成锚泊浮标网、岸基/平台基海洋监测站、巡航飞机、监测船以及其他可利用的监测手段，组成海洋环境立体监测系统，在沿海建立一个区域性海洋灾害立体监测和预报预警信息服务体系，能实时或准实时、长期、连续、准确地完成沿海区域内海洋动力、生态要素的监测，完成数据的采集通信、分析处理及数据管理，提供风暴潮、赤潮、海浪、海冰、溢油等海洋灾害的监测和预警信息，制作用于防灾减灾、海洋开发、海洋环保的实测、预报、预警、评价等信息产品，有效地向决策部门和用户提供多种形式的信息服务。

国际先进的区域立体实时监测体系具有"实时观测—模式模拟—数据同化—业务应用"的完整链条，通过互联网为科研、经济以及军事提供信息服务，其中的观测系统由沿岸水文/气象台站、海上浮标、潜标、海床基以及遥感卫星等空间布局合理的多种平台组成，综合运用各种先进的传感器和观测仪器，使得点、线、面结合更为紧密，对海洋环境进行实时有效的观测和监测，加大重要海洋现象与过程机理的观测力度，并进行长期的数据积累，服务于科学研究和实际应用。

海洋环境监测传感器的技术进步是海洋环境污染监测自动化水平的具体体现。目前从国际上看，海洋生态环境监测的基本情况是海流、水温、盐度、气压、DO 传感器的技术已成熟，精度和稳定性已达相当高的水平，化学和生物传感器技术还不过关，如营养盐的测量仍采用实验室分析，痕量金属的测量仍依靠萃取和样品分析，利用生物学原理监测海洋生态环境的技术发展还比较缓慢。发展趋势是传感器进一步向模块化、智能化、网络化、小型化和多功能化发展，向载体平台自动取样分析技术方向发展。化学和生物传感器是目前开发的关键技术，光纤化学传感器尚处于实验室研究阶段，痕量金属的光纤传感器已有样机研制成功。监测仪器是海洋环境监测的核心，监测仪器的稳定性、维护周期、抗生物污染能力关系到整个海洋环境监测系统能否有效运行。生物污染和海水腐蚀成为目前近岸海域长期实时监测面临的两大难题。研发维护周期长、数据稳定的监测仪器是世界各国关注的焦点。

3）海洋环境预警预报技术

在海洋环境预警预报方面，欧、美等发达国家使用数据同化和数值预报技术，建立了现代化的海洋环境预警预报业务系统，通过综合分析定量评估海洋灾害对社会、经济和环境的影响，制定防御对策，提供相关动态可视化分析产品。产品涉及海洋服务和公共安全、海洋生物资源、公共健康和生态系统健康等。例如美国国家海洋与大气管理局建立的美国东海岸海洋预报系统对美国东海岸近海温度、盐度等环境变量进行实时预报，并以此为依据，进一步开展富营养化、有害藻类暴发、近海污染等灾害事件的综合评估和预报。但是，海洋环境的评估和预警预报系统的区域适用性非常明显，十分依赖于区域地理环境的特殊性，难以照搬到其他海域使用，只有进行大量的实地分析与调研，才能建立起可信的区域环境评估和预警预报系统。

3. 防范和应对海上突发污染事故的能力建设水平不断提升

1）相关的油污染的国际公约和法律法规

第二次世界大战期间，船舶溢油事故频发，引起了沿海国家、国际社会和联合国组织对海洋环境保护的普遍关注，陆续出台了限制船舶排放油污和处理海上溢油的国际公约。1954 年，第一个防止海洋和沿海环境污染的国际公约《1954 年国际防止海上油污公约》获得通过，这是世界范围内第一个涉及控制船舶排放油和油污水入海的规则。美国和一些发达国家，在 20 世纪 70 年代就开始制定国家溢油应急计划、尝试建立溢油应急防备系统，并对溢油应急技术进行研究和开发。一些跨国公司生产的溢油应急设备，几经改进，更新换代，大大提高了溢油围控和溢油清除效能。80 年代末期，美国两院通过了《1990 油污法》，不仅认识到建立本国应急防备反应系统、制定溢油应急计划及相关反应程序的重要性，同时也认识到对抗防御大型溢油事故的应急防备和反应进行国际间合作的必要性。1990 年 11 月，国际海事组织在伦敦召开了"国际油污防备和反应国际合作"会议，顺利通过了《1990 年国际油污防备、反应和合作公约》（简称《OPRC1990》），该公约于 1995 年 5 月 13 日生效。《OPRC1990》要求各缔约国把建立国家溢油应急反应体系，制定溢油应急计划作为履行公约的责任和义务。

2）溢油应急支持技术与应急能力

在海陆空立体化溢油应急反应系统方面，欧、美发达国家海事主管机构的海巡飞机和岸边监管设施通常配备了雷达、红外、紫外等视频监视装置，能保证及时发现和跟踪监视海上溢油事故。美国、加拿大、挪威等国还建立了地面应急反应中心，便于及时获取、存储和管理各方面的溢油应急信息，并通过海洋资源数据库、应急行动计划地理信息管理软件、溢油预测模型和溢油物理化学特性数据库等技术装备为溢油应急处置的科学决策提供支持。目前欧美发达国家溢油应急快速反应技术的主要特点是：能快速有效地支持海、陆、空立体化的溢油应急反应决策和海上清污行动。

在溢油预测与预警技术方面，近20年来，国外广泛应用GIS技术制作和管理溢油环境敏感图，分类定义和管理海岸、岛屿、环境保护区、渔业资源保护区等敏感资源的基础资料，用于帮助应急人员及时了解和保护事故所在海域的环境敏感资源。美国、加拿大以及欧洲的一些国家已经研制开发了溢油模型商业软件，总体上基本能够反映出溢油漂移扩散的大致趋势，成本低，反应快。但溢油模型的预测准确性受到风海流预报速度及精度、溢油风化模型模拟精度和其他不确定性因素的较大限制，模拟预测结果与实际溢油状况尚不能精确吻合，在溢油时间和空间预测方面有时会出现比较明显的差距，因此在溢油污染快速预警方面目前尚未取得突破性进展。当前溢油污染预警技术的主要发展趋势是利用卫星和航空遥感图片快速识别溢油环境敏感资源，敏感资源时空分布的快速数值化，GIS环境敏感资源图与溢油模型快速动态耦合，以及溢油污染快速评估与风险预警。

关于海上溢油应急反应中心的建设，发达国家的地面溢油应急反应中心一般是与溢油事故相关的信息处理中心和应急反应决策中心，发挥着有效控制海上溢油事故、提高消除及回收效率、预防和减轻污染损害、充分有效地利用应急资源的基础支撑作用。地面应急反应中心装备有决策支持系统、报警系统、溢油漂移预报系统、各种油品化学成分及危害数据库、清污救助材料/设备性能及存货数据库、地理信息系统、溢油应急反应能力评估系统、污染损害评估系统、大屏幕显示综合指挥系统等，采用无线通信系统技术实现地面溢油应急反应中心与海巡飞机及海上作业船舶之间的可视化信息通信，依据海巡飞机的监视报告，快速生成救助与清除方案，指挥清污船快速准确地进行多项海上溢油清污技术的集成式清污作业。

4. 化学品泄漏污染事故的应急响应能力建设

海上化学品运输在西方发达国家兴起于20世纪60年代，目前在国际海事组织IMO登记的化学品达3万余种，据德鲁里航运咨询公司统计，1988年世界化学品海运量为7 000万吨，其后以每年约4.8%的年增长率递增。与化学品的海运发展相适应，国际国内化学品专用码头和仓储业务也得到了长足发展，60年代中期，欧洲就已逐步形成了完善的仓储网，到了80年代，仅欧共体内部就拥有独立仓储码头70多家，储存能力超过400万立方米。90 年代后，一些发达国家的散化储运公司将业务扩展到世界各地。如挪威的 Odfjell 公司在美国海湾地区、南美洲的巴西、阿根廷、智利和我国的大连、宁波、珠海等地投资建成了设备技术一流的散化码头和储罐设施，新加坡乐意储罐有限公司在我国上海、深圳、青岛等地也建设了一批较具规模的液体危险品仓储码头。

由于不可抗力、设备突然失灵、操作者疏忽、船舶灾难等无法预测的因素，存在着化学品泄漏事故不可根本避免的客观事实。目前化学品运输过程中的火灾、爆炸和泄漏等事故已成为当今世界普遍关注的环境和安全问题。具有易燃、腐蚀、毒性及污染等多种危害特性的液体化学品，一旦发生泄漏，将对周围环境和人员造成巨大危害。世界范围内发生了许多严重的化学品事故，最严重的是 1980 年 12 月的印度博帕尔惨案，由于农药厂的地下储罐应急控制阀门失灵，使罐内液态异氰酸甲酯以气态形式迅速外泄，40 多分钟泄漏约 30 吨毒物，1 小时后毒物扩散面积达 40 平方千米，造成 2 000 多人死亡，5 万人失明。由于化学品种类繁多，性质及毒害作用各异，因而其突发事故的情况复杂，应急救援困难，必须根据危险源的具体情况，在对突发事故做出准确预测、判断的基础上，制订合理有效的应急救援方案。美国化学品事故早期发展历程见表 1 - 3 - 1。

表 1 - 3 - 1　美国化学品事故早期发展历程

年份	事　件
1984	联合碳化物公司在印度博帕尔的事故，造成数千人死亡
1985	美国化学制造者协会提出"社区认识及紧急应变方案"
	环保局建立"化学品应急准备资源方案"
	联合碳化物公司在西弗吉尼亚研究所的工厂事故，造成 135 人受伤
1986	国会通过应急计划及社区知情权法
1988	美国化工业采用加拿大的"责任关怀规范"
1990	修改《清洁空气法》，认可职业安全卫生局的过程安全管理标准、环保局的风险管理方案，化学品安全与危险调查局成立
1992	公布职业安全卫生过程安全管理标准
1996	公布环保局的风险管理方案规划
1998	化学品安全与危险调查局正式运作
1999	各工厂向环保局提交第一批共 1.5 万份风险管理计划

当前涉及对化学品泄漏污染进行预防和应急的国际公约大致包括：《1990 国际油污防备、合作和反应公约》、《1996 年国际海上运输有害有毒物质损害责任和赔偿公约》、《国际散装运输危险化学品船舶构造和设备规则》、《经 1978 年议定书修订的 1973 国际防止船舶造成污染公约》等。

（五）重大涉海工程的环境保护

1. 海洋油气田开发工程发展现状及其环境保护措施

1）国际海洋油气田开发工程发展现状

20 世纪 80 年代中期，世界深海油气开发几乎集中在 200～600 米的中深海区，到 80 年代末期钻井水深已经突破 2 300 米，海底完井工作水深接近 500 米。90 年代以来，深海钻探和开采深度进一步扩大，海底完井水深 1991 年达到 752 米，1997 年达到 1 614 米，1999 年巴西在近海安装的采油树已经达到 1 853 米。目前，可用于 2 500 米的半潜式钻井综合平台已经研制成功，这意味着在大部分陆坡上都可以进行油气的勘探开发。据预测，未来 20 年内将有工作水深 4 000～5 000 米的半潜式平台出现。

2）通过立法，严格油气开发生产的环境保护要求

美国、英国、荷兰、挪威、俄罗斯等发达国家的油气开发生产的环境保护工作，无论在环境管理体系方面还是在污染物的治理措施、技术上都比较完善和成熟。美国在环境保护立法中对油气资源开采生产过程中的环保措施也多有明确规定。如在《安全饮用水法》中对采油废水回注和回灌处理提出了明确的要求。《环境反应、补偿与责任综合法》对石油工业和化学工业征税，并提供联邦政府广泛的权力，对可能危害公众健康和环境的危险废物的排放或可能排放直接做出反应。1986 年，《资源保护和回收法》的修正案着手解决由储存石油和其他危险物质的地下储槽引起的环境问题。1990 年出台的《石油污染法》加强了对灾难性的石油泄漏的预防和反应能力。同时美国环保执法力度非常严格，一旦违反了环境法律的要求，赔偿罚款数额非常巨大，严重的会致使公司破产倒闭。

3）建立区域海洋污染应急合作机制

第二次世界大战后海上石油运输业发展迅速，由此也导致了一些大规模的海上石油污染事故。在国际社会开始注意到海洋环境的利益诉求，区域海

洋项目在全球范围的全面铺开。为达成海洋环境利益和经济发展利益的平衡，区域间和区域内的合作至关重要。在具体方向上，坚持合作深广度的推进、各区域应急合作模式的改进、价值取向从"应急"向"防急"的转变。

2. 沿海重化产业发展现状及其环境保护

1) 全球沿海重化产业发展特征

重化工业布局于沿海是全球性的产业发展规律。如日本的重化工业主要集中在关西地区和东部地区，美国重化工业主要集中在旧金山湾地区和东北部五大湖地区等。

美国大西洋沿岸经济带，以纽约为中心，北起波士顿，南至华盛顿，涵盖了纽约州、新泽西州、康涅狄格州中的波士顿、纽约、费城、巴尔的摩、华盛顿等中心城市，其间的萨默尔维尔、伍斯特、普罗维登斯、新贝德福德、哈特福特、纽海文、帕特森、特伦顿、威明尔顿等城市练成一体，从而在沿大西洋海岸 600 多千米长、100 多千米宽的地带上形成了一个由 5 个都市和 40 多个中小城市组成的超大型城市带，面积 13.88 万平方千米，占全国总面积的 1.5%。美国太平洋经济带是美国西部前沿，包括由科迪勒拉山系构成的广大高原和山地，包括东侧洛基山脉、西侧内华达山脉和海岸山脉，以及两山之间的内陆高原和大盆地。200 年前这里还是渺无人烟的不毛之地，但作为美国"西进运动"的终点，沿海经济带的崛起也是美国西部大开发成功杰作的缩影。第二次世界大战之后，随着制造业和高新技术产业重心的西移，从西雅图经旧金山抵洛杉矶，形成了美国"黄金海岸"和"阳光地带"。

日本太平洋沿岸工业带也称太平洋带状经济区，是指日本太平洋沿岸从鹿岛滩经东京湾、伊势湾、大阪湾、濑户内海直至北九州一线，长达 1 000 余千米的沿太平洋分布的狭长带状区。这里是日本同时也是世界最发达的工业地区之一。日本太平洋沿岸工业带工业分布非常密集，其土地面积大约占到日本全国总量的 24%，但拥有日本全国工业产值的 75%、工厂数量的 60%、大型钢铁联合企业设备能力的 95%，以及重化工业产值的 90% 以上。

欧洲西北部沿海经济带，以法国巴黎为中心，沿塞纳河、莱茵河规划发展，覆盖了法国的巴黎，荷兰的阿姆斯特丹、鹿特丹、海牙，比利时的安特卫普、布鲁塞尔以及德国的科隆等广大地区，集聚了 4 个国家 40 座 10

万以上人口城市，总面积 14.5 万平方千米，总人口 4 600 万人，包含法国的巴黎 – 鲁昂 – 阿费尔城市圈、德国的莱茵 – 鲁尔城市圈、荷兰的兰斯塔德城市圈以及比利时的安特卫普城市圈。

韩国沿海经济带是从 1962 年起开始建设的，韩国政府利用仁川港、釜山港的港口优势，在周边沿海地区重点发展重化工业等十大工业行业，在短短的 30 年间，韩国通过开发沿海区域实现了经济腾飞。2009 年 1 月，韩国政府发表了"5 + 2 广域经济圈"方案，将 16 个市、道改编为首都圈（首尔、仁川、京哉）、忠清圈（大田、忠南北）、湖南圈（光州、全南北）、大庆圈（大邱、庆北）和东南圈（釜山，蔚山、庆南）的 5 个广域经济圈和江原、济州的两个特别广域经济圈。

2）全球沿海重化产业发展趋势

从全球重化产业发展看，随着发达国家市场逐步成熟和产业技术进步，世界重化产业正进行新一轮的产业结构调整，高新技术与产业转移成为重化行业未来发展的主要方向。主要呈现以下特点。

（1）重化产业在兼并重组中走向集约化。①集约化使得上下游一体化，使资源得到充分利用。②集约化能够采用大型、先进的装置，大大降低能耗。③集约化有利于污染的集中治理，降低治理成本。国际大型化工企业加快在全球范围内调整布局，形成了以埃克森美孚、BP 等为代表的综合性石油石化公司，以巴斯夫、亨茨曼为代表的专用化学品公司，以及杜邦、拜耳、孟山都等从基础化学品转向现代生物技术化学品的三类跨国集团公司，在相应领域中占据绝对竞争优势。

（2）重化产业发展模式呈现大型化、基地化和一体化趋势。随着工艺技术、工程技术和设备制造技术的不断进步，全球重化产业装置加速向大型化和规模化方向发展。同时，炼化一体化技术日趋成熟，产业链条不断延伸，基地化建设成为必然，重化工园区成为产业发展的主要模式。

（3）国际产业向市场潜力大的亚太和资源丰富的中东地区加快转移。世界重化产业重心逐步东移，中国、印度等亚太地区国家成为大型跨国公司生产力转移的重点。中东地区由于油气资源丰富，生产成本低，将成为重要的大宗石化产品生产和输出地区。

（4）化学工业原料来源逐步多元化。目前，石油化工仍是现代化工的主导产业，但随着石油价格的上涨和关键技术的不断突破，以煤、生物质资源为原料的替代路线在成本上具有竞争力，原料多元化成为化工产业发展的新趋势。此外，由于世界重化工产业多分布在沿海地区，原料结构的调整有利于产品的升级改造，实现沿海石化行业的接近"零排放"目标，保障海洋生态环境安全。

（5）采用清洁技术，生产清洁油品，减少三废排放。面向 21 世纪，重化产业面临的问题是不能再用有毒、有害、有碍人体健康的酸碱等辅助原材料，更重要的是要减少汽油的硫、烯烃、芳烃含量和柴油的硫、芳烃含量，生产清洁汽油和清洁柴油。

（6）采用生物技术，生产清洁油品，降低生产成本。开发和利用生物技术，生产清洁油品，始于 20 世纪 80 年代。到目前为止，已完成和正在进行的技术开发工作包括生物脱硫、生物脱氮、生物脱重金属、生物减黏、生物制氢等。其中，柴油生物脱硫技术开发工作进展最快。柴油生物脱硫与加氢脱硫相比，最大的优点是在装置加工能力相同的情况下，投资节省50%，操作费用节省20%。

3. 国际围填海工程建设及其生态保护趋势

（1）国际围填海工程发展现状。围填海是人类向海洋拓展生存和发展空间的一种重要手段，也是一项重要的海洋工程，具有巨大的社会和经济效益。因此，许多沿海国家和地区，特别是人多地少问题突出的城市和地区，都对围填海工程非常重视，用以扩大耕地面积，增加城市建设和工业生产用地。以荷兰、德国为代表的国际围填海工程经历了从滩涂围垦到保护滩涂的过程。这种类型的围填海工程，周期长、规模大。以新加坡、香港为代表的围填海工程主要是满足城市与港口建设的需要而实施的围垦，围填海工程多结合大型建设项目开展，满足项目的空间需要。这种类型的围填海工程周期短、规模大小差异悬殊。新加坡樟宜国际机场、香港新机场以及日本大阪的关西机场建设，围填海面积数平方千米到 10 多平方千米，建设周期一般在 10 年之内。欧洲沿海的意大利、英国、法国、西班牙、希腊等国家的沿海城市都有类似的演进过程。

（2）未来围填海工程及其环境保护发展趋势。未来的围海造地必须与生态环境相结合，科学管理，综合利用，因地制宜的营运。例如天然湿地转化人工湿地以后，通过合理规划，仍然可以使部分人工湿地发挥天然湿地的功能。同时，在已围的土地中也需适度开发利用，留有相应的绿地面积，改善环境条件。实施围填海工程进程中要尽可能地保护重要海洋生物栖息地，采用移植（生物）、相邻区域异地再造（环境）或者实施生态补偿的管理措施，来弥补围填海技术进步带来的海洋生态影响。

4. 国际核电开发工程发展及安全保障

1）国际核电开发工程发展现状

截至 2011 年 3 月，全世界正在运行的核电机组共 442 台，总装机容量为 3.70 亿千瓦。其中压水堆占 60%，沸水堆占 21%，压管式重水堆占 9%，气冷堆 7%，其他堆型占 3%。核电年发电量占世界总量的 16%，为三大电力之一。主要国家核电机组数和发电量比重（2010 年 12 月）分别为美国（104）19%，法国（59）78%，日本（54）30%，俄罗斯（31）16%，韩国（20）39%，英国（19）18%，加拿大（18）16%，德国（17）32%。目前全世界正在运行的核电站，绝大部分属于"第二代"核电站。30 多年来，积累了超过 12 086 堆年的安全运行经验，负荷因子高，非计划停堆次数下降，已经发展成为一种成熟可靠的技术，具有可接受的安全性和较好的经济性。

2）国际核电开发工程安全性保障发展趋势

1979 年美国发生三里岛核电站事故及 1986 年苏联发生切尔诺贝利核电站事故以后，公众要求进一步提高核电的安全性。1990 年，美国电力研究协会（EPRI）根据主要电力公司意见出版了《电力公司要求文件（URD）》。1994 年欧洲联盟同样出版了《欧洲电力公司要求（EUR）》。文件对未来压水堆和沸水堆核电站提出了电力公司明确和完整的要求，更高的安全要求和经济要求，涉及各个技术和经济领域。在此背景下，"3 代"机组因其更高的安全目标、更好的经济性以及更先进的技术，开始逐渐进入批量建设阶段，主要技术为 EPA 和 AP1000。第三代核电站已建首堆工程，尚未批量推广，在建 8 台，其中芬兰 1 台 EPR，法国 1 台 EPR，中国 6 台（其中 2 台 EPR，4 台 AP1000）。

2000 年，发起了由 9 个国家参与的"第四代核能国际论坛"（GIF）的研讨，并于 2002 年美国提出了第四代核电的 6 种研究开发的堆型和研究开发"路线图"。2001 年在俄罗斯的推动下，国际原子能机构（IAEA）发起了"创新型核反应堆和燃料循环国际合作项目"（即 INPRO），2006 年 6 月前完成了第一阶段工作，出版了有关评价指南和方法学等的 IAEA 技术文件。GIF 和 INPRO 两个计划提供了良好的国际合作平台。我国从一开始就是 INPRO 项目的成员国；2006 年 7 月，我国已草签了参加 GIF 的协议，并将参与快堆和高温气冷堆的合作项目的有关活动。

二、面向 2030 年的世界海洋环境与生态工程发展趋势 ▶

（一）人类开发利用海洋资源能力大幅度提高，海洋环境将面临更大的压力

自 1994 年《联合国海洋法公约》生效以来，世界许多沿海国家都把开发利用海洋列入国家发展战略，并将发展海洋经济作为国家经济发展的重要内容。美国、英国、澳大利亚、加拿大、韩国、日本等许多沿海国家相继制定了各具特色的海洋经济可持续发展原则和战略，将发展海洋经济作为增强国力，解决各国当前面临的人口膨胀、陆域资源紧张、环境恶化等全球性问题的根本出路。同时，海洋开发利用技术不断进步。可以预见，未来人类开发海洋资源的能力将大幅度提高，海洋经济发展速度、海洋开发利用的程度和规模都将持续增大，这些都将使海洋环境面临更大的压力。

（二）海洋经济的绿色增长将成为各国首选之路

1. Rio + 20 提出的绿色经济

2012 年 6 月 20—22 日在巴西里约热内卢举行的"Rio + 20"峰会围绕"可持续发展和消除贫困背景下讨论发展绿色经济"和"为促进可持续发展建立制度框架"两大主题展开讨论。该次峰会基于可持续发展的思想，提出了绿色经济的新概念，强调人类经济社会发展必须尊重自然极限；同时要求绿色经济在提高资源生产率的同时，要将投资从传统的消耗自然资本转向维护和扩展自然资本，要求通过教育、学习等方式积累和提高有利于绿色经济的人力资本。总体上绿色经济浪潮具有强烈的经济变革意义，认为过去 40 年占主导地位的褐色经济需要终结，代之以在关键自然资本非退化下的经济增长即强调可持续性的绿色经济新模式。

2. 海洋经济的绿色增长之路

海洋经济是一种高度依赖海洋资源和环境，以海洋资源和环境消耗为代价的特殊经济体系。由于海洋经济可持续发展主要依赖海洋资源及其环境经济的可持续发展，海洋经济与自然资源、生态环境退化风险之间的关

系也就最为直接和密切。但如果人们只关注海洋经济的快速发展，忽视了海洋经济发展过程中所带来的海洋资源日益耗竭、海洋生态环境严重破坏等问题，海洋经济将难以实现可持续发展。为了保证海洋健康、保护海洋环境、确保海洋经济的绿色增长以及海洋资源的可持续利用和海洋环境的可持续承载，绿色增长之路将是各国海洋经济发展的必由之路。

海洋经济绿色发展是一个多层次、多侧面体现海洋经济绿色发展的立体框架，需将绿色发展的理念融入到海洋经济、社会发展的各个部分，通过技术创新，改造传统海洋产业，控制高能耗、高污染产业，推进海洋绿色制度创新，在开发利用中保护海洋资源和环境，使得一定时期内海洋经济效益、生态效益和社会效益与上一期相比均有所提高，最终实现海洋经济的可持续发展。

（三）环境监测技术信息化趋势

发达国家已经实现利用先进的海洋监测技术和设备，构建信息化的海洋环境监测站网络，对海洋环境进行长时间序列的连续监测，把现场实况传送到陆基中心，并通过互联网传送到世界各地的用户。监测站网络的构建伴随着卫星遥感技术、水声和雷达探测技术、水平和水下观测平台技术、传感器技术、无线通信技术和水下组网技术的进步，使得海洋监测技术总体上向长时间、实时、同步、自动观测和多平台集成观测方向发展。海洋监测进入了从沿岸、空间、水面、水体、海床对海洋环境进行多平台、多传感器、多尺度、准同步、准实时、高分辨率的四维集成监测时代。

计算机模拟技术被更多地应用于海洋环境监测，将海洋环境监测资料与构建的数学模型相互验证，不断修正模型，持续的技术进步可以不断减少监测频率和密度，最终达到以最小的监测频率和密度获得最大的信息量。这样，大量的海洋环境质量信息可通过地理信息系统快速而准确地向社会提供直观而详细的海洋环境质量信息服务；所建立的数学模型还可以用来模拟海上突发污染事件的发展过程，推演事件发生的准确时间和地点，在海洋环境管理中发挥重要作用；由于海上实际作业时间明显减少，将大大地降低监测费用。

通信技术也是海洋监测信息化的重要内容，随着复杂和先进的传感器和其他水下设备的开发，随之而来的是大量需要被分析处理的数据和不断增长的数据传输量。因此，新的水下数据传输技术也在不断地被开发。水下数据通信属于通用技术，比较容易实现，但具有海洋特色的水下通信与网络技术仍有待拓展。水下高带宽通信方式主要包括水声通信、射频电磁波通信、光纤通信、自由空间光学激光通信等。以上通信技术在应用中存在各自优势和不足，应根据不同区域的海洋环境特性选用。在海洋环境立体监测系统建设以及观测数据的传输过程中，水声通信与组网技术将发挥不可或缺的作用。过去几十年的持续研究，使得水下通信与原始通信系统相比，无论在性能还是稳定性方面都有很大改进。近10多年来，在点到点通信技术和水下组网协议方面取得了重大进展，但仍面临严重挑战。

（四）海洋环境保护全球化趋势

随着经济全球一体化的加深，海洋环境问题日益成为跨国家，跨地区的全球化问题，国际合作在应对海洋环境问题上显得日益重要。在未来的20年中，随着传统污染物质如近海氮、磷污染问题的逐步解决，其他新型的环境污染和生态问题会日显突出。在可预见的未来20年中，这些新型的问题包括海洋垃圾、海洋溢油、远洋捕捞和海洋酸化以及新型的化学类污染譬如POPs物质和纳米材料。除了关注的环境问题的类型有较大变化外，对环境问题关注的地理区域也会从目前关注的近岸海域向远洋、公海和深海转变。

未来海洋环境问题合作的一个主要特点是跨境性和全球性。在应对这些问题中，各国、各地区除了在本国、本地区开展污染源头控制和环境生态保护措施外，还必须参与国际履约活动，展开联合的环境和生态保护行动。预计到2030年，在应对海洋垃圾、海洋溢油方面，多国参与的跨境污染控制、监测和削减联合海洋工程将会在若干发达国家之间率先建立实施，其工程活动中取得的经验和积累的技术向全球其他国家地区逐步推广。全球目前存在的十几个区域海行动计划将就海洋环境保护进一步加强交流，全球可能产生更多的区域海行动计划，并且跨国界、跨地区的海洋环境监测数据共享平台以及联合风险预警和应急平台将会逐步建立和普及。

三、国外经验教训（典型案例分析） ▶

（一）美国切萨皮克海湾的 TMDL 方案

切萨皮克湾（Chesapeake Bay）是美国 130 个海湾中最大的一个，位于美国东海岸的马里兰州和弗吉尼亚州；流域遍布特拉华州、马里兰州、弗吉尼亚州、纽约州、宾夕法尼亚州、西弗吉尼亚州等6个州；整个海湾长314千米，水面面积5 720平方千米，流域面积16.6万平方千米，人口1 500余万。整个海湾流域中包括150多条支流，海湾和支流岸线累计达1.3万千米。

随着城市化进程的发展，切萨皮克湾面临一系列环境问题，主要是由氮、磷造成的富营养化和有毒物质污染，致使其水质下降、捕捞业和养殖业受损。同时，由于大量沉积物进入湾内，海湾水体浑浊，限制了海草所需光线。切萨皮克湾的大部分流域和海水因为过量的氮、磷和沉积物被列为受损水质，处于富营养化状态。这些污染物会使藻类大量繁殖，形成"死亡地带"（dead zone），导致鱼类和贝类无法生存，底栖的海洋生物死亡。

1980年，由马里兰州、宾夕法尼亚州、弗吉尼亚州组成切萨皮克湾管理委员会，负责切萨皮克湾的环境保护工作。1983年，委员会与美国环保署共同签署了《切萨皮克湾协议》。1987年和2000年，该协议进一步拓宽了计划执行的领域和目标。目前，该计划已从最早侧重减少海水污染扩大为包括河口和流域汇水地区的管理，以保护切萨皮克湾生态系统为目的的一项综合性计划。《2000年切萨皮克湾协议》进一步确定包括生物资源的保护和恢复、重要生境的保护和恢复、水质的保护和恢复、土地的有效利用、有效的管理和公众参与在内的工作任务，并为每一项任务设立了目标。

控制陆源污染是切萨皮克湾环境保护最重要的内容。为此，切萨皮克湾保护计划制定了一套监测营养盐和沉积物总量的方法，对所有来自河流和大气的非点源污染进行监测，并根据监测结果将需要减少的营养盐和沉积物的总量分配到每一个主要河口，甚至分配到每一个沿河州，即制定了切萨皮克湾氮、磷含量控制的日最大负荷控制（TMDL）计划。切萨皮克湾的TMDL是美国迄今规模最大和最复杂的TMDL计划，目的是实现16.6万平方千米流域，包括哥伦比亚区和6个州的大部分地区的氮、磷、沉积物污染显著减少。TMDL实际上由92个小TMDLs组成，TMDL污染负荷被分配到各行政管辖区流域（表1-3-2）。

表 1 - 3 - 2　切萨皮克湾流域各行政管辖区和主要河流的氮、
磷以及沉积物负荷分配结果

亿磅/年

司法管辖区	流域	氮分配	磷分配	沉积物分配
宾夕法尼亚州	萨斯奎汉纳河	68.90	2.49	1 741.17
	波托马克河	4.72	0.42	221.11
	东海岸	0.28	0.01	21.14
	西海岸	0.02	0.00	0.37
	宾夕法尼亚州总计	73.93	2.93	1 983.78
马里兰州	萨斯奎汉纳河	1.09	0.05	62.84
	东海岸	9.71	1.02	168.85
	西海岸	9.04	0.51	199.82
	帕塔克森特河	2.86	0.24	106.30
	波托马克河	16.38	0.90	680.29
	马里兰州总计	39.09	2.72	1 218.10
弗吉尼亚州	东海岸	1.31	0.14	11.31
	波托马克河	17.77	1.41	829.53
	拉帕汉诺克河	5.84	0.90	700.04
	约克河	5.41	0.54	117.80
	詹姆斯河	23.09	2.37	920.23
	弗吉尼亚州总计	53.42	5.36	2 578.90
哥伦比亚特区	波托马克河	2.32	0.12	11.16
	哥伦比亚特区总计	2.32	0.12	11.16
纽约	萨斯奎汉纳河	8.77	0.57	292.96
	纽约总计	8.77	0.57	292.96
特拉华州	东海岸	2.95	0.26	57.82
	特拉华州总计	2.95	0.26	57.82
西弗吉尼亚州	波托马克河	5.43	0.58	294.24
	詹姆斯河	0.02	0.01	16.65
	西弗吉尼亚州总计	5.45	0.59	310.88
流域/司法管辖草案总的分配		185.93	12.54	6 453.61
大气沉积草案分配		15.70	N/A	N/A
总 Basinwide 草案分配		201.63	12.54	6 453.61

注：N/A 表示未分配负荷.

资料来源：Draft Chesapeake Bay Total Maximum Daily Load，September 24，2010，U. S. Environmental Protection Agency，http：//www. epa. gov/chesapeakebaytmdl

（二）澳大利亚大堡礁的生态环境保护

澳大利亚拥有世界上最大和最著名的海洋保护区——大堡礁海洋公园，公园面积达 34.5 万平方千米。大堡礁沿昆士兰州海岸线绵延 2 300 千米，拥有世界上最大、最健康的珊瑚礁生态系统，有着复杂的深海地貌和丰富的动植物资源，包括大小 900 多个岛屿，超过 2 900 个礁体，2 000 平方千米的红树林，6 000 平方千米的海草床（图 1-3-6）。

图 1-3-6　大堡礁生态系统

大堡礁一直被看做是一片受到了良好保护且原始风貌保持良好的"人间仙境"。但是，随着科学家逐渐揭开大堡礁的神秘面纱，一幅完全不同的景象却逐渐呈现出来——过度捕捞、陆源污染、因全球变暖而日渐恶化的珊瑚白化现象都对这一自然财富造成了恶劣的影响，一些极具生态价值的物种，如儒艮（俗称美人鱼）、海龟、海鸟和某些鲨鱼的种群数量均出现了显著下降。澳大利亚政府在 1975 年通过大堡礁海洋公园法案，建立大堡礁海洋公园管理局（Great Barrier Reef Marine Park Authority，简称 GBRMPA），代表澳洲政府管理大堡礁地区。管理局的主要责任是管理与保护大堡礁地区的生态资源不受破坏，保存大堡礁的世界遗产价值，保证地区资源的可持续发展。管理局的职能包括区划管理、许可审批、研究教育、管理规划、生态认证参与等，管理内容涵盖各项规章的监督落实、濒危物种和气候变化监测、地区设施和自然文化资源保护、原住民社区关系等。管理局每 5 年举行一次大堡礁前景报告，邀请大量专家、学者、机构就上百个课题进行科学研究和数据采集，对整个地区的生态资源、管理模式和前景展望做出全面评估，并制定相应战略应对发现的环境问题和管理缺陷。2009 年澳大利亚政府在"关爱我们的故乡"行动中投入 2 亿澳元用于大堡礁拯救计划，资助一系列科学研究项目和保护监控计划，关注海岸生态系统和近海水域质量与污染物控制，收集关于礁体健康和海洋生物的珍贵信息，并对台风等自然灾害和突发性海洋事件进行影响评估调查。信息的收集和回馈来自广泛的群体参与，包括公园管理人员、巡逻人员、研究者、旅游者、旅游企业、渔民、当地居民等，特别是旅游企业的员工帮助收集旅游热点地区的生态环境信息，每周甚至每天把大量地点的信息反馈给管理局和研究机构。还鼓励其他经常在外活动的人群向管理局及时报告他们见到的任何异常情况。

大堡礁海洋公园是一个多用途区域并按区域划分管理，在严格保证地区生态健康的同时，多种人类活动也得到支持与发展，包括商业旅游、渔业、科学研究、原住民传统活动和国防训练等。现行的区划管理模式明确界定了特定区域允许的特定活动，以此分隔开有潜在冲突的活动，从而保证大堡礁地区独有的海洋生物和其栖息地的完整，尤其是对濒危动植物和环境敏感地带的特别保护。这一管理模式始于 2004 年，实践证明它是保证34.5 万平方千米的大堡礁地区健康与活力的有效手段。通过对旅游休闲产业、渔业及其他商业活动的合理规范与支持增进了地区的社会经济活力，也保证了地区的休闲娱乐、文化教育、科学研究等多样性价值得以保存和可持续发展。目前整个海洋公园划分为 8 个不同类型的区域，每个区域的保护力度取决于该区域的环境敏感性和生态价值的重要性。其中保护最为严格的地区，不到总面积的 1%，任何人在没有书面许可的情况下不能进入该区域，任何开发、捕捞的活动都被禁止，包括研究活动也需要得到许可。绿色的国家海洋公园是一个不能带走任何东西的区域，占总面积的 33%，捕鱼和采集等活动都需要得到许可，任何人都可以进入并进行划船、游泳、潜水、帆船航行等活动。橙色的科学研究区域主要位于科学研究机构和设施附近，以科学研究为主要目的，通常不对公众开放，不到总面积的 1%。橄榄绿的缓冲区主要是对自然原生态的保护，允许公众进入，除垂钓外的其他捕捞方式都被禁止，占到总面积的 3% 左右。黄色的保护区允许捕捞活动的适度开展，垂钓、叉鱼、捕蟹、打捞牡蛎、鱼饵等都被允许。深蓝色的栖息地保护区主要是保护敏感的栖息地不受任何破坏性活动影响，拖网捕鱼被禁止的区域占总面积的 28%。浅蓝色的普遍使用区是限制最少的区域，基本所有活动都可以开展。管理局与昆士兰政府合作，每天有船只和飞机巡逻，监督检查各区域内是否有违规活动发生。关于区划的地图和说明在当地多个服务点和渔具店等都免费提供。研究结果证明，分区管理的效果是明显的，例如在绿色的国家海洋公园内珊瑚鳟鱼的数量比其他区域多出1倍，鱼的尺寸也大出许多，这意味着这里提供了更多的产卵和繁衍机会。

海洋保护区通常被认为是海洋生态系统管理的最佳工具，与世界其他海洋保护区一样，大堡礁自然保护区的成效可体现在4个方面：保护生态系统的结构、功能和完整性；促进相邻区域的渔业生产；增进对海洋生态系统的认识和了解；增加非消耗性资源开发机会。可以看出，大堡礁海洋公园尽管接纳了大规模的游客进入，昆士兰沿海地区也承受着人口持续增长的压力，仍能在最大程度上保证地区的海洋生态环境免受破坏，使它能够继续拥有这片世界上最大、最健康的珊瑚礁生态系统。

（三）荷兰临港石化生态产业园

荷兰是一个自然资源贫乏的国家，80%的原料依赖进口。荷兰化工产业发展采取的是临港工业模式，即充分利用港口优势，在港口附近建立石化生态产业园。将石油化工企业建在港口周围，可以减少运输中转次数，降低运输费用，进而降低石油化工业的生产成本，提高其竞争力。因此，荷兰依托港口资源或依托与港口相关优势而发展起来的工业具有很大优势。同时荷兰的工业基础雄厚，一开始就发挥港口优势，引导大部分重化工业在沿海"落户"。在这一过程中，市场力量起主导作用，政府力量起着服务和指导的作用。

荷兰的第一大港——鹿特丹（图1-3-7）很好地贯彻了"城以港兴，港为城用"的思想，发展了大规模的石化工业，迅速成长为世界三大炼油基地之一，世界跨国石油垄断公司如shell（壳牌）、BP（英国石油公司）、ESSO、海湾石油等在鹿特丹都建有炼油基地。石油精炼和石油化工是鹿特丹临港工业中的主导产业。港区拥有4个世界级的精炼厂、40多家石油化工企业、4家煤气制造企业和13家罐装贮存和配送企业。鹿特丹临港工业带自北海沿马斯河向东延伸到多德雷赫特市，形成一条沿河石化工业带。临港工业区内的化工厂原材料主要依靠5个炼油厂提供。鹿特丹的地理位置使其成为欧洲的主要化学品港口，每年大约有1亿多吨原油海运至鹿特丹，

图 1 - 3 - 7　荷兰临港石化生态产业园

一部分供给炼油厂，其余的通过海运、空运、管道输往欧洲其他地区。

20 世纪以来，随着荷兰工业化、城镇化、现代化进程的加快，以石油化工为主导的工业增长给荷兰沿海环境造成很大的污染。荷兰临港工业带在带动经济发展的同时，也重视环境保护，为了缓解环境压力、协调好经济、贸易与环境的关系，荷兰采取的环境保护措施主要有以下几方面。

（1）设立中央控制的污水排放系统。从 1985 年起，鹿特丹市政工程处便开始了对泵站的实时监控，2005 年开始，他们管理起一个复杂的城市排水系统即中央控制系统。该系统由 30 个集水区组成，收集了来自 30 个抽水站排放的污水，排放到 5 个污水处理厂（相当于 110 万总人口排放的污水量）。市政工程处对所有这些泵站进行集中管理控制。该中央控制系统可以进行实时监控，对整个鹿特丹的污水进行定量计算并进行统筹规划。

（2）征收环境税。环境税在荷兰已经实施多年，目前在斯堪的那维亚、比利时和卢森堡、英国、法国、意大利、奥地利和德国环境税也得到相应推广并取得了很好的效果。荷兰针对居民的废物回收费和污水处理费也在很大程度上鼓励了公众节约用水和减少废物产生，同时又增加了环境保护投资的来源。另外，荷兰还采用了对环境保护项目的贷款补助、环境损害保险、抵押金制度等多种经济手段，都取得了较好的效果。

（3）荷兰重化工业大力推进先进生产工艺，追求清洁生产，并在此基础上与其他相关产业形成工业代谢循环，促进废物利用，发挥集群效应。

（四）美国墨西哥湾原油泄漏应急响应

2010 年 4 月 20 日夜间，英国石油公司（以下简称 BP 公司）租用的位于美国墨西哥湾的深水地平线（Deepwater Horizon）号钻井平台发生爆炸并引发大火，钻井平台底部油井自 2010 年 4 月 24 日起漏油不止，至少 500 万桶原油喷涌入墨西哥湾，影响路易斯安那、密西西比、亚拉巴马、佛罗里达和得克萨斯州长达数百千米的海岸线。此次事故的漏油量已大大超过 1989 年埃克森"瓦尔迪兹"（Valdez）号油轮溢油事故，成为美国历史上最大的溢油事故，但在美国国家海上溢油应急反应体系的指挥下，溢油应急响应及时，治理措施采取得当，造成的环境和经济损失相对于"瓦尔迪兹"号油轮溢油事故要小得多。

为了应对该事故，BP 公司在休斯敦设立了一个大型事故指挥中心，包括联络处、信息发布与宣传报道组、油污清理组、井喷事故处理组、专家技术组等相关机构，并与美国当地政府积极配合，动员各方力量、采取各种措施清理油污。应急处理方案主要分为 5 个步骤：准备工作、应急反应、评估和监测、预防和阻止扩散以及清理。

1）准备工作

准备工作主要包括建立地区应急预案和组织野生动物保护。美国每个州的当地政府都建立了地区意外事故应急预案（以下简称 ACP），在溢油应急反应准备过程中，ACP 可在所有利益相关方之间建立紧密的联系，确立需要保护的敏感地区并制定行之有效的保护策略。应急反应小组通过与政府内外的野生动物专家紧密合作，加快应急反应能力，最大限度地减少了溢油对野生动物的影响。

2）应急反应

在应急资源的部署中，"机遇之船"（Vessel of opportunity）方式值得借鉴。漏油事件对从路易斯安那州到佛罗里达州的很多渔民和船只都造成了影响，很多人申请参与救援工作，应急小组及时将其纳入到溢油处理队伍中，形成了"机遇之船"的工作模式。具体包括："机遇之船"计划共包含 5 800 艘船舶，雇佣了当地的海员并让其参与海岸线的保护，同时也扩大了后勤运输补给的范围和能力。应急反应小组还经常借助船东对当地海岸地区的熟悉，预测和观察溢油在敏感海岸的流动状况。"机遇之船"计划形成了基本的框架组成和规章制度，包括：招募、审核、分类排序、标记、培训和监管要求等。

通信联络在事故应急中具有重要作用，溢油应急响应要求对横跨墨西哥湾沿岸的 5 个州开展协调活动，需要大量的通信沟通平台，但目前尚没有可以提供如此广泛通信能力的平台。应急反应小组努力构建通信基础设施，该网络通信能力的提升将使政府具备应对未来任何应急响应的能力。

本次事故应急中，空中监测系统为超过 6 000 艘船舶提供服务，包括提供油情警报、指导收油船及撇油器到达正确的作业位置、监控燃烧点等，对于作业船舶而言，其作用更像是眼睛一样。空中监测团队不断提高自身的工作能力，以通过对开阔水域的监视、跟踪、探测、识别来确定溢油的正确位置及相关属性。此外，空中监测系统还于第一时间记录溢油区域的立体照片，并将溢油的具体位置及相关数据传递给公共图像系统（Common operating picture）。

3）评估与监测

在事故评估与监测过程中采用了公共图像系统的模式。通过全球超过 200 个独立的数据类型，创建了一个集成视图；该视图采用新开发的设备和技术，提供了一个无缝和快速协助救灾的平台。公共图像系统作为一种系统性应急协调机制，可确保应急人员和指挥部人员做出准确、可靠的判断并与当地作业人员和公众进行有效的沟通。

事故应急中成立了组织海岸线清理评估小组，评估小组由英国石油公司、NOAA、国家环保部门及各州立大学的科学家组成，主要负责准备及计划海岸线保护和溢油处理。工作内容主要包括：①预评估阶段，实地考察溢油事件，这是评估损害程度的关键；②初始评估阶段，在溢油到达海岸后，将调查结果报告提交给应急救援人员，给出溢油处理建议，专家需要核实溢油出现的位置，确定溢油的性质及潜在的污染源并给出处理建议；③最后是评估阶段，评估海岸线溢油处理工作的成效。

4）预防与阻止扩散

在预防与阻止扩散方面，本次事故应急跨墨西哥湾沿岸地区共建立了 19 个分支结构，极大地提高了救援小组的协调和规划能力，确保了部署的准确性；分支机构的建立充分调动了墨西哥海岸线附近及陆地作业人员的积极性，并使当地利益相关者也参与到救援工作中。

5）清理

在对事故油污的处理中，直接从水中回收溢油被认为是当前最有效的方法，但伴随着石油动态运动及特性的持续变化，如何确定溢油处理的规模和持续时间已成为一个新的挑战。通过本次事件，溢油受控燃烧法经历了从概念的提出到实际用于溢油处理的过程，专家们对于该方法的使用经验得到了显著增强。此外，此次漏油事故处理中进行了史上最大的溢油围油栏部署，共使用了超过 426 万米的围油栏，其中包括约 128 万米的普通围油栏和约 277 万米的吸油围油栏。实践表明，布控围油栏是保护海岸线最有效的方法之一。

第四章　我国海洋环境与生态工程面临的主要问题

一、海洋经济的迅猛发展给近海环境与生态带来巨大压力 ▶

　　未来 5 ~ 10 年是全面建设小康社会的攻坚时期，是转变经济发展方式和深化改革开放的重要时期，是环境保护事业发展的关键时期，也是我国工业化、城镇化、现代化快速发展时期。特别是 2008 年以来，国务院相继批准实施了多个沿海地区经济发展规划，沿海地区已经进入新一轮海洋开发和区域经济发展阶段。发展中的不平衡、不协调、不可持续问题依然突出，表现在产业布局和结构不尽合理、环境基础设施不完善、环境监管能力不足，制约科学发展的体制机制障碍依然较多等。

（一）我国沿海地区中长期社会经济发展形势分析

1. 我国沿海地区所处的工业化阶段和沿海开发战略实施后的发展趋势

　　国外经济学家钱纳里、库兹涅兹、赛尔奎等人，基于几十、上百个国家的案例，采取实证分析的方法，得出了经济发展阶段和工业化发展阶段的经验性判据，进而得出了"标准结构"。不同学者对发展阶段的划分不尽相同，其中具有代表性的是钱纳里和赛尔奎的方法，他们将经济发展阶段划分为前工业化、工业化实现和后工业化阶段，其中工业化实现阶段又分为初期、中期、后期 3 个时期。判断依据主要有人均收入水平、三次产业结构、就业结构、城市化水平等标准（表 1 – 4 – 1）。

表 1 – 4 – 1　工业化实现阶段判断标准

基本指标	前工业化阶段（1）	工业化实现阶段			后工业化阶段（5）
		工业化初期（1）	工业化中期（2）	工业化后期（4）	
人均 GDP（2005 年美元）	745 ~ 1 490	1 490 ~ 2 980	2 980 ~ 5 960	5 960 ~ 11 170	> 11 170

续表

基本指标	前工业化阶段（1）	工业化实现阶段			后工业化阶段（5）
		工业化初期（1）	工业化中期（2）	工业化后期（4）	
三次产业结构（产业结构）	A > I	A > 20%，A < I	A < 20%，I > S	A < 10%，I > S	A < 10%，I < S
第一产业就业人员占比（就业结构）	> 60%	45% ~ 60%	30% ~ 45%	10% ~ 30%	< 10%
人口城市化率（空间结构）	< 30%	30% ~ 50%	50% ~ 60%	60% ~ 75%	> 75%

注：A 为农业，I 为工业，S 为服务业.

根据该标准，美国完成工业化并进入后工业化阶段的时间是 1955 年，当年工业（不包括建筑业）比重为 39.1%，达到最高值。日本、韩国进入相同阶段的时间分别为 1973 年、1995 年，工业比重的最高值分别为 36.6%、41.9%。与此同时，工业内部结构也发生显著变化。工业化初期，纺织、食品等轻工业比重较高，之后比重持续下降；工业化中期，钢铁、水泥、电力等能源原材料工业比重较大，之后开始下降；工业化后期，装备制造等高加工度的制造业比重明显上升。对工业内部结构的变化，德国经济学家霍夫曼提出了"霍夫曼定理"——在工业化进程中，霍夫曼比率或霍夫曼系数（消费品工业的净产值与资本品工业净产值之比）是不断下降的，特别是进入工业化中期，霍夫曼比率小于 1，呈现出重化工业加速发展的阶段性特征。

根据表 1-4-1 给出的标准，目前我国总体上处在工业化中期向工业化后期过渡的时期。2010 年，我国沿海地区人均 GDP 为 4.97 万元，按当年平均汇率计算为 6 581 美元，按 2005 年不变价计算为 14 129 美元，处于后工业化阶段。从三次产业结构来看，我国沿海地区三次产业的比例为 7.3 : 50.6 : 42.1，农业占比小于 10%，第二产业所占比重大于服务业，处于工业化后期阶段。从城市化率来看，我国沿海地区城市化率为 63.2%，处于工业化后期阶段。因此，综合来看，我国沿海地区仍处于工业化后期阶段，且正在向后工业化阶段迈进，呈现出重化工业加速发展的特征。根据预测，我国 2015 年沿海地区第二产业增加值所占的比重与 2010 年相比，基本处于稳中有降的水平，即由 45.8% 下降到 45.0%。

2. 我国沿海地区城市化发展趋势

根据预测，我国沿海地区城市化水平将进一步提高，到 2015 年城镇人口所占的比重将由 2010 年的 63.2% 上升到 66.7%，上升 3.5%。预计人均 GDP 将由 2010 年的 4.97 万元上升到 7.69 万元，按当年平均汇率计算为 10 931 美元，按 2005 年不变价计算为 23 468 美元，远高于后工业化阶段的水平。

总体上，我国沿海地区城市化发展将进一步推进，并继续保持人均 GDP 远高于后工业化阶段水平，但产业比重和城市化率处于工业化后期的水平。这是由我国产业结构的地域分布特点决定的，但我国沿海地区服务业比重将进一步提高，工业将逐步向内陆转移的趋势是无法改变的，未来 5~10 年，我国沿海地区将由工业化后期阶段逐步过渡到后工业化阶段。

(二) 我国沿海地区污染物排放预测

随着沿海地区社会经济的持续发展，人口将持续向沿海地区集中，沿海地区城市化进程将稳步提升。由于生活方式的改变和生活水平的提高，人均生活污染物排放量也将持续增加。根据沿海地区国民经济和社会发展"十二五"规划等相关规划，预计规划范围内常住人口将由 2010 年的 2.96 亿人增长到 2015 年的 3.21 亿人，增长比例为 8.4%；城市化率将由 2010 年的 63.2% 增长到 2015 年的 66.7%；地区生产总值将由 2010 年的 14.72 万亿元增长到 2015 年的 24.66 万亿元，增长比例为 67.5%，其中工业增加值将由 2010 年的 6.74 万亿元增长到 2015 年的 11.10 万亿元，增长比例为 64.7%。预计总氮产生量将由 2010 年的 165.5 万吨增长到 2015 年的 174.8 万吨，增长比例为 5.6%；总磷产生量将由 2010 年的 17.8 万吨增长到 2015 年的 18.6 万吨，增长比例为 4.9%（表 1-4-2）。

表 1-4-2　我国"十二五"期间沿海省、市、自治区污染预测

省、市、自治区	2010 年产生量/万吨		2015 年产生量/万吨		2015 年增长比例/%	
	总氮	总磷	总氮	总磷	总氮	总磷
辽宁省	13.14	1.63	13.18	1.63	0.3	0.2
河北省	14.42	1.61	14.45	1.61	0.2	0.1
天津市	9.42	0.93	9.59	0.94	1.7	0.9

省、市、自治区	2010 年产生量/万吨		2015 年产生量/万吨		2015 年增长比例/%	
	总氮	总磷	总氮	总磷	总氮	总磷
山东省	29.79	3.55	30.37	3.64	1.9	2.4
江苏省	11.32	1.07	11.93	1.14	5.4	6.4
上海市	11.39	1.07	13.47	1.24	18.2	16.8
浙江省	19.54	1.93	21.46	2.10	9.8	8.9
福建省	14.68	1.59	15.59	1.67	6.2	4.8
广东省	35.49	3.70	37.31	3.86	5.1	4.4
广西壮族自治区	1.94	0.21	2.27	0.24	17.4	13.3
海南省	4.43	0.49	5.17	0.57	16.7	17.4
全国	165.5	17.8	174.8	18.6	5.6	4.9

可见，我国沿海省、市、自治区污染负荷增长速率差异较大，环渤海地区的污染负荷增长较慢，但海南省、上海市、广西壮族自治区的增长率均超过了10%，说明污染物排放的区域结构将发生转变。我国沿海经济发展相对较慢的区域，例如海南、广西污染负荷增长较快，对当地削减污染物负荷、逐步减少污染物排放量、保护当地近岸海域环境质量提出了更为艰巨的任务。总体上，随着我国新一轮沿海开发战略的实施，占入海污染物总量80%以上的陆源污染负荷将进一步增加，面源污染控制、入海河流水质改善任务将进一步加重，海域富营养化和有害藻华问题将依然存在，局部海域的重金属、持久性有毒有害污染将日益凸显，海上溢油与化学品泄漏风险将明显加大，近海生态安全将面临更大压力，保护和改善近岸海域环境质量将面临诸多挑战，同时对提升产业能级，推进节能减排、应对气候变化、保障生态安全，对海洋综合管理和公共服务提出了更高的要求。

二、陆海统筹的环境管理仍存在机制障碍和技术难度 ▶

影响海洋环境质量的污染源主要有陆源、船舶排放、海上养殖以及海上倾废等。其中，陆源是指从陆地向海域排放污染物质，造成或者可能造成海洋污染损害的场所、设施等。陆源污染主要通过入海河流、直排口等形式进入海洋，占各类入海污染物质的 80% ~ 90%。因此控制陆源污染对于海洋污染控制的意义重大，为了控制近岸海域水质污染和改善生态环境质量，应以控制陆源污染为重点，从根本上解决海洋污染问题。然而陆源污染控制仍存在管理机制不健全、治理成本高等问题，制约了陆源污染的控制效果。

1. 尚未实施营养物质的总量控制

陆源负荷输入是近岸海域无机氮、活性磷酸盐严重超标最主要的原因。"十一五"期间，我国在水污染物总量控制方面采取了工程减排、结构减排和管理减排三大措施，总量减排方面取得显著成效。但由于目前沿海地区流域总量控制指标为 COD 和氨氮，而海域环境污染控制因子是总氮和总磷。因此，海域污染控制与陆域污染控制指标难以衔接，氮、磷入海负荷得不到有效控制，导致海域富营养化问题成为常态。

2. 面源污染控制难度较大

从陆源污染控制的角度，目前陆域氮磷污染负荷主要来自农业面源污染，包括种植业、畜禽养殖业和水产养殖业。第一次全国污染源普查结果显示，农业源总氮、总磷排放分别占全国排放量的 57.2% 和 67.4%。与点源污染的集中性相反，面源污染具有分散性、隐蔽性和随机性的特征，因此不易监测、难以量化，防控的难度较大。

农业面源污染监测体系不健全，底数不清。国家虽然已经开展了农业源污染普查，但由于农业环境监测体系建设起步晚，监测手段落后，体系不完善，没有针对农业面源污染的发生进行长期和大范围源头监测，农业面源污染底数不清，不能及时掌握农业面源污染状况和变化趋势，使管理和防治措施缺乏针对性和科学性。

缺乏相应的面源污染控制管理技术。由于近年来结构调整的深入和农业集约化程度的提高，一些新的农作物种类和品种被大量引进，而农民仍沿用过去的管理方式进行施肥、灌溉以及防治病虫害，农业技术部门未能根据农业发展水平的需要及时为农民提供相应的技术指导，致使农业投入品的极大浪费，既大大增加了农民的生产支出，也造成了环境污染。再加上农民的环境意识薄弱，重生产轻环保的现象十分严重。

面源污染控制的相关扶持政策和激励机制缺乏。在现有的面源污染环境管理政策中，只是针对主要污染源农药和化肥颁布实施了一些环境政策，主要是针对生产、运输、营销、保管、使用等环节，缺少针对面源污染防治的规章制度，没有规定肥料、农药等使用不当造成污染的行为和责任。相反，国家为降低农业生产成本，对化肥、农药生产企业实行补贴，一定程度上是刺激了化肥、农药的大量施用。另外，我国目前还没有综合性和专业性的面源污染防治方面的环境管理制度。

综上所述，农业面源污染控制的难点在于缺乏行之有效的管理体制和机制、扶持政策及相关的技术支撑手段。

3. 污水处理厂脱氮除磷能力不足

目前我国有相当部分已经建成的污水处理厂不具备脱氮除磷的能力，导致出水中氨氮、总磷超标排放。而污水处理厂要进行脱氮除磷的工艺尚不成熟，且治理费用较高，往往需要增加大量构筑物，增加占地面积和大量的运行费用，改造难度较大，投资高，成为困扰这些污水处理厂正常运行和实现稳定达标的难题之一。此外，有些地方污水收集没有实行清污分流或没有严格做到清污分流，雨季大大降低了处理厂效率，更成为氮磷污染的重要原因。

三、海洋生态保护的系统性和综合性有待提升 ▶

（一）海洋生态保护系统性不强

无论是海洋保护区网络建设、示范区建设工程，还是盐沼湿地、珊瑚礁、海草床、红树林等的生态恢复工程，目前都存在体系完整性和系统性不强的问题。盐沼湿地、珊瑚礁、海草床、红树林等生态系统修复工程在实践过程中存在诸如恢复项目的目标不明确、未进行生态恢复效果的评估等问题，后续跟踪监测尚未开展。

（二）工程及技术水平有待提升

目前我国生态保护工程技术水平及信息化水平离国际先进水平还有很大差距。很多生态保护工程项目集中在单个项目，分布零散，"人工鱼礁区、国家海洋公园、河口海湾生态与自然遗迹海洋特别保护区"等在同一区域名目繁多，亟待将多个项目整合，形成海洋生态工程产业链、建立海洋生态网络合作机制。

（三）区域及国家层面的综合考虑不足

我国海洋保护区整体分布和发展很不均衡，缺乏从国家层面上综合考虑海洋保护区的总体规划和合理布局，一些生物多样性关键地区还存在大量的空白区域。从级别上来看，国家级的海洋保护区数量少、面积小，远不能代表我国纵跨 3 个气候带的海洋生物多样性；从保护对象上来看，以红树林、珊瑚礁、河口湿地、海岛生态系中的野生动植物为主要保护对象，且多为陆地保护区向海的自然延伸，具有重要保护价值的区域，如海洋自然景观和文化遗产尚未得到有效保护，保护范围和覆盖度有待进一步提高；从地域上来看，南方海洋自然保护区的数量要多于北方，以广东、福建、海南居多。

海洋生态恢复工程目前主要以单个项目形式进行，对区域及国家层面的考虑不足。与国际发达国家相比，美国恢复工程的管理，其实践工程已从特定物种或单个生态系统或小尺度的生态恢复工程逐渐扩大到《恢复海岸及河口生境的国家战略》（A National Strategy to Restore Coastal and Estuarine Habitat，2002）大尺度（如北部大西洋区、中部大西洋区、南部大西洋区、墨西哥湾区域、太平洋沿岸区域、五大湖区）的生态恢复项目转变，并设定了相关恢复目标及配套措施。而我国目前缺乏类似的国家战略或计划，为河口海湾等重点海域明确目标及可测量的指标，基于生态系统的完整性，提供指导框架。

四、涉海工程的技术水平、环境准入、环境监管等方面问题　▶

（一）海洋油气田开发工程监管不力，溢油管理制度不完善

1. 海洋油田开发工程建设现状

中国管辖海域沉积盆地具有丰富的油气资源，总面积达 300 万平方千米。这些沉积盆地自北向南包括：渤海盆地、北黄海盆地、南黄海盆地、东海盆地、冲绳海槽盆地、台西盆地、台西南盆地、台东盆地、珠江口盆地、北部湾盆地、莺歌海—琼东南盆地、南海南部诸盆地等。全国第三次石油资源评价初步结果显示，目前全国海洋石油资源量为 246 亿吨，占石油资源总量的 22.9%；海洋天然气资源量为 15.79 万亿立方米，占天然气资

源总量的 29.0%。我国海洋石油勘探始于 20 世纪 60 年代，1975 年渤海第一座海上试验采油平台投产，揭开了中国海洋石油开发的序幕。我国海洋原油产量占全国原油产量的比重，从 1990 年的 1.05%，提高到 2010 年的 26%。以渤海为例，仅已探明的就有 90 亿吨，渤海油气产量从 2000 年的 653.5 万吨增加到 2010 年的 3 000 万吨以上，年均增加 16.7%。

我国的海上油气开采平台分布见图 1 - 4 - 1。总体来看，我国的海洋油气开采具有以下最明显的 3 个特点。

(1) 海洋油气开采过度集中在近海。2010 年，海上石油开采达到 5 185 万吨，相当于大庆油田的全年产量，占到我国目前石油年产量 1.89 亿吨的 1/4 以上。但这 5 185 万吨的产量主要集中在中国近海海域：渤海、珠江口、南海北部、北部湾和东海。其中，仅渤海油田就奉献了 3 000 余万吨，占到总量的 60%。

(2) 深远海油气资源开发尚未启动。我国南海中南部油气资源是北部的 2.6 倍，其中在我国断续线内的石油储量约为 131 亿吨，天然气储量约为 8.9 万亿立方米。自 20 世纪 50 年代以来，特别是进入 70 年代后，南海周边国家先后吸引多家外国石油公司进行油气资源的勘探与开发。如今在我国南沙海域，外国的油井已超过 1 000 口，每年开采石油超过 5 000 万吨，严重影响我国海洋能源安全。而我国在南海中南部的油气资源开发尚未启动。

(3) 海上油气开采的潜在生态环境风险较高。随着近海分布的海上采油勘探钻井、采油平台、海底油气管线、油码头等设施逐年增多，且随着部分设备老化，海上溢油事故发生风险有所提高。此外，沿岸分布的众多炼油、石化等涉油企业，以及海上船舶数量和原油运输量的迅猛增加，也加大了海上溢油风险，对生态环境带来巨大的潜在压力和生态风险。

2. 海洋油田开发工程的生态环境影响

海洋油气开发的各个环节包括海底油气勘探、油气开采、油气集输等都存在环境生态危险。如地震勘探中所使用的地下爆破震源、噪声会对周围的生态环境产生影响；钻井过程中产生大量的废弃泥浆以及各种钻采的废渣。这些泥浆如果处置不当，会对周围的环境产生毒害作用。在油气运输过程中，浮式储油装置 FPSO 海底输油管线，由于自然因素或者人为操作因素产生的油气泄漏将对环境产生巨大的影响。

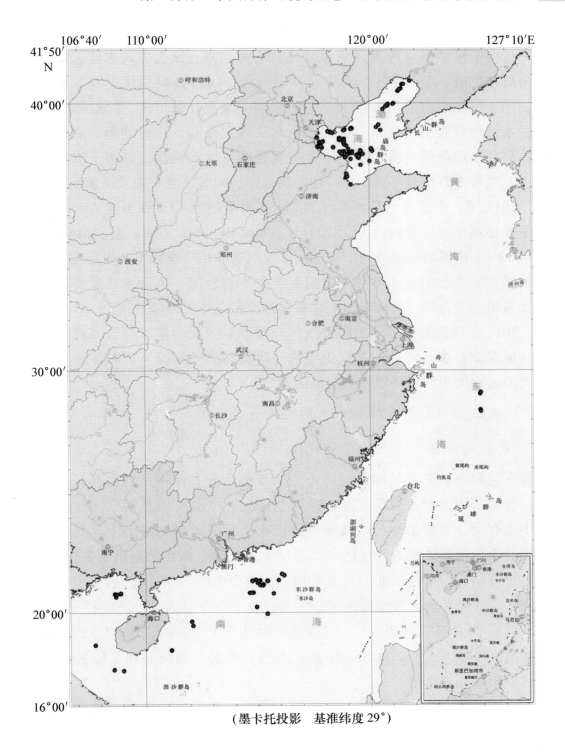

（墨卡托投影   基准纬度 29°）

图 1 - 4 - 1   我国海洋石油开采平台分布示意图

海洋油气勘探开发造成的污染以石油污染为主。石油进入海洋后，除部分低分子量烃易逃逸蒸发到大气外，绝大部分石油会进入水体，发生乳化溶解、扩散、沉淀作用，污染水体、海床，同时影响到鱼类及其他海洋生物的生存环境。采油废水主要是随原油一起被开采出来，经过油气分离和脱水处理后脱出的废水。采油废水水质情况复杂，含石油类、表面活性剂等高分子难降解有机污染物，含有大量溶解性无机盐，氯离子浓度更高达上万或数十万毫克每升，具一定的腐蚀性，同时还含有硫及杀菌剂。

2011年，全国海上石油平台生产水排海量约为12 859万立方米，钻井泥浆和钻屑排海量分别约为47 709立方米和40 926立方米。监测结果显示，蓬莱19-3油田溢油事故对所在油气区及周边海域环境状况产生影响，其他油气区水质要素中石油类和化学需氧量基本符合第一类海水水质标准，沉积物质量均符合第一类海洋沉积物质量标准。总体上，除蓬莱19-3油田以外，2011年所监测的其他海洋油气区环境质量状况均基本符合海洋油气区的环境保护要求，可见在不发生溢油、泄漏事故的情况下，海洋油气开发活动尚未对周边海域环境产生明显影响。

（二）沿海重化工产业环境准入门槛不高，环境风险高

1. 我国沿海地区重化产业发展现状

石化和化学工业是国民经济重要的支柱产业和基础产业，其资源、资金、技术密集，产业关联度高，经济总量大，产品应用范围广，在国民经济中占有十分重要的地位。改革开放以来，我国沿海地区由于其有力的经济、社会基础和独特的区位优势，不仅率先成为全国经济发展的先行地区，而且也开始成为重化产业的重要基地。截至2010年，我国已形成了长江三角洲、珠江三角洲、环渤海地区三大石化化工集聚区及22个炼化一体化基地，建成20座千万吨级炼厂，汽柴油产量达2.53亿吨，75%以上的产能分布在沿海区域。上海、南京、宁波、惠州、茂名、泉州等化工园区或基地已达到国际先进水平。

改革开放以来，东部沿海地区就一直走在我国工业发展的前列。我国炼油布局继续遵循靠近资源地、靠近市场、靠近沿海沿江建设的原则，形成以东部为主、中西部为辅的梯次分布。截至2009年年底，我国的原油一次加工能力达4.77亿吨，居世界第二，其中，80%的加工能力集中在沿海

地区，华东、东北、华南三大地区分别约占全国炼油能力的32%、21%和15%，辽宁是全国炼油能力最大的省份，原油加工能力达7 600万吨/年，其次为山东和广东。在广东，惠州—广州—珠海—茂名—湛江一线以临港开发区为载体的沿海石化产业带已经形成；华东、华中临港重化工业规模正在扩大；从南京到上海的长江沿岸，已经产生8个大型的临港化工区；杭州湾也正向石化工业区的目标大胆迈进；在北方的环渤海地区，倚仗老工业基地的优势，天津、大连等地的临港工业发展十分迅速。

2. 我国沿海地区重化产业发展的生态环境影响

随着我国沿海重化产业的发展，化工企业得到持续发展，化学品产量大幅度增加，生产规模不断扩大，创造了巨大的经济效益。由于化工企业排污量、用水量都很大，考虑到经济原因、排污条件较好和交通运输便利，化工企业往往分布在沿海地区，对海岸带环境和生态系统产生直接压力。

1）化工产业类型齐全，污染物种类多样、毒性强

沿海化工业包括石化、医药、农药三大类型，主要有无机化工原料、有机化工原料、石油化工、化学肥料、农药、高分子聚合物、精细化工和医药化工等，企业类型众多，特征污染物不同。化工生产排出的污水，一般富含氮、磷、COD等污染物，具有有害性、好氧性、酸碱性、富营养性、油覆盖性、高温等特点；一般的化工废气，含有氯化氢（HCL）、苯等有毒有害气体，具有易燃易爆、有毒性、刺激性、腐蚀性、含尘等特点，特别是化工和石油化工废水的生态毒性最大，其中经过处理并达到国家排放标准的多种废水仍有较高的生态毒性，化工废水中所含的苯系物、酚类和脂类等有机污染物有一定的生物积累性和内分泌系统干扰毒性，是人类的隐形杀手；化工生产过程中的废渣以及持久性有机污染物（POPs）对沿海区域的环境有着长期、潜在的影响。化工生产的这些特点，对区域水环境都会产生极大的影响，从而影响到人和其他生物的生活与生存。

2）化工事故频发，环境安全风险大

化工行业生产过程中使用大量易燃、易爆、有毒及强腐蚀性材料，在其生产、使用、储存、运输、经营及废弃处置等过程中易发生火灾、爆炸、中毒、放射等事故。沿海地区靠近人口聚居区，经济较为发达，一旦发生重大环境事故，势必造成严重的生态影响，给人民生命财产带来重大损失。

2005年11月，中石油吉化双苯厂苯胺装置发生爆炸，共造成5人死

亡、1 人失踪、近 70 人受伤，爆炸发生后，约 100 吨苯类物质（苯、硝基苯等）流入松花江，造成了江水严重污染，沿岸数百万居民的生活受到影响，并且引起了国际经济纠纷。2004 年 3 月，川化集团未经批准，擅自开车试生产造成重大事故，大量高浓度氨氮废水排入沱江，造成沱江特大水污染事件。沱江下游近百万群众的饮用水受到污染，内江市三产全部停业近 10 天，致使各种鱼类大量死亡，直接损失近 3 亿元，造成严重的社会影响。沱江特大水环境污染事件还对沱江的生态环境产生重大影响，据专家估算，当地流域水环境生态系统至少要五六年才能基本恢复。

3）管理监督力度不足，应急系统不完善

化工企业的执法监管能力和手段不足，违法排污企业尚未得到有效监管。多数企业未安装水量、水质在线监控仪器或虽安装但不能正常运行；一些企业通过下水道或私设暗管违法排污，应急系统尚不完善。

4）环境准入门槛低

目前沿海重化工产业向沿海推进的趋势十分明显，已经形成多个重化工产业集聚区，冶金、石油、化工、装备制造业等传统中化工行业优势明显。但目前沿海各地对行业的资源环境效率要求不明确，环境准入门槛不高，对企业的污染控制技术水平缺乏更高要求，为沿海地区环境安全带来较大隐患。

（三）围填海工程缺乏科学规划，监督执法体系不完善

1. 我国海岸带围填海工程发展现状

围填海工程是人类利用海洋空间资源，向海洋拓展生存空间和生产空间的一种重要手段。综观中外沿海国家和地区发展的历史，围填海工程在促进沿海国家和地区的社会经济发展中起到十分重要的作用。我国沿海地区在 20 世纪 80 年代实施对外开放以来，经济快速发展，城市化进程加快，沿海城镇发展的空间约束越来越突出，建设用地资源日益紧张。由于沿海人多地少，围海造地成为缓解土地资源紧缺的主要方式。一些地方建成进出港口和新型临港工业园区，推动了社会经济的发展与城市空间的战略转移。

从新中国成立到 20 世纪末，围填海造地面积约 12 000 平方千米，平均每年约为 240 平方千米。进入 21 世纪，沿海地区经济社会持续快速发展的

势头不减，城市化、工业化和人口集聚趋势进一步加快，土地资源不足和用地矛盾突出已成为制约经济发展的关键因素。在这一背景下，沿海地区掀起了围填海造地热潮，其主要目的是建设工业开发区、滨海旅游区、新城镇和大型基础设施，缓解城镇用地紧张和招商引资发展用地不足的矛盾，同时实现耕地占补平衡。目前，受巨大经济效益驱动，沿海各地围填海活动呈现出速度快、面积大、范围广的发展态势。大型围填海工程动辄上百平方千米，如按照曹妃甸的总体开发建设规划，初期（—2010 年）填海造地 105 平方千米，中期（2011—2020 年）再填海 150 平方千米，远期（2021—2030 年）完成 310 平方千米填海造地；黄骅港规划围填海 121.62 平方千米；天津滨海新区批准填海 200 平方千米，上海临港新城规划填海 133 平方千米。较小者也有数十平方千米，如江苏省大丰市王竹垦区匡围 48 平方千米，福建省罗源湾围垦 71.96 平方千米。

2. 我国海岸带围填海工程的生态环境影响

过去 10 多年来，我国围填海工程规模大、速度快、技术落后，围填海工程与海洋生态环境保护之间的矛盾日益升级。

（1）滨海湿地大幅度减少、湿地生态服务价值显著降低。滨海湿地面积锐减，湿地自然属性急剧改变，滩涂生态服务功能削弱，生物多样性降低，群落结构改变，种群数量减少，甚至濒临灭绝。据估算，围填海导致的生态服务价值损失每年 1 888 亿元，约相当于目前国家海洋生产总值的 6%。

（2）鸟类栖息地和觅食地消失，湿地鸟类受到严重影响。湿地减少使得大量鸟类无处栖息和觅食，数量和种类显著下降。

（3）海洋和滨海湿地碳储存功能减弱，影响全球气候变化。全球湿地占陆地生态系统碳储存总量的 12%～24%，围填海将滨海湿地转为农业用途，导致湿地失去碳汇功能，转变为碳源；若用作工业或城镇建设用地则完全丧失了其碳汇功能。

（4）重要海湾萎缩甚至消失，海岸带景观多样性受到破坏。一些重要海湾面积大幅度萎缩。人工景观取代自然景观，降低了自然景观的美学价值，很多景观资源被破坏，严重弱化了海洋休闲娱乐功能。

（5）鱼类生境遭到破坏，渔业资源锐减，影响渔业资源延续。区域水文特征改变，破坏鱼群洄游路线、栖息环境、产卵场、仔稚鱼肥育场和索饵场，很多鱼类生存的关键生境被破坏，导致渔业资源锐减，渔业资源可持续发展受到影响。

（6）陆源污染物增加，水体净化功能降低，海域环境污染加剧。产生大量工程垃圾，加剧了海洋污染；纳潮量减少，海岸水动力条件和环境容量变化，水交换能力变差，净化纳污能力削弱，减弱了海洋环境承载力。形成土地后的开发利用又产生大量陆源排污，加大近海环境污染压力。

（7）改变水动力条件，引发海岸带淤积或侵蚀。周边海洋水动力条件变化破坏岸滩和河口区冲淤动态平衡，发生淤积或侵蚀，对航道、港湾和海堤等造成严重威胁。宜港资源衰退，许多深水港口需重新选址或依靠大规模清淤维持。

总之，最近10多年来以满足城建、港口、工业建设需要的围海造地高潮，呈现出工程规模大、速度快、完全改变了海域自然属性，破坏了海岸带和海洋生态系统的服务功能，对海岸带及近海的可持续利用影响深远。

3. 我国围填海工程管理中存在的问题

（1）围填海工程的管理缺乏海洋生态系统科学的支撑。我国海洋生态系统的研究主要集中在近海较深的海域，而对海岸带水域及滨海湿地的关注较少，因此对与国民经济有重要关联的滨海湿地生态系统认识相当不足。此外，我国不同海区的海湾、河口和海涂等滨海湿地的自然条件有很大的差异，对这些海域我国目前尚缺乏生态系统层面上的科学认识。大规模、快速的围填海工程涉及影响的主要问题是滨海湿地生态系统的稳定性、可持续利用等，而目前对于围填海工程对生态系统的影响论证研究相当薄弱，围填海工程对生态系统的持续影响的分析更付阙如。

（2）围填海工程监督检查和执法监察体制有待于进一步完善。在省（直辖市、自治区）层面上，海洋管理部门作为地方政府的一个行政部门，地方政府的意志和实施围填海的决策对海洋管理部门形成巨大的压力。在沿海县市层面上，填海造地大多是以地方政府为主导的海洋开发活动，不少填海工程项目与"书记工程"、"省长、市长工程"联系在一起，地方海洋行政主管部门和执法监察的管理、执法很难到位。

（四）核电开发工程安全形势不乐观

1. 我国核电开发工程现状

核电是清洁、安全、经济的能源，是当今最现实的能大规模发展的替代能源。我国第一座核电厂秦山核电厂 1991 年投入运行。截至 2011 年年底，我国核电运行机组 15 台，装机容量 1 250 万千瓦；在建机组 26 台，装机容量 2 780 万千瓦。2010 年，我国核电发电量占总发电量的 1.77%。半个多世纪以来，我国核能与核技术利用事业稳步发展，目前，我国已经形成较为完整的核工业体系，核能在优化能源结构、保障能源安全、促进污染减排和应对气候变化等方面发挥了重要作用。我国核电事业属于多国引进、多种堆型、多种技术、多类标准并存的局面。当前，我国二代改进型机组达到批量规模，三代的 AP1000 和 EPR 也开始建设。

2. 我国核电开发的生态环境影响

我国核安全保证体系日趋完善。在深入总结国内外经验和教训的基础上，按照国际原子能机构和核能先进国家有关安全标准，我国已基本建立了覆盖各类核设施和核活动的核安全法规标准体系。2003 年以来，先后颁布并实施了《中华人民共和国放射性污染防治法》、《放射性同位素与射线装置安全和防护条例》、《民用核安全设施监督管理条例》、《放射性物品运输安全管理条例》和《放射性废物安全管理条例》，制定了一系列部门规章、导则和标准等文件，为保障核安全奠定了良好的基础。初步形成了以运营单位、集团公司、行业主管部门和核安全监督部门为主的核安全管理体系，以及由国家、省（直辖市、自治区）、运营单位构成的核电厂核事故应急三级管理体系。核安全文化建设不断深入，专业人才队伍配置逐渐齐全，质量保证体系不断完善。核安全监管部门审评和监督能力逐步提高，运行核电厂及周围环境辐射监测网络基本建成。在汶川地震等重特大灾害应急抢险中，我国政府决策果断、行动高效，有效化解了次生自然灾害带来的核安全风险，核安全保障体系发挥了重大作用。

我国核安全水平不断提高。我国核电厂采用国际通行标准，按照纵深防御的理念进行设计、建造和运营，具有较高的安全水平。截至 2011 年 12 月，我国大陆地区运行的 15 台核电站机组安全业绩良好，未发生国际核事故分级表 2 级及以上事件和事故。气态和液态流出物排放远低于国家标准限制。在建的 26 台核电机组质量保证体系运转有效，工程建造技术水平与国际保持同步。大型先进压水堆和高温气冷堆核电站科技重大专项工作有序推进。2011 年实施的核设施综合安全检查结果表明，我国运行和在建核电机组基本满足我国现行核安全法规和国际原子能机构最新标准的要求。研究堆安全整改活动持续开展，现有研究堆处于安全运行或安全停闭状态。核燃料生产、加工、贮存和后处理设施保持安全运行，未发生过影响环境或公众健康的核临界事故和运输安全事故。核材料管制体系有效。放射源实施全过程管控。

我国放射性污染防治稳步推进。近年来，国家不断加大放射性污染防治力度，早期核设施退役和历史遗留放射性废物治理稳步推进。多个微堆及放化实验室的退役已经完成。一批中、低放废物处理设施已建成。完成了一批铀矿地质勘探、矿冶设施的退役及环境治理项目，尾矿库垮坝事故风险降低，污染得到控制，环境质量得到改善。国家废放射源集中贮存库及各省（自治区、直辖市）放射性废物暂存库基本建成。我国辐射环境质量良好，辐射水平保持在天然本底涨落范围；从业人员平均辐射剂量远低于国家限制。

3. 我国核电开发工程安全中存在的问题

近年来，我国核能与核技术利用事业加速发展，核电开发利用的速度、规模已步入世界前列，保障核安全的任务更加艰巨。

（1）安全形势不容乐观。我国核电多种堆型、多种技术、多类标准并存的局面给安全管理带来一定难度，运行和在建核电厂预防和缓解严重事故的能力仍需进一步提高。部分研究堆和核燃料循环设施抵御外部事件能力较弱。早期核设施退役进程尚待进一步加快，历史遗留放射性废物需要妥善处置。铀矿冶开发过程中环境问题依然存在。

（2）科技研发需要加强。核安全科学技术研发缺乏总体规划。现有资源分散、人才匮乏、研发能力不足。法规标准的制（修）订缺乏科技支撑，基础科学和应用技术研究与国际先进水平总体差距仍然较大。

（3）应急体系需要完善。核事故应急管理体系需要进一步完善，核电集团公司在核事故应急工作中的职责需要进一步细化。核电集团公司内部及各核电集团公司之间缺乏有效的应急支援机制，应急资源储备和调配能力不足。地方政府应急指挥、响应、监测和技术支持能力仍需提升。

（4）监管能力需要提升。核安全监管能力与核能发展的规模和速度不相适应。核安全监管缺乏独立的分析评价、校核计算和实验验证手段，现场监督执法装备不足。全国辐射环境监测体系尚不完善，监测能力需大力提升。核安全公众宣传和教育力量薄弱，核安全国际合作、信息公开工作有待加强。

五、海洋环境监测系统尚不健全，环境风险应急能力较差 ▶

（一）海洋环境监视、监测系统尚不健全，监测技术不完善

我国海洋环境监测体系覆盖的区域主要是近岸及近海海域，其目的是对我国人为活动影响区域的海洋环境质量、海洋生态健康状况、赤潮、海岸带地质灾害等进行监测与评价，为海洋环境管理提供依据，监测的手段主要是现场船舶监测。海洋观测系统主要集中在岸基观测台站。海洋环境监测能力是实施海洋生态环境监测与风险控制的基础。经过 40 多年的建设和发展，我国具备了一定的海洋环境监测能力、海洋环境信息应用能力和海洋环境预报能力。但海洋环境保障体系建设起步较晚，就业务化系统的规模、能力以及实际预报保障总体水平而言，大体接近国外发达国家 20 世纪 90 年代初期的水平。目前我国海洋环境监测的存在的问题和技术"瓶颈"如下。

1. 管理体制没有理顺、规章制度尚不健全

我国目前涉及海洋监测的部门、单位、机构较多，除国家海洋局外，环境保护部、农业部、中国气象局、海军、大专院校、沿海地方政府有关部门以及海洋工程部门都开展与海洋相关的监测或研究活动，各部门缺乏有效协调与合作，造成重复建设、资金分散，制约了我国海洋环境监测事业的发展。缺乏国家统一的近海海洋监测系统，监测资源和监测数据不能共享共用已成为制约我国海洋科学发展的主要"瓶颈"之一。

2. 监测理念落后、技术支撑不足、主要设备依赖进口

目前我国海洋环境监测的理念相对落后，缺乏总体设计，目的不够清晰。近年来，我国一些涉海单位在新监测技术方法的研究开发、标准的建立、规范的修订等方面做了一些工作，但多数技术尚未进入业务化转化过程，未能形成相应的技术标准和规范。特别是深海海底监测技术，要实现海底监测网络的建设，还存在有很多技术"瓶颈"和难题。

监测仪器方面，国产仪器也存在不少工艺问题，缺乏市场竞争力，甚

至常用的如高精度电导率和温度剖面测量仪（CTD）、声学多普勒海流剖面仪（ADCP）、海面动力环境监测高频地波雷达（HFGWRD）、剖面探测浮标（Argo）、投弃式温度深度计（XBT）等，仍依赖进口。水下自航行监测平台（AUV）和水下滑翔器（Glider）在国外已应用于水下监测，而我国则刚立项研制。因此，至今除了台站和锚系浮标以外，海洋仪器设备几乎全部依赖进口。

3. 海洋监测系统以岸基监测台站为主，离岸监测和监测能力薄弱

经过几十年的努力，我国初步建立了近海海洋监测系统，但受我国海洋监测技术水平、经济支撑能力、海洋监测管理体制等因素的制约，其监测时空分辨率、持续监测时间和资源的利用率，都不能满足国家海洋科学监测和科学研究的需要。就我国近 300 万平方千米的海域，目前的常规海洋监测以 400 多个岸基监测台站为主，仅属于近岸监测，迄今尚没有海上固定式长期海洋综合监测平台，也缺少海洋多学科综合性监测浮标。不但与欧美、日韩有明显差距，即使与周边国家相比也相当薄弱。

4. 不能满足海洋科学研究长期、连续、实时、多学科同步的综合性监测要求

缺少长期、系统和有针对性的近海海洋科学监测，是导致对我国近海诸多重大海洋科学问题的认识肤浅、争论长久、难以取得重大原创性成果的主要原因，因而是制约我国海洋科学发展的主要"瓶颈"之一。随着我国国民经济的发展和社会的进步，海洋经济和海上军事活动日益增强，众多新的海洋科学问题摆在科学家面前等待解决。从满足海洋科学技术创新的需求出发，针对关键海域的重大海洋科学问题，加强近海区域性长期综合监测网络建设，获取全天候、综合性、长序列、连续实时的监测数据，对于我国海洋科学发展与重大海洋科学问题的解决已迫在眉睫。

5. 海洋生态与环境监测的质量控制和质量保证薄弱

海洋环境监测的质量标准是目前我国海洋环境监测的薄弱环节。包括监测设计质量、现场测量质量、仪器设备质量、采样质量、实验室分析测试质量、数据质量、评价模型的质量、数据产品加工质量及服务质量等在内的监测质量管理体系尚未健全。到目前为止，只有部分监测机构取得了国家和地方技术监督部门质量检测机构计量认证或 ISO9000 系列的质量认

证，尚难以保证海洋环境监测数据的质量。

（二）海洋环境质量标准主要参照国外研究成果制定，无我国海洋环境质量基准研究支持

目前，我国没有在真正意义上建立起相应的水环境质量标准体系，而制约我国海洋环境质量标准体系改进和完善的主要原因之一是由于我国缺乏相应的水生态基准资料。我国的水环境质量基准的相关研究并不系统，所颁布制定的水环境质量标准多借鉴于发达国家的生态毒性资料。从而形成了重标准而轻基准，跨越式制定水环境质量标准的阶段发展特点。我国于 1988 年制定的 GB 3838《地面水环境质量国家标准》和 1997 年修订实施的 GB 3097《海水水质标准》，其主要依据是日本、苏联、欧洲等国的水质标准和美国的水质基准资料，往往仅侧重于引用国外鱼类毒性资料。以生态学的角度，不同的生态区域有不同的生物区系，对某个生物区系无害的毒物浓度，也许会对其他区系的生物产生不可逆转的毒性效应。因此，仅仅参考发达国家的水生态基准资料来确定我国的水环境质量标准，只能是权宜之计。

目前尚缺乏充分的科学证据说明我国现行的海水水质标准可以为我国海洋环境中大多数水生生物提供适当的保护。导致我国的环境保护工作一直都是在充满矛盾和效果不理想的状态下运转。我国环境保护工作一直存在着"欠保护"和"过保护"的问题，前者不能保证人体健康和生态系统的持续安全，后者虽然对生态系统有益无害，但对发展中国家的经济成本考虑就意味着无谓的浪费。不同的国家和地区制定海洋环境质量标准均需要以区域性海洋质量基准为基础和依据，以确保可给予本区域环境生态恰当的保护。

（三）海洋生态环境风险管理与应急能力薄弱

1. 海上溢油应急能力建设

溢油应急涉及多个部门，其间的协作机制不完全明确，无法形成一体化管理的态势，难以形成高效、科学的溢油污染应急管理体系。应急力量仍然薄弱，缺乏专业化、大型化的应急船舶、设备和专业队伍。主要原因有：①地方政府对溢油应急能力建设的重视程度和投入不够；②相关企业的责任不能有效落实；③缺少健全的资源共享和利用机制，企业应急反应

积极性不高；④专业溢油应急队伍缺乏，不适应溢油应急形势的需要。应急决策指挥系统是溢油应急工作的指挥中枢，但目前我国各级海上搜救中心的指挥决策系统仍十分落后，很大程度上依赖人工操作和经验判断，信息传输不通畅，智能化、自动化程度低，现场信息难以实时传递到指挥中心，严重制约应急工作的科学决策。

2. 化学品泄漏应急能力建设

危化品泄漏的事故虽然没有溢油事故频繁，但影响范围大。如 1 吨氯的泄漏能够影响 4.8 平方千米的范围，且危险化学品数量庞大，环境行为和毒性复杂。因此危险化学品泄漏的应急反应技术不如溢油成熟，对人类潜在的影响比溢油严重得多。

目前中国处理水上危化品泄漏事故应急反应能力还存在许多薄弱环节。①决策水平有待提高，因为危化品的复杂性和危险性导致事故发生后往往难以正确决策；②清污水平比较落后，缺乏相应的围控、清污等设备；③缺乏应急联动机制，诸多码头、岸边设施危化品泄漏事故暴露出的一个严重问题是陆地和水上没有形成应急反应联动机制，与预防控制措施脱节，致使危化品污染严重；④在中国危化品运输量越来越多的状况下，对其研究仍在初级阶段。

目前，国内外的危化品数据库大多基于陆地危化品泄漏特征建立，但危化品在水中的稀释度和分解过程不同于陆地，这种数据库在应用于水上应急时，实用性受到一定限制。因此应开展水上危化品泄漏事故应急相关技术的研究，为危化品事故应急反应和处置提供科学决策支持平台。

六、我国海洋环境与工程发展差距分析 ▶

为反映我国海洋环境与生态工程发展现状和水平，从 10 个方面考虑了我国海洋环境与生态工程的发展，与 2012 年国际先进水平进行了比较。总体上，我国海洋环境与生态工程与国际先进水平差距为 10~20 年（图 1-4 -2）。

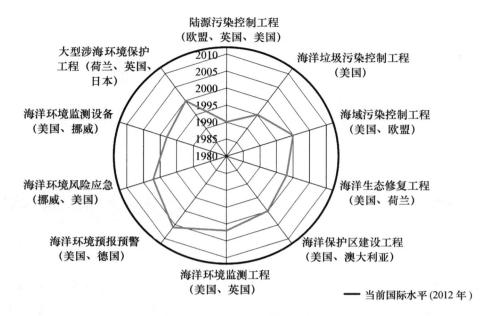

图 1 – 4 – 2　我国海洋环境与生态工程发展现状及国际发展水平

第五章 我国海洋环境与生态工程发展战略和任务

一、战略定位与发展思路 ▶

（一）战略定位

围绕"建设海洋强国""大力推进生态文明建设"的国家发展战略部署，坚持保护优先、预防为主的方针，通过海洋环境和生态工程建设与相关产业发展，提高我国海洋环境和生态保护水平，实现"在发展中保护、在保护中发展"，支撑我国社会经济的协调可持续发展，为建设海洋生态文明、建设美丽中国，实现海洋强国提供生态安全保障。

（二）战略原则

1. 统筹发展原则

海洋环境与生态工程涉及的内容较为丰富，需建立统一、协调的规划体系，统筹陆域、海域污染控制工程；统筹海岸带开发利用与生态保护工程，既要发挥环境对经济的支撑作用，又要实现海洋环境与生态的有效保护。

2. 自主创新与引进技术相结合原则

通过海洋环境与生态工程建设，一方面大力推进科技环境——生态科技进步和创新，掌握核心技术，实现产、学、研结合，形成科技进步和创新的强大合力；另一方面积极引进国外先进技术，进行消化、吸收、创新、示范和推广，缩短与发达国家之间的差距。通过国内自主研究开发与技术引进相结合，联合攻关，更为有效地推动技术进步。

3. 政府组织协调与市场机制作用相结合原则

海洋环境与生态工程的发展，一方面需要政府组织协调，由政府主导和引导海洋环境和工程发展；另一方面要充分发挥市场机制的基础性作用，切实调动市场主体的积极性，引导产业发展方向和发展重点。

（三）发展思路

以维护海洋生态系统健康、保持海洋生物的多样性，保护人类健康为宗旨，以改善海洋环境质量和保障生态安全为目标，以提高技术创新能力和推动产业化为核心，坚持"陆海统筹、河海兼顾"的原则，构建海洋环境污染控制和生态保护工程体系，建设海洋污染防治工程、生态保护工程以及海洋环境管理与保障工程，增强对海洋环境的管控能力，构建海洋经济发展与海洋环境保护协调发展的新模式，为建设海洋生态文明提供工程技术保障。

二、战略目标

经过 20～30 年的努力，通过开展海洋污染防治工程、生态保护工程、海洋环境管理与保障工程，共三类工程技术创新与产业发展，海洋环境与工程技术创新能力明显提高，海洋环境与生态工程相关高新技术产业得到发展，入海污染物排放得到有效控制，海洋环境质量明显改善，海洋生态系统健康状况明显改善，海洋生态服务功能得到有效维护；海洋环境监控、预警与应急等海洋环境管控能力显著提升，海洋生态安全得以充分保障，实现沿海地区资源与环境协调发展，海洋生态文明建设取得明显成效。

（一）2020 年

到 2020 年，重点突破海洋环境与生态工程关键技术，初步形成海洋环境与生态工程产业体系，能够满足我国海洋环境与生态保护的战略需求。具体目标包括以下几方面。

（1）到 2020 年，通过污染控制工程，以陆源防治为重点，重点入海河流和沿海城市污染防治污染物入海量明显下降，河流入海断面水质达标率达到 80%，近岸海域水质较目前有明显改善，一、二类海水面积达到 80%；近岸海域重金属、持久性有机物等危害人体健康的环境问题得到初步遏制。

（2）到 2020 年，建成我国海洋保护区网络；提升突破海洋生态保护工程的技术创新能力，初步形成较为全面、适用的海洋生态工程技术体系；近海生态系统健康状况和生态服务功能保持稳定。

（3）到 2020 年，掌握海洋生态环境监测设备核心技术，国产化水平达到 50%，初步形成以企业为主体的技术创新体系。大力发展海洋生态环境监测网络，近岸海域生态环境实时监测网络能够覆盖所有重点保护区域和典型海洋区域，各监测网数据联网共享，基本形成区域海洋生态环境监测预报体系。

（4）到 2020 年，全面提升海洋生态环境风险的综合管控能力，降低污染灾害、赤潮（绿潮）、溢油、危化品泄漏、海岸带地质等灾害风险；保障海洋生态安全，促进海洋经济持续发展。

（5）建成 5~10 个海洋生态文明示范区。

（6）到 2020 年显著增加我国渔业资源储量，提升我国海洋食物供给方面的能力；加强我国海洋环境保护区建设，增加海洋环境保护区面积和数量，从而明显改善我国在全球海洋健康指数 OHI 的评分，达到全球平均分水平以上。

（二）2030 年

（1）到 2030 年，建立陆－海协调的海洋环境保护机制，实施流域营养物质管理，有效提高营养物质利用效率，氮、磷营养物质排海量得到有效控制，近海富营养化程度显著下降；河流入海断面水质达标率达到 90%，近岸海域水质较 2020 年有明显改善，一、二类海水面积达到 90%；近海生态系统结构稳定，海洋生态系统健康状况明显改善，生态服务功能得以恢复。

（2）到 2030 年，建成完善的海洋保护区网络；海洋生态保护工程技术水平达到国际先进水平，产业体系完备；海洋生态系统健康状况有所好转，退化的海洋生态系统主要服务功能基本得以恢复。

（3）到 2030 年，海洋生态环境监测设备技术创新达到国际先进水平，基本实现国产化，产业化体系完备；近岸海域生态环境立体监测网络能够覆盖近海和部分远海区域，海洋环境监测和预警能力达到国际先进水平。

（4）到 2030 年，海洋生态环境风险的综合管控能力达到国际先进水平，海洋环境风险应急设备产业化体系完备。

（5）到 2030 年进一步增加我国渔业资源储量，提升我国海洋食物供给方面的能力；完善我国海洋环境保护区建设，继续增加海洋环境保护区面积和数量；注重海洋旅游和度假服务功能的建立健全，从而进一步提升我国在全球海洋健康指数 OHI 的评分，力争达到发达国家平均分水平。

（三）2050 年

形成完整的海洋环境与生态工程研究开发、装备制造、技术服务产业体系，海洋环境与生态工程创新能力达到国际先进水平；我国海洋环境质量全面改善，生态系统结构稳定，健康状况良好；实现沿海地区资源、环境协调发展；海洋生态安全得以保障；海洋生态文明蔚然成风，建成与世界海洋强国相适应的海洋环境与生态状况。

三、战略任务与重点 ▶

（一）总体任务

遵循"陆海统筹、河海兼顾"的原则，以建设海洋生态文明为指导，以陆源污染控制为重点，实施海洋污染控制工程，进行"从山顶到海洋"的全过程防治；以海洋生态系统结构和服务功能保护主要任务，实施海洋生态保护工程；以提高海洋环境与生态工程技术水平和创新能力为核心，实施海洋环境与生态科技工程；以提升海洋环境保护监测、监管、风险应急能力为核心，实施海洋环境管理与保障工程。通过实施海洋环境和生态工程，为发展绿色海洋经济，构建海洋经济发展与海洋环境保护协调发展的新模式，开创资源可持续利用、经济可持续发展和生态环境良好的局面提供技术支撑和工程保障。

（二）发展路线图

以建设海洋强国和生态文明为目标，围绕"控制海洋环境污染，改善海洋生态，防范海洋风险，提升海洋管控能力"4 个方面，分阶段地开展海洋环境与生态保护工程体系的建设。在近期（2020 年），以削减陆源污染物，维护海洋生态健康状况，提升环境监管与风险控制能力为主。在中期（2030 年），建立陆 – 海协调的海洋环境保护机制，形成海洋环境与生态工程成套技术体系与产业体系，海洋环境质量与生态状况明显改善，海洋环境监管技术和手段处于国际先进水平，海洋经济、资源、环境协调发展（图 1 – 5 – 1）。

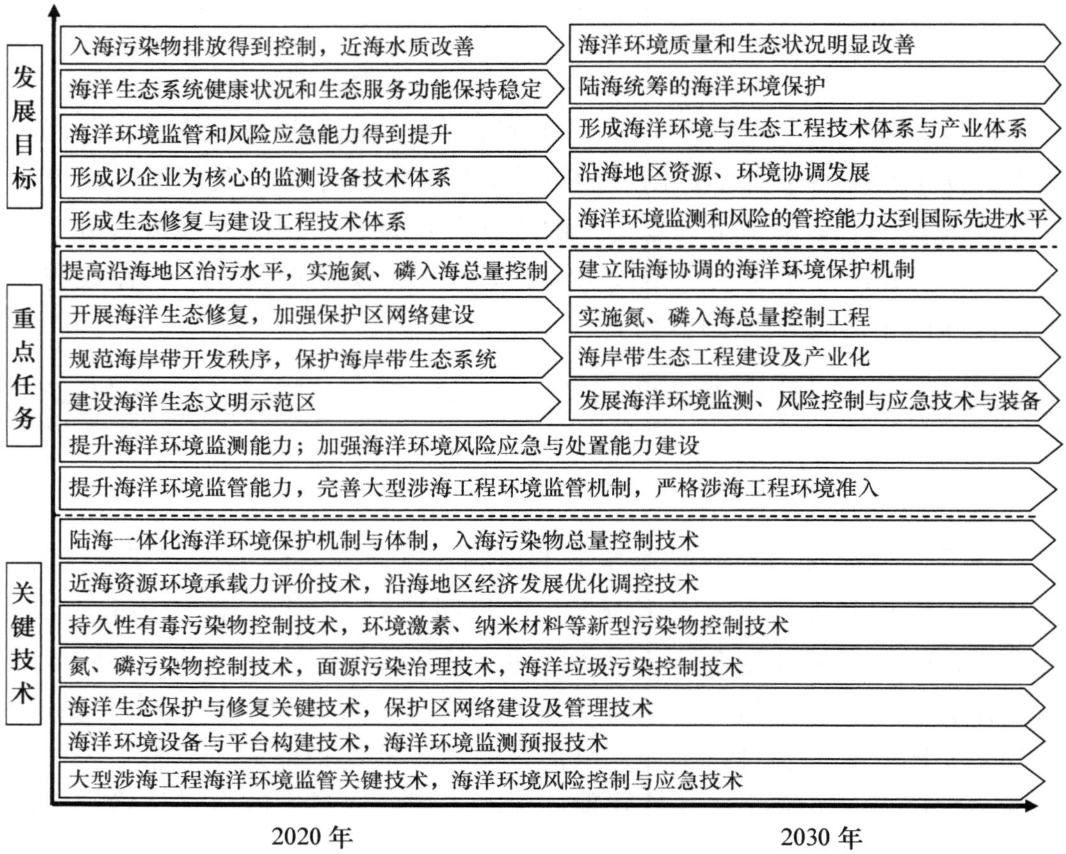

发展目标	入海污染物排放得到控制，近海水质改善	海洋环境质量和生态状况明显改善
	海洋生态系统健康状况和生态服务功能保持稳定	陆海统筹的海洋环境保护
	海洋环境监管和风险应急能力得到提升	形成海洋环境与生态工程技术体系与产业体系
	形成以企业为核心的监测设备技术体系	沿海地区资源、环境协调发展
	形成生态修复与建设工程技术体系	海洋环境监测和风险的管控能力达到国际先进水平
重点任务	提高沿海地区治污水平，实施氮、磷入海总量控制	建立陆海协调的海洋环境保护机制
	开展海洋生态修复，加强保护区网络建设	实施氮、磷入海总量控制工程
	规范海岸带开发秩序，保护海岸带生态系统	海岸带生态工程建设及产业化
	建设海洋生态文明示范区	发展海洋环境监测、风险控制与应急技术与装备
	提升海洋环境监测能力；加强海洋环境风险应急与处置能力建设	
	提升海洋环境监管能力，完善大型涉海工程环境监管机制，严格涉海工程环境准入	
关键技术	陆海一体化海洋环境保护机制与体制，入海污染物总量控制技术	
	近海资源环境承载力评价技术，沿海地区经济发展优化调控技术	
	持久性有毒污染物控制技术，环境激素、纳米材料等新型污染物控制技术	
	氮、磷污染物控制技术，面源污染治理技术，海洋垃圾污染控制技术	
	海洋生态保护与修复关键技术，保护区网络建设及管理技术	
	海洋环境设备与平台构建技术，海洋环境监测预报技术	
	大型涉海工程海洋环境监管关键技术，海洋环境风险控制与应急技术	

2020 年　　　　　　　　　　　　2030 年

图 1 – 5 – 1　海洋环境与生态工程发展路线

（三）重点任务

1. 实施海洋环境污染控制工程，进行"山顶到海洋"的陆海一体化全过程控制

　　1）实施营养物质管理，进行海域氮、磷总量控制

　　坚持"陆海统筹、河海兼顾"，积极推进重点海域排污总量控制。依据近岸海域环境质量问题和生态保护要求，以及海域自然环境容量特征，加快开展污染物排海状况及重点海域环境容量评估，按照"海域—流域—区域"的层级控制体系，提出重点海域污染物总量控制目标，确定氮、磷、营养物质的污染物的控制要求，实施重点海域污染物排海总量控制，推动海域污染防治与流域及沿海地区污染防治工作的协调与衔接。

2）控制农业面源污染物排放和入海量

发挥政府职能，强化面源污染管理。把面源污染防治与降低农业生产成本、改善农产品品质和增加农民收入结合起来；充分发挥地方政府的领导、组织和协调作用，逐步建立由政府牵头，部门分头实施的管理机制；充分发挥农业部门在农业面源污染防治工作中的主导作用，明确各部门的责、权、利，从源头、过程和末端3个环节入手，确保面源污染防治工作落到实处。

完善监测体系，摸清面源污染底数。建立高效、快速的面源污染监测和预警体系，摸清不同污染源排放规律和对环境污染指标的贡献率等面源污染底数，及时准确掌握面源污染状况和变化趋势。依法加强监管，建立生态补偿机制。从立法、执法以及配套制度制定3个方面，建立完善农业面源污染防治的法律法规和制度。建立生态补偿机制，鼓励农民采用环境友好型的农业生产技术，实施农业清洁生产。

制定科学规划，分步推进面源污染防治。针对全国不同地区面源污染问题，因地制宜地开展农业面源污染防治。建设生态农业、循环农业和低碳农业示范区；推广测土配方施肥、保护性耕作、节水灌溉、精准施肥等农业生产技术，积极提倡使用有机肥料；在现有农田排灌渠道的基础上，通过生物措施和工程措施相结合，改造修建生态拦截沟，减少农田氮、磷流失；推进病虫害绿色防控，生物防治，淘汰一批高毒、高残留农药，推广先进的化肥、农药施用方法。推进农村废弃物资源化利用，因地制宜地建设秸秆、粪便、生活垃圾、污水等废弃物处理利用设施，合理有序发展农村沼气。

3）在沿海地区建设绿色基础设施，控制城市面源污染

进行城市绿色基础设施建设，包括绿色屋顶、可渗透路面、雨水花园、植被草沟及自然排水系统；完善城市雨污管网建设；加大城市路面清扫力度，严格建设工地环境管理，加强城市绿地系统建设；强化城镇开发区规划指导，进行街道和建筑的合理布局，禁止占用生态用地；以及市民素质教育等非工程措施，增加城市下垫面的透水面积，提高雨水利用率，补充涵养城市地下水资源，控制城市面源污染，减轻城市化区洪涝灾害风险，协调城市发展与生态环境保护之间的关系。

4）加强海洋垃圾污染控制

以源头污染防治、垃圾清理整治为重点，推进海上和海滩垃圾污染治理。强化海洋垃圾源头污染防治，以沿海地区为重点，加快完善城镇和农村垃圾收运、处理、回收体系建设；切实控制海上船舶、水上作业、滨海旅游以及滩涂、浅海养殖产生的生产生活垃圾和各类固体废弃物的排放，做到集中收集、岸上处置。继续推进海洋垃圾清理、清扫与整治，建立海滩垃圾定期清扫和海上垃圾打捞制度，减少海洋垃圾污染。强化海洋垃圾监测与评价，掌握近岸海域海洋垃圾的种类、数量及分布状况。完善海洋垃圾监督管理，强化日常执法检查，严格管理海洋垃圾倾倒，坚决查处违法倾倒和排放固体废弃物的行为。在国家和地方建立健全海洋垃圾管理工作机制，形成政府统一领导、部门齐抓共管、群众积极参与的治理格局，强化宣传教育，提升公众对海洋垃圾污染防治必要性和重要性的认识。

2. 完善保护区网络，划定生态红线，实施海洋生态保护工程，正确引导海岸带开发利用活动

1）完善国家海洋保护区网络

根据我国沿海各地的实际情况和需要，构建布局合理、种类齐全、功能完善的海洋自然保护和海洋特别保护区网络，促进生物资源的繁衍、恢复和发展，保护海洋珍稀濒危及其栖息，减少或消除人为干扰，维持海洋生态功能，保护生物的多样性。在保护对象方面，重点保护珊瑚礁生态系统、红树林生态系统，沿海潟湖以及各类湿地系统。

2）沿海地区划定生态红线，正确引导海岸带开发利用活动

基于近岸海域生态调查结果，提出对生态敏感区、珍稀物种、资源及其生境等的保护要求，将海洋保护区、重要滨海湿地、重要河口、特殊保护海岛和沙源保护海域、重要砂质岸线、自然景观与文化历史遗迹、重要旅游区和重要渔业海域等区域划定为海洋生态红线区，防止对产卵场、索饵场、越冬场和洄游通道等重要生物栖息繁衍场所的破坏。进一步制定红线管控措施，严格实施红线区开发活动分区分类管理政策。建立海岸退缩线，可将海岸线向海域 1 000 米、向陆域 200 米等距线范围设定为海岸退缩线，严格控制该区域内的开发活动，退缩线向海一侧不批准人工建筑物。沿海地区要结合区域生态功能、重要生态敏感区的空间分布，以区域资源环境承载力为约束，优化国土空间开发格局，引导产业空间布局。

3）分区分类开展河口、海湾、海岛生态保护与修复工程建设

加强陆海生态过渡带建设，增加自然海湾和岸线保护比例，合理利用岸线资源；控制项目开发规模和强度。加强围填海工程环境影响技术体系研究，加强对围填海工程的空间规划与设计技术体系研究，完善必要的行业规范。积极探索如何可持续利用海洋空间资源，充分发挥海洋空间的生态价值，并最大限度地减少对生态系统的影响。规范海岸带采矿采砂活动，避免盲目扩张占用滨海湿地和岸线资源，制止各类破坏芦苇湿地、红树林、珊瑚礁、生态公益林、沿海防护林、挤占海岸线的行为。

加大受损严重河口、海湾、海岛生态环境综合治理，开展生态保护与恢复工程建设，修复已经破坏的海岸带湿地、恢复自然生境，发挥海岸带湿地对污染物的截留和净化功能；在围填海工程较为集中的渤海湾、江苏沿海、珠江三角洲、北部湾等区域，建设生态修复工程。

组织开展珊瑚礁、海草床、红树林、河口、滨海湿地等海洋生态系统的调查与研究，开展受损生态系统的修复与恢复工作。以自然恢复为主，辅以人工恢复，恢复生态系统结构与功能。采用人工育苗的方式，扩大其种群数量，或采用本土引种，进行异地保护；对珊瑚礁、红树林、渔业资源及濒危物种实施保护，开展海岸带整治、增殖放流、伏季休渔、陆源污染物监控治理等海洋环境保护工程。

加强滨海区域生态防护工程建设，因地制宜建立海岸生态隔离带或生态缓冲区，合理营建生态公益林、堤岸防护林，构建海岸带复合植被防护体系，形成以林为主，林、灌、草有机结合的海岸绿色生态屏障，削减和控制氮、磷污染物的入海量，缓减台风、风暴潮对堤岸及近岸海域的破坏。

3. 海洋环境管理与保障工程

1）构建完善的海洋生态环境监测系统

未来我国应在重点海域进一步加强由岸基监测站、船舶、海基自动监测站、航天航空遥感组成的全天候、立体化数据采集系统的能力建设，使污染监测、生态监测、灾害监测及海洋自然环境监测结合为一体，建立多层次、多功能、全覆盖的海洋监视、监测与观测的网络结构，形成由卫星传送、无线传输、地面网络传输等多种技术和专业数据库组成的监测数据传输和监测信息整合系统。加强配备重金属、新型持久性有机污染物及放射性的分析检测设备，探索适合我国的海洋环境监测分析技术方法，重点

开展海洋功能区监测技术、海洋生态监测技术、赤潮监测技术、海洋大气监测技术、海域污染物总量控制技术、污染源监测技术研究，尽快形成标准规范，指导海洋环境风险评价与分析工作。

2）加快海洋环境监测设备产业化进程

通过技术引进和自主研发相结合的途径，逐步掌握海洋生态环境监测技术和监测设备核心部件研发制造技术，实现相关设备的国产化。开展关键技术与装备的研制。通过投放浮标、潜标，以及海洋环境监测组网，进行海洋生态环境的实时观测应用。重点发展海洋生态环境长期原位观测传感器和进行监测设备系统集成。

3）构建完整的"基准–标准–监测–评价"海洋环境保护技术体系

完善海洋生态环境监测技术体系建设，加强国产海洋生态环境监测设备研发，基于我国海洋生态环境的特点与海洋生物区系分布特征建立具有我国特色的海洋水环境质量基准与标准体系，搭建海洋生态环境质量评估技术平台。针对重点海域建立国家海洋生态环境监测与评估计划，构建完整的"海洋水质基准–水质标准–生态环境监测–生态质量评价"海洋生态环境保护技术体系。

4）加大我国海洋环境和生态风险预警和应急保证能力建设

针对海洋溢油及化学品泄漏等突发性海洋生态环境灾害事故，建立重点风险源、重点船舶运输路线等监控技术体系，完善海洋生态环境灾害监控预警及应急机制，保障海洋生态环境与人体健康安全，保障海洋经济的可持续发展。能力建设方面，建立海洋溢油以及处置物质储备基地，根据海洋溢油风险区、多发区等合理布局溢油物质储备网络体系，合理配置消油剂、围油栏、吸油毡等常备物质。积极研发海洋溢油回收、绿潮海上处置等工程设备，提升海洋环境灾害的现场处置能力。建立由陆岸应急车辆、海洋应急专业船舶和直升机构成的海、陆、空立体快速应急反应体系，提升海洋生态环境应急反应速度。

4. 加强重大涉海工程环境监管，倒逼优化布局及技术创新

1）海洋油气田开发

在石油勘探过程中，开发低噪声、低辐射、低扰动的勘探技术，减少对海洋生物及生态系统的影响。在油气开采过程中，开发生产废水及废弃泥浆减量化的清洁生产技术，研究海下"三废"处置技术及装置，提高溢

油事故的处置能力。在油气运输过程中，开发油气泄漏检测预警技术及装置，开发海洋受损生态系统修复技术。

2）沿海重化工产业

从沿海重化工宏观布局方面，站在全局高度，对我国沿海十几个重化工基地的环境敏感性进行科学系统评估，打破现有沿海重化工遍地开花的格局，集中打造亿吨级的重化工园区。从生产工艺角度，开发和利用生物技术及其他清洁生产技术，减少有毒、有害原料的使用量，生产清洁产品。加强陆上重化工项目涉及有毒、有害污染物的预处理技术及原位回用技术研究，提高园区的污水控制水平。加强重化工项目"三级防控体系"研究，保证事故状态下不对海洋生态系统构成威胁。

3）围填海工程

加强围填海工程环境影响技术体系研究，加强对围填海工程的空间规划与设计技术体系研究，完善必要的行业规范。积极探索如何可持续利用海洋空间资源，充分发挥海洋空间的生态价值，并最大限度地减少对生态系统的影响。建立重大海洋工程后效应评估制度。设立重大海洋工程长期海域使用动态监测点，并建立海岸线侵蚀变化影响数据库。建立海岸带陆域和海洋联合执法机制与执法合力。建立健全围填海重大海洋工程跟踪监测制度，改变重论证轻管理的现状，从过去单一项目监测向区域用海监测转变。

4）核电开发工程

围绕核能与核技术利用安全、核安全设备质量可靠性、铀矿和伴生矿放射性污染治理、放射性废物处理处置等领域基础科学研究落后、技术保障薄弱的突出问题，全面加强核安全技术研发条件建设，改造或建设一批核安全技术研发中心，提高研发能力。组织开展核安全基础科学研究和关键技术攻关，完成一批重大项目，不断提高核安全科技创新水平。

（四）保障措施

1. 完善环境法制，强化执法监督

完善海洋环境保护法规标准体系，制定、完善海洋环境保护相关标准。进一步提高依法行政意识，开展联合执法，加大环境执法力度，提高执法效率。加强海洋环境保护监督执法能力建设，提高执法队伍素质。规范环

境执法行为，实行执法责任追究制，加强对环境执法活动的行政监察。

2. 创新环境政策，形成长效机制

完善海洋环境保护政策，探索建立海洋环境保护与海洋经济协调发展的政策体系，通过制定投资、产业、税收等方面的政策对海洋开发活动进行宏观调控，协调好各行业、各地区之间在沿海和海洋开发利用活动中的关系，最大限度地发挥海洋的综合效益。完善企业清洁生产和循环经济标准，建立沿海地区企业准入制度和工业园区管理制度，建设资源节约型、环境友好型、高科技型和经济效益型产业体系。建立更加严格的围填海审批制度和生态补偿制度，遏制对海洋环境的无序开发。鼓励非政府力量参与海洋环境监测，建立海洋环境监测的第三方评估机制。

3. 鼓励公众参与，加强舆论监督

鼓励公众参与海洋环境保护决策过程，积极探索建立公众参与决策的模式，对涉及公众环境权益的发展规划和建设项目，通过召开听证会、论证会、座谈会或向社会公示等形式，广泛听取社会各界的意见和建议；实行建设项目受理公示、审批前公示和验收公示制度；畅通环境信访、环境12369监督热线、网站邮箱等环境投诉举报渠道；提高公众参与意识，保障公众的知情权和参与权，充分发挥媒体与舆论的环境监督作用，加强环境保护工作的社会监督。

第六章　中国海洋生态与环境工程发展的建议

一、建立陆海统筹的海洋生态环境保护管理体制 ▶

（一）必要性

　　长期以来，我国形成了"统一监督管理与部门分工负责"相结合的海洋生态环境保护管理体制，即环境保护部对全国海洋环境保护工作进行指导、协调、监督，同时海洋、海事、渔业及军队环境保护部门具体负责海洋环境保护、船舶污染海洋环境的监督管理、渔业水域生态环境保护，以及军队的海洋环保工作。这在客观上造成了海洋环境保护呈分散型行业管理体制，行业管理机构各成体系，条块分割，各自为政，环境保护部的综合管理职能难以发挥，导致部门间职责分散交叉、分工不明确、政出多门，难以形成统一的海洋环境保护机制。

　　海洋是陆地领土的自然延伸，两者紧密关联、相互影响，是不可分割的有机整体。海洋污染物的80%以上来自陆源，解决影响海洋环境矛盾的主要方面在陆地。因此，只有遵循陆海生态系统完整性原则，按照陆海统筹、河海兼顾的方针，将陆地和海洋作为一个完整的系统进行综合分析，统筹规划、统一管理，明晰环境问题根源，做好顶层设计，才能从根本上控制陆源污染，改善海洋环境，为公众提供优质的海洋环境公共服务和产品。特别是在十八大以来，生态文明建设将融入并体现在经济、政治、文化、社会体制改革的过程之中，生态环境保护将是我国社会经济发展顶层设计的重要内容。建设与五位一体总体布局相适应的海洋生态环境保护管理体制，推动陆海环境的统一监督管理，建立从山顶到海洋的环境管理体系已经势在必行。

（二）主要内容

1. 实施陆地和海洋生态环境统一监管

整合分散的海洋环境监管力量，按照系统性原则对陆地和海洋的污染源、污染物、水质、沉积物、生物、大气等环境要素，以及陆地、海洋的工农业生产生活活动等进行统一监管，将生态环境保护的要求贯穿生产、流通、分配、消费的各个环节，体现在全社会的各个方面，实现要素综合、职能综合、手段综合，增强环保综合决策能力，实现统一监管和执法。改革环境影响评价制度，对战略环评、规划环评、项目环评，以及海洋工程、海岸工程环境影响评价进行统一管理，避免多头负责、重复审批，提高管理效率和效能，避免重复建设和投资。整合地表水、海洋等环境监测资源，建立陆海统筹、天地一体的环境监测和预警体制。进行海洋环境信息统一发布，提高政府的公信力，有效指导地方政府的海洋环保工作，正确引导社会公众和舆论。

2. 以流域为控制单元，建立陆海一体化综合管理模式

海洋是河流携带各种物质的最终受纳者，两者相互连通，互为依存，构成一个完整的生态系统。综合考虑流域和海洋环境保护的需求和目标，坚持生态优先、绿色发展的原则，以流域作为入海污染物控制单元，辨析流域人类活动与海洋环境之间的影响－反馈机制与效应，建立陆海一体化环境综合管理模式。以流域和海域的资源环境承载力为依据，开展区域发展规划和海洋开发规划的战略环境影响评价，划定流域和海域生态保护红线，合理确定产业规模、结构与布局，优化生态安全空间格局。以污染物总量控制为抓手，实施排污许可管理，综合采取点源、面源、流动污染源控制措施，严格控制流域主要污染物排放，有效改善海洋环境。

二、实施国家河口计划

（一）必要性

河口是河流与海洋交汇的水域区，是世界上生物多样性最为丰富的区域之一，拥有独特的生态系统。同时河口区也是人类高强度开发的地带，生态敏感性强，生态系统极为脆弱。我国海洋环境污染物有80%以上来自

陆源，其中绝大部分来自河流输入，经河口进入海洋。因此，流域自然变化和人类活动以河流为纽带，对河口及其毗邻海域产生深刻影响。在过去的几十年中，流域社会经济迅猛发展，城市区域快速扩展，农药化肥大量使用，土地利用急速变化，这些变化过程中产生的大量污染物通过河流输送到海洋，对河口和近海的环境与生态产生了深刻的影响，导致河口及毗邻区出现生态系统平衡被破坏、生态系统服务功能退化，各类环境问题和生态灾害不断凸显，如海水入侵、海岸侵蚀、河口湿地萎缩、生物资源退化、近海富营养化、有害藻类暴发等，已经对沿海地区的经济社会发展及海洋生态环境安全构成了严峻的威胁与挑战。因此，为实现从源头控制陆源污染物，亟待以河口区域为切入点，一方面推进陆海统筹的污染控制，减轻海洋环境压力；另一方面，在河口区采取针对性的保护措施，恢复河口生态环境，支撑河口地区社会经济可持续发展。

（二）总体目标

通过实施国家河口环境保护工程，推进全国河口区生态环境的调查，明确我国河口的总体环境状况和普遍环境问题；实施陆海一体化污染物总量控制，筛选确定一批优先试点河口，推进陆海统筹的污染控制，从源头控制陆源污染物排放；制定和实施有针对性的管理措施和保护与修复工程，恢复河口生态环境，维护河口生态系统健康，减轻海洋环境压力，支撑河口地区社会经济可持续发展。

（三）主要任务

1. 河口生态环境状况调查与评估

调查河口生态环境、资源禀赋及资源开发利用情况，建设河口区生态环境监测网络。建立描述包括有毒污染物、营养物、自然资源在内的河口区数据库。识别河口的自然资源价值及资源利用情况；建立河口的生态环境评价指标体系和技术方法，进行河口生态系统健康评价，进行河口的健康状况、退化原因诊断和对未来状况发展趋势预测。

2. 实施河口区入海污染物总量控制

针对河口及其邻近海域主要环境问题及其原因，将整个河口——它的化学、物理、生物特性以及它的经济、娱乐和美学价值作为一个完整的系统来考虑，以流域为单位，制定河口综合性保护和管理计划，实施河口区入海污染物总量控制。建立陆海一体化总量控制实施机制，推动排污许可制度的实施，明确减排责任主体，将污染物总量控制的责任落实到地方政府、企业。建立海域污染物总量控制实施效果核查制度，建立入海污染物总量考核办法，明确考核责任单位、考核对象、考核程序、考核目标、评分体系和公众参与制度，将海域污染物总量考核制度化、规范化。完善相关环境立法，健全监督和监管机制，为总量控制的实施提供有效的法律和政策支撑。

3. 建设河口生态环境保护与修复工程

基于近岸海域生态调查结果，提出对生态敏感区、珍稀物种、资源及其生境等的保护要求。在近岸海域重要生态功能区和敏感区划定生态红线。针对河口及其邻近海域主要生态退化问题及其原因，因地制宜地进行河口生态环境保护与修复工程建设，积极修复已经破坏的海岸带湿地，修复鸟类栖息地、河口产卵场等重要自然生境。针对围填海工程较为集中的河口区域，建设河口生态修复工程。针对岸线变化，规范海岸带采矿采砂活动，制止各类破坏芦苇湿地、红树林、珊瑚礁、生态公益林、沿海防护林、挤占海岸线的行为，建设岸线修复工程。

4. 建设河口区生态环境监测网络

建设全天候、全覆盖、立体化、多要素、多手段的河口生态综合监测网络，形成由岸基监测站、船舶、海基自动监测站、航天航空遥感等多种手段的监测能力，形成由卫星传送、无线传输、地面网络传输等多种技术和专业数据库组成的监测数据传输和监测信息整合系统，实现对河口区入海河流水质和通量、河口区水环境、生态系统、大型工程运行情况、赤潮/绿潮等生态灾害的高频次、全覆盖监测，加强重金属、新型持久性有机污染物、环境激素、放射性，以及大气沉降污染物等的分析监测能力。对河口行动计划实施过程中的关键参数进行观测，对实施效果进行评估，并将评估结果反馈到河口生态环境保护计划，以便随时做出修正。

三、建设海洋生态文明示范区 ▶

（一）必要性

建设海洋生态文明是推动我国海洋强国建设和推进生态文明建设的重

要举措，是国家生态文明建设的关键领域和重要组成部分。建设海洋生态文明，有利于在坚持科学发展、资源节约、环境保护的开发理念下，积极探索海洋资源综合开发利用的有效途径，最大程度地提高海洋资源利用与配置效率，保障和促进海洋事业的全面、协调、可持续发展，提高海洋对国民经济的持久支撑能力，并发挥积极作用。这对于促进海洋经济发展方式转变，提高海洋资源开发、环境和生态保护、综合管控能力和应对气候变化的适应能力，实现沿海地区的可持续发展，具有重要的战略意义。

（二）发展目标

建立沿海地区经济社会与海洋生态、环境承载力相协调的科学发展模式，树立绿色、低碳发展理念，加快构建资源节约、环境友好的生产方式和消费模式，建立人－海和谐的海洋经济发展模式和区域发展模式。通过海洋生态文明建设，入海污染物排放得到有效控制，海洋环境质量明显改善，海洋生态系统服务功能得到有效维护。海洋资源开发利用能力和效率大幅提高，海洋开发格局和时序得到进一步优化，形成节约集约利用海洋资源和有效保护海洋生态环境的发展方式，显著提升对缓解我国能源与水资源短缺的贡献。

（三）重点任务

以辽宁辽东湾、山东胶州湾、浙江舟山、福建沿海为先行示范区，开展海洋生态文明示范区建设。

1. 调整产业结构与转变发展方式。

依据沿海地区海域和陆域资源禀赋、环境容量和生态承载能力，科学规划产业布局，优化产业结构，加强产业结构布局的宏观调控和经济发展方式的转型，形成分工合理、资源高效、环境优化的沿海产业发展的新格局。构筑现代海洋产业体系，改造升级传统产业，积极发展海洋服务业，培育壮大海洋战略性新兴产业，发展循环经济和低碳经济，用生态文明理念指导和促进滨海旅游业、海洋文化产业等服务产业的发展，引导国民的海洋绿色消费。严格控制高能耗、高水耗、重污染、高风险产业的发展，淘汰落后产能、压缩过剩产能，实施区域产能总量控制。

2. 管控污染物入海，改善海洋环境质量。

坚持陆海统筹，加强近岸海域、陆域和流域环境协同综合整治。建立和实施主要污染物排海总量控制制度，推进沿海地区开展重点海域排污总量控制试点，制定实施海洋环境排污总量控制规划、污染物排海标准，削减主要污染物入海总量。加快沿海地区污染治理基础设施建设，加强入海直排口污染控制，限期治理超标入海排放的排污口，优化排污口布局，实施集中深海排放。加强滩涂和近海水产养殖污染整治，加强船舶、港口、海洋石油勘探开发活动的污染防治和海洋倾倒废弃物的管理，治理海上漂浮垃圾，强化海洋倾废监督管理。逐步减少入海污染物总量，有效改善海洋环境质量。

3. 强化海洋生态保护与建设，保障海洋生态安全。

加大海洋生态环境保护力度，建立海洋生态环境安全风险防范体系，保障海洋环境和生态安全。大力推进海洋保护区建设，强化海洋保护区规范化建设，加强对典型生态系统的保护。建立实施海洋生态保护红线制度，严格控制围填海规模，保护自然岸线和滨海湿地。加大沿海和近海生态功能恢复、海洋种质资源保护区建设和海洋生物资源养护力度，积极开展海洋生物增殖放流，加强我国特有海洋物种及其栖息地保护。在岸线、近岸海域、典型海岛、重要河口和海湾区域对受损典型生态系统进行修复，实施岸线整治与生态景观修复。加强海洋生物多样性保护与管理，防治外来物种。加强水资源合理调配，保障河流入海生态水量。有效开展海洋生态灾害防治与应急处置，积极推动重点海域生态综合治理。健全完善沿海及海上主要环境风险源和环境敏感点风险防控体系和海洋环境监测、监视、预警体系。

四、构建海洋环境质量基准/标准体系 ▶

（一）必要性

海洋环境质量基准是海洋环境中不同介质对特定污染物受纳能力的底线，是制定海洋环境质量标准的准绳和科学依据。在保障海洋生态环境安全中，海洋环境质量基准起着基础性的支撑作用。严格地说，我国并没有在真正意义上建立起相应的水环境质量基准体系，而制约我国水质标准体系改进和完善的主要原因之一就是我国缺乏相应的水生态基准资料，所颁布制定的水质标准多借鉴发达国家的生态毒性资料和相关基准/标准限值。

由于我国海洋环境的优控污染物、区域生态环境特征、生物区系分布、人体暴露途径与特征等各方面都与国外不尽相同，因此对我国海洋生态环境保护的合理性值得商榷，也影响了对海洋环境污染等事故的风险评估。因此，根据我国近海洋生物区系的特点和污染控制的需要，开展相应的海洋生态毒理学研究和海洋环境质量基准定值方法学研究，构建符合我国海洋环境特征的海洋环境质量基准体系，对加强我国海洋环境质量的监测、评价与监督管理，制定海洋环境保护技术政策、标准，维护和提高海洋环境质量、控制海洋环境污染都具有重要意义。

（二）主要内容

（1）开展我国海洋优控污染物研究。进行我国海洋环境污染物调查，结合历史数据，提出我国海域的优控污染物清单，并建立优控污染物筛选技术规范。

（2）开展海洋生物毒理学基准研究。进行海洋生物区系调查，结合历史数据，筛选优先保护物种；开展本土物种室内驯化与毒性测试研究，在建立海洋生物毒理学基准技术规范的基础上，制定我国海洋优控污染物的毒理学基准。

（3）开展海洋生态学基准研究。通过对海洋生态因子的调查和数据分析，建立我国海洋生态学基准指标体系，制定海洋生态学基准技术规范，识别海洋保护敏感区并制定关键生态学指标的基准值。

（4）开展海洋沉积物质量基准研究。调查我国重点海域沉积物质量状况，建立海洋沉积物质量基准的技术方法，针对敏感本土海洋底栖生物的保护，制定优控污染物的沉积物基准限值。

（5）进一步开展海洋环境的人体健康基准研究。基于海洋区域的服务功能分析，调研我国沿海地区人群的暴露途径和消费模式，结合哺乳动物毒理学与流行病学数据分析，建立海洋环境的人体健康基准技术方法，制定优控污染物的人体健康基准限值。

（6）进一步开展基准向标准的转化研究。基于经济、技术、管理等可行性分析，基于基准研究成果，制订和修订优控污染物的海洋环境质量标准。

主要参考文献

陈国钧,曾凡明.2001.现代舰船轮机工程[M].长沙:国防科技大学出版社.

封锡盛,李一平,徐红丽.2011.下一代海洋机器人——写在人类创造下潜深度世界记录 10912 米 50 周年之际[J].机器人,33(1):113-118.

冯明志.2006.我国船舶大功率柴油机现状与发展趋势[J].船舶动力装置.

高超,张桃林.1999.欧洲国家控制农业养分污染水环境的管理措施[J].农村生态环境,15(2):50-53.

高尚宾,等.2009.中国-欧盟农业生态补偿合作项目赴欧考察总结报告.

高之国,贾宇,吴继陆,等.2013.中国海洋发展报告(2013)[M].北京:海洋出版社.

国家发展和改革委员会.2007.核电中长期发展规划(2005—2020)[Z].

国家海洋局.2011.2010 年海岛管理公报[Z].

国家海洋局.2013.中国海洋经济发展报告[M].北京:经济科学出版社.

国家海洋局.全国科技兴海规划纲要(2008—2015 年).

国家海洋局.中国海洋环境质量公报 2003—2012 年.

国家海洋局海洋发展战略研究所课题组.2009.中国海洋发展报告[M].北京:海洋出版社.

国家海洋局海洋发展战略研究所课题组.2010.中国海洋发展报告[M].北京:海洋出版社.

国家海洋局海洋发展战略研究所课题组.2011.中国海洋发展报告[M].北京:海洋出版社.

国家海洋局海洋发展战略研究所课题组.2012.中国海洋发展报告[M].北京:海洋出版社.

国土资源部.全国矿产资源规划(2008—2015 年).

国务院.国家中长期科学和技术发展规划纲要(2006—2020 年).

国务院.全国海洋经济发展"十二五"规划.2012 年 9 月.

海洋经济可持续发展研究课题组.2012.我国海洋经济可持续发展战略蓝皮书[M].北京:海洋出版社.

暨卫东.2011.中国近海海洋环境质量现状与背景值研究[M].北京:海洋出版社.

贾大山.2008.2000—2010 年沿海港口建设投资与适应性特点[J].中国港口,(3):1-3.

金东寒.2007.船用大功率柴油机价格走势分析及预测[J].柴油机.

金翔龙.2006.二十一世纪海洋开发利用与海洋经济发展的展望[J].科学中国人,(11):13-17.

李季芳. 2010. 美国水产品供应链管理的经验与启示[J]. 中国流通经济, 24(11): 67 – 60.

李继龙, 王国伟, 杨文波, 等. 2009. 国外渔业资源增殖放流状况及其对我国的启示[J]. 中国渔业经济, 27(3): 111 – 123.

李开明, 蔡美芳. 2011. 海洋生态环境污染经济损失评估技术及应用研究[M]. 北京:中国建筑工业出版社.

刘传伟, 孙书群. 2011. 城市污水污水处理厂氮磷去除的研究[J]. 广州化工, 39 (23): 127 – 141.

刘海燕, 李树苑. 2012. 污水处理厂水质提标改造技术的工程应用[J]. 水工业市场, (6): 55 – 57.

刘佳, 李双建. 2011. 世界主要沿海国家海洋规划发展对我国的启示[J]. 海洋开发与管理, (3): 1 – 5.

马悦, 张元兴. 2012. 海水养殖鱼类疫苗开发市场分析[J]. 水产前沿, (5): 55 – 59.

美国国家环保局. 1994. 国家河口计划导则.

美国国家科学研究理事会海洋研究委员会. 2006. 海洋揭秘50年——海洋科学基础研究进展[M]. 北京:海洋出版社.

农业部渔业局. 2001—2012. 中国渔业统计年鉴[M]. 北京:中国农业出版社.

孙瑞杰, 李双建. 2013. 中国海洋经济发展水平和趋势研究[J]. 海洋开发与管理, (1): 63 – 68.

孙涛, 杨志峰. 2004. 河口生态系统恢复评价指标体系研究及其应用[J]. 中国环境科学, 24(3): 381 – 384.

孙钰. 2006. 从陆地守望海洋——访 GPA 协调办公室协调员范德威尔[J]. 环境保护高端访谈, 4 – 7.

唐启升, 等. 2013. 中国养殖业可持续发展战略研究:水产养殖卷 [M]. 北京:中国农业出版社.

王芳. 2012. 对实施陆海统筹的认识和思考[J]. 中国发展, (3): 36 – 39.

王涧冰. 2006. 蓝色海洋需要我们共同呵护[J]. 环境教育热点聚焦, 11: 18 – 21.

王文杰, 蒋卫国, 等. 2011. 环境遥感监测与应用[M]. 北京:中国环境科学出版社.

王祥荣, 王原. 2010. 全球气候变化与河口城市脆弱性评价——以上海为例[M]. 北京:科学出版社.

王晓民, 孙竹贤. 2010. 世界海洋矿产资源研究现状与开发前景[J]. 世界有色金属, (6): 21 – 25.

新华(青岛)国际海洋资讯中心等. 2013. 2013 新华海洋发展指数报告.

晏清, 刘雷. 2012. 海洋可再生能源——我国沿海经济可持续发展的重要支撑[J]. 世界经济与政治论坛,(3):59 – 172.

扬懿,朱善庆,史国光. 2013. 2012 年沿海港口基本建设回顾[J]. 中国港口,(1):9 – 10.

杨东方,高振会. 2010. 海湾生态学(下册)[M]. 北京:海洋出版社.

杨东方,苗振清. 2010. 海湾生态学(上册)[M]. 北京:海洋出版社.

于保华. 海洋强国战略各国纵览[J]. 中国海洋报,2013 – 9 – 30、10 – 10、21、31.

于宜法,王殿昌,等. 2008. 中国海洋事业发展政策研究[M]. 青岛:中国海洋大学出版社.

虞志英,劳治声,等. 2003. 淤泥质海岸工程建设对近岸地形和环境影响[M]. 北京:海洋出版社.

张铭贤. 陆海统筹控制陆源污染入海——燕赵环保世纪行之关注海洋环境(中)[J]. 河北经济日报,2012 – 2 – 1 – 2.

赵殿栋. 2009. 高精度地震勘探技术发展回顾与展望[J]. 石油物探,48(5):425 – 435.

赵冬至,等. 2010. 中国典型海域赤潮灾害发生规律[M]. 北京:海洋出版社.

赵兴武. 2008. 大力发展增殖放流,努力建设现代渔业[J]. 中国水产,(4):3 – 4.

中国工程院. 2013. 中国海洋工程与科技发展战略[C]//第 140 场中国工程科技论坛论文集. 北京:高等教育出版社.

中国海洋可持续发展的生态环境问题与政策研究课题组. 2013. 中国海洋可持续发展的生态环境问题与政策研究[M]. 北京:中国环境出版社

中国海洋年鉴编辑委员会. 中国海洋年鉴(2011—2012)[M]. 北京:海洋出版社.

中国食品工业协会. 2011. 中国食品工业年鉴 2011[M]. 北京:中国年鉴出版社.

周晓蔚,王丽萍,等. 2011. 长江口及毗邻海域生态系统健康评价研究[J]. 水利学报,42 (10):1 201 – 1 217.

Benjamin S Halpern,Catherine Longo. 2012. An index to assess the health and benefits of the global ocean[J]. Nature,488:615 – 622.

FAO Fisheries and Aquaculture Department. the Global Aquaculture Production Statistics for the year 2011. ftp://ftp. fao. org/FInewsGlobalAquacultureProductionStatistics2011. pdf

Mathiesen AM. 2010—2012. 世界渔业和水产养殖状况 2008—2010[M]. 联合国粮农组织.

主要执笔人

孟　伟　中国环境科学研究院　中国工程院院士

雷　坤　中国环境科学研究院　研究员

刘录三　中国环境科学研究院　研究员

徐惠民　辽宁师范大学　　　　副教授

闫振广　中国环境科学研究院　研究员

全占军　中国环境科学研究院　副研究员

第二部分
中国海洋环境与生态工程
发展战略研究
专业领域报告

专业领域一：海洋环境污染防治工程发展战略

第一章　我国海洋环境污染防治工程发展的战略需求

一、促进沿海地区社会经济可持续发展的需求　▶

我国是一个海洋大国，拥有 18 000 余千米的大陆海岸线，6 500 余个面积大于 500 平方米的岛屿。依据《联合国海洋法公约》和中国的主张，管辖有 300 万平方千米的辽阔海域。海洋资源种类繁多，海洋生物超过 2 万种，渔场面积 280 万平方千米。海洋石油资源量近 300 亿吨，天然气资源量约 19 万亿立方米，近海海上风能、潮汐能、潮流能等可再生能源蕴藏量超过 10 亿千瓦。海洋优越的自然环境条件和丰富的自然资源，为我国经济社会发展提供了更为广阔的空间，是缓解我国资源环境瓶颈的重要保障。

在我国经济迅速增长、人口快速增加及城市化进程加快而陆地资源日益枯竭的背景下，如何立足陆海统筹，在开发利用海洋资源、发展海洋经济，构建现代海洋产业体系的同时，防治海洋环境污染，维护海洋生态健康，探索沿海地区经济社会与海洋生态环境相协调的科学发展模式，增强对海洋环境的管控能力，是我国海洋环境保护亟待解决的严峻问题，也是推动我国沿海地区经济社会和谐、持续和健康发展，实现 21 世纪宏伟蓝图的必由之路。

二、改善海洋环境质量，维护海洋生态安全的需求　▶

随着我国沿海地区社会经济的快速发展，近岸海域环境污染不断加剧、海洋生态退化等问题十分严峻，突出表现在：入海污染物显著增加，氮、磷引起的富营养化问题突出，赤潮灾害多发，新型污染物等问题日益凸显，海岸带生态遭到破坏，海洋生态系统服务功能和渔业资源严重衰退，突发性环境污染事故频发，我国海洋生态安全面临严重挑战。

目前海洋生态环境已成为我国非传统安全的重要因素，直接关系到我国小康社会、和谐社会的建设，既影响国民经济的安全稳定运行，制约沿海地区社会经济可持续发展，同时还可能导致新的国际冲突。如何通过海洋环境污染防治工程建设，控制海洋环境污染，加强海洋环境综合治理，修复受损生态系统，保护海洋生物多样性、维护海洋生态系统健康，已经成为改善海洋环境质量、保护海洋生态安全的现实需求，也是维护社会公平与稳定的重要保障。

三、建设海洋生态文明的需求 ▶

党的十七大首次提出了建设生态文明的战略任务，标志着我国进入全面建设生态文明的新阶段。党的十八大报告进一步指出，要"把生态文明建设放在突出地位，融入经济建设、政治建设、文化建设、社会建设各方面和全过程"，要"尊重自然、顺应自然、保护自然"，确立了五位一体的中国特色社会主义建设总体布局。报告提出了"提高海洋资源开发能力，发展海洋经济，保护海洋生态环境，坚决维护国家海洋权益，建设海洋强国"的战略方针，为全面建成小康社会、实现中华民族的伟大复兴指明了方向。

海洋生态文明是生态文明的重要组成部分。在建设海洋生态文明过程中坚持尊重海洋、顺应海洋、保护海洋的原则，采用各类工程技术手段，控制海洋环境污染，全面维持和养护海洋生态系统，将发展目标与海洋自然规律有机结合，探索资源节约、环境友好的沿海地区经济发展模式，是建设海洋生态文明的重要内容和支撑体系。

第二章　我国海洋环境污染防治工程发展现状

一、我国海洋环境污染现状　▶

我国近岸海域污染总体形势较为严峻，水质较差海域相对集中在经济发展较快、人口密度较大的海湾沿岸和主要河流的入海口附近。2005—2012年全国近岸海域水质监测结果表明，全国近岸海域水质恶化趋势没有得到遏制，局部海域污染严重，主要污染因子是无机氮和活性磷酸盐。四类和劣四类海域主要分布在辽东湾、渤海湾、胶州湾、长江口、杭州湾、闽江口和珠江口，同时局部海域的石油类、化学需氧量、铅、铜等超二类水质标准。近岸海域污染物入海量的85%以上来自于陆源污染物，此外还有海洋石油勘探开发污染、海洋倾废、船舶污染、突发海上事故等污染问题。

（一）入海河流水质不佳

我国入海河流水质总体仍然较差，据2012年《中国近岸海域环境质量公报》，全国201个入海河流监测断面中，94个符合Ⅰ～Ⅲ类水质，占46.7%；58个符合Ⅳ～Ⅴ类水质，占28.9%；49个符合劣Ⅴ类水质，占24.4%。201个入海河流断面的水质标准达标率仅为64.7%，水质超过《地表水环境质量标准》（GB 3838－2002），Ⅲ类标准的指标主要有化学需氧量、生化需氧量、氨氮和总磷（表2－1－1）。

表2－1－1　2012年我国入海河流监测断面水质类别

海区	水质类别						
	Ⅰ	Ⅱ	Ⅲ	Ⅳ	Ⅴ	劣Ⅴ	合计
渤海		2	9	6	5	24	46
黄海	1	1	22	14	4	15	57
东海		3	8	5	4	5	25

海区	水质类别						
	Ⅰ	Ⅱ	Ⅲ	Ⅳ	Ⅴ	劣Ⅴ	合计
南海		17	24	14	2	9	66
合计	1	23	63	39	15	53	194

2006—2012 年，我国入海河流监测断面水质中，水质达到 Ⅰ～Ⅲ 类的断面所占比例先有所降低后逐渐增加，从 2006 年的 37.2% 增大到 2012 年的 46.7%，增加了 9.5 个百分点；水质达到 Ⅳ～Ⅴ 类的断面所占比例基本保持稳定，在 30% 左右波动；劣 Ⅴ 类水质的断面所占比例先增加后降低，由 33.3% 降低到 24.4%，下降了 8.9%。近年来，虽然总体上入海河流水质有所改善，水质达到 Ⅰ～Ⅲ 类的断面所占比例有升高，劣 Ⅴ 类断面所占比例降低，但 Ⅳ～Ⅴ 类、劣 Ⅴ 类断面所占比例仍然超过 50%，说明我国入海河流水质污染状况仍然不容乐观（图 2-1-1）。

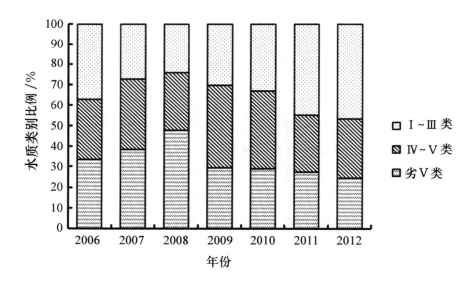

图 2-1-1 2006—2012 年入海河流断面水质类别

（二）近海富营养化程度高

据《中国近岸海域环境质量公报》，2012 年全国近岸海域总体水质基本保持稳定（图 2-1-2），在 301 个近岸海域环境质量监测点位中，水质达

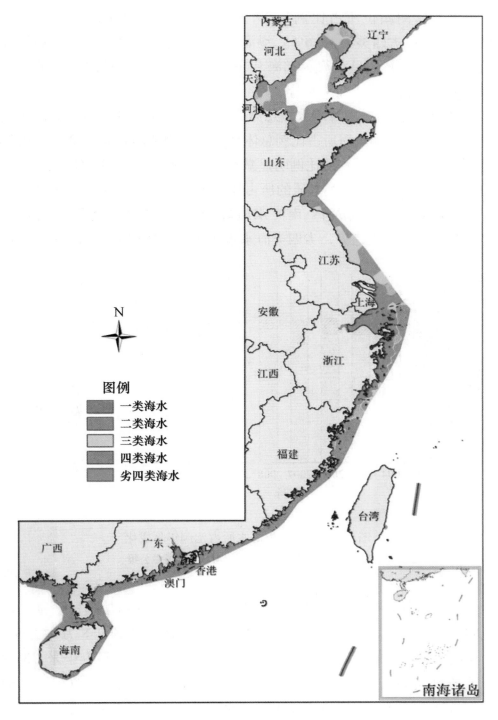

图2-1-2　2012年全国近岸海域水质分布示意图

资料来源：2012年中国近岸海域环境质量公报

到一类水质监测站位所占比例为29.9%；二类为39.5%；三类为6.7%；四类为5.3%；劣四类为18.6%。渤海、黄海、东海和南海海区中南海近岸海域水质最好，其次是黄海、渤海和东海，渤海近岸海域水质一般。主要超标因子是无机氮和活性磷酸盐。

近10年来我国近岸海域水质总体保持稳定（图2-1-3），局部区域污染严重。一类、二类水质所占比例总体呈现波动增加的趋势，2012年较2003年增加了19.2%；三类水质比例明显减小，由2003年的19.8%下降到2012年的6.7%；四类、劣四类水质的所占比例则较为稳定，在18%～35%间波动。4个海区中渤海、黄海、南海水质总体转好，劣四类水质所占比例下降；东海水质呈恶化趋势，劣四类海水水质所占比例增加（图2-1-4）。

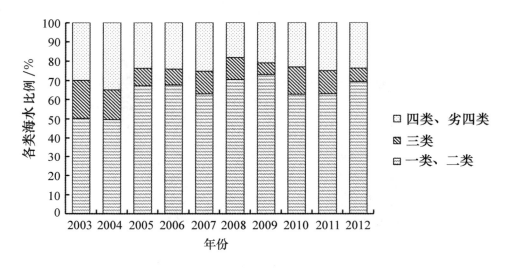

图2-1-3 各类海水所占比例年际变化

资料来源：2012年中国近岸海域环境质量公报

受氮、磷营养物质输入的影响，我国近岸海域营养盐超标严重，富营养化问题突出。2012年呈富营养化状态的海域面积达到9.8万平方千米，其中重度、中度和轻度富营养化海域面积分别为19 250平方千米、39 980平方千米和38 660平方千米。重度富营养化海域主要集中在辽河口、渤海湾、莱州湾、长江口、杭州湾和珠江口的近岸区域（图2-1-5）。

（三）局部海域沉积物受到重金属污染

2012年近岸海域沉积物质量状况总体良好（图2-1-6），沉积物中铜

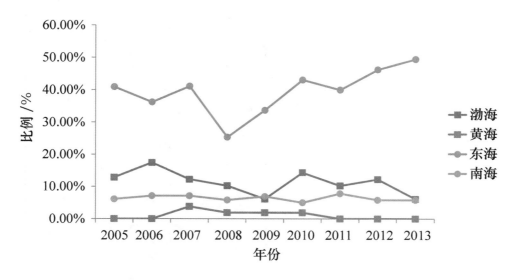

图 2 - 1 - 4　2005 - 2013 年各海区劣四类海水所占比例

资料来源：中国近岸海域环境质量公报

含量符合第一类海洋沉积物质量标准的站位比例为 85%，其余监测要素含量符合第一类海洋沉积物质量标准的站位比例均在 96% 以上。近岸以外海域沉积物质量状况良好，个别站位的部分监测指标含量超第一类海洋沉积物质量标准（图 2 - 1 - 7）。

4 个海区中，东海近岸沉积物综合质量良好的站位比例最高，为 96%，渤海、黄海和南海近岸沉积物综合质量良好的站位比例依次为 95%、94% 和 91%（表 2 - 1 - 2）。黄海北部近岸沉积物综合质量相对较差，污染区域集中在大连湾，主要超标要素为石油类、铜、镉和锌，其中石油类含量超第三类海洋沉积物质量标准。

表 2 - 1 - 2　2012 年全国重点海域沉积物综合质量评价

重点海域	综合质量	重点海域	综合质量
辽东湾	良好	东海南部近岸	良好
渤海湾	良好	粤东近岸	良好
莱州湾	良好	珠江口	良好
黄海北部近岸	较差	粤西近岸	良好
长江口 - 杭州湾	良好	北部湾	良好
东海中部近岸	良好	海南近岸	良好

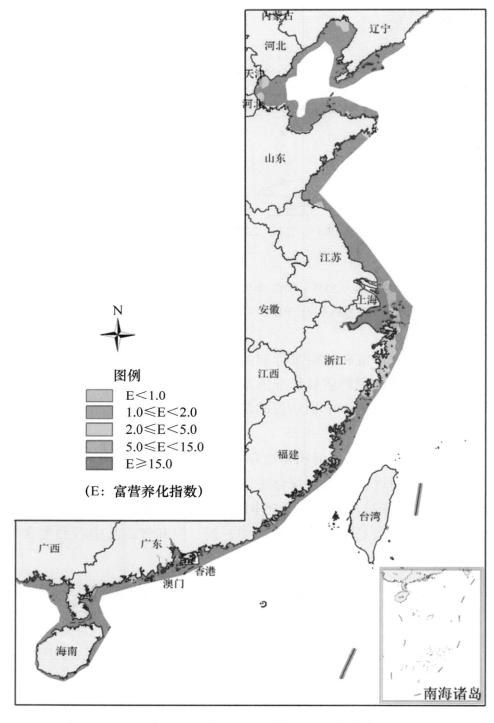

图例

E＜1.0

1.0≤E＜2.0

2.0≤E＜5.0

5.0≤E＜15.0

E≥15.0

（E：富营养化指数）

图 2－1－5　我国 2012 年近岸海域海水富营养化状况示意图

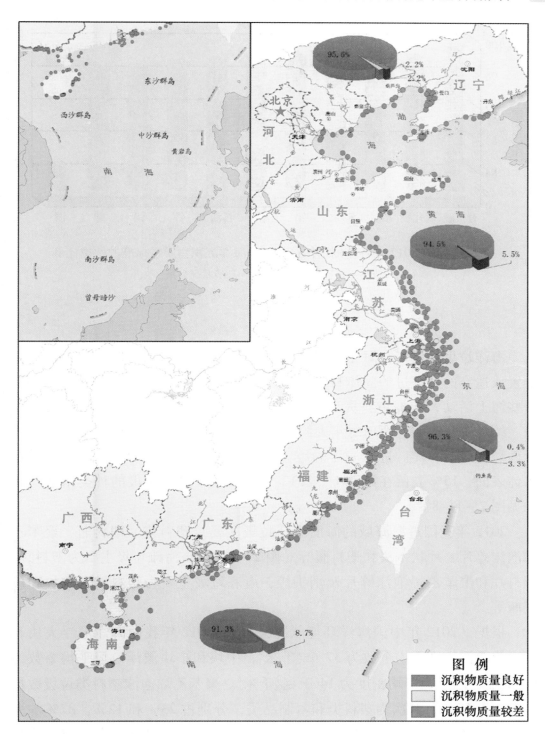

图 2 - 1 - 6　2012 年我国近岸海域沉积物环境质量示意图

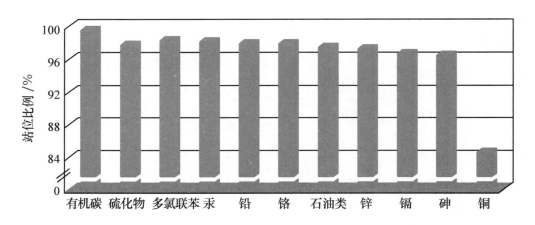

图 2 - 1 - 7　2012 年各监测指标符合一类海洋沉积物质量标准的站位比例

资料来源：2012 年中国海洋环境状况公报

（四）海洋垃圾污染不容忽视

海洋垃圾是任何在海洋或海岸带内长期存在的人造物体或来自被丢弃、处置或遗弃的处理过的固体材料。海洋垃圾既有陆源的，也有海上来源的。一些海上活动，如捕鱼、货运、娱乐活动和客运等产生相当数量的海洋垃圾。统计资料表明，全球每年大约有 640 万吨垃圾进入海洋，每天约有 800 万件垃圾进入海洋。进入海洋的垃圾大约有 70% 沉降至海底，15% 漂浮在水体表面，15% 驻留在海滩上。2012 年我国近岸海洋垃圾的种类组成和来源见图 2 - 1 - 8。

2012 年我国近海海域的海面漂浮垃圾主要是塑料袋、塑料瓶、聚苯乙烯泡沫碎片、片状木头和塑料瓶等（图 2 - 1 - 8）。海滩垃圾主要为塑料袋、塑料片和聚苯乙烯泡沫碎片及烟头等；海底垃圾主要为塑料袋、木块和玻璃瓶等。

根据《2012 年中国海洋环境状况公报》，2012 年我国海洋漂浮大块和特大块漂浮垃圾平均个数为 37 个/千米²；中块和小块漂浮垃圾平均个数为 5 482 个/千米²，平均密度为 14 千克/千米²。聚苯乙烯泡沫塑料类垃圾数量最多，占 57%，其次为塑料类和木制品类，分别占 23% 和 12%。87% 的海面漂浮垃圾来源于陆地，13% 来源于海上活动。垃圾数量较多区域主要为旅游区、港口区和养殖区。

海滩垃圾主要为塑料包装袋、聚苯乙烯泡沫塑料碎片和烟蒂等。海滩

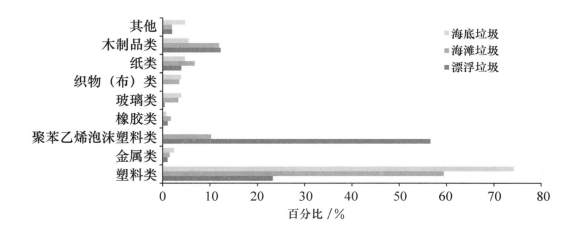

图 2 - 1 - 8 2012 年监测海域海洋垃圾主要类型

资料来源：2012 年中国海洋环境状况公报

垃圾平均个数为 72 581 个/千米^2，平均密度为 2 494 千克/千米^2。塑料类垃圾数量最多，占 59%，其次为木制品和聚苯乙烯泡沫塑料类，分别占 12% 和 10%。94% 的海滩垃圾来源于陆地，6% 来源于海上活动，其中塑料类垃圾数量最多，占 57%（图 2 - 1 - 9）。

（五）持久性有机污染问题日益凸显

我国尚未开展水环境持久性有机污染物（POPs）系统全面调查，仅在部分海湾、河口、河流、地下水以及湖泊开展了一些调查研究。就 POPs 种类而言，以多环芳烃（PAHs）、有机氯农药（OCPs）和多氯联苯（PCBs）为主。环渤海、长三角、珠三角地区是我国东部沿海经济社会最发达的地区，因此这 3 个区域的水环境 POPs 污染也较为严重。

有研究表明，长江河口区域共鉴定出有机污染物 9 类 234 种，包括挥发性有机化合物（VOCs）23 种、半挥发性有机物（SVOCs）211 种；其中属美国列出的 129 种优先控制污染物的有 49 种，属我国列出的 58 种优先控制污染物的有 24 种，属地表水水质标准（GB 3838 - 2002）列出控制的有 19 种。

珠江口伶仃洋及附近海域表层沉积物中多环芳烃污染状况与国际上相比处于中 - 低水平，但入海河流表层沉积物中多环芳烃污染程度较高。此外，在整个珠江三角洲表层沉积物中，有多处浓度超过 ERL 值，潜在的风

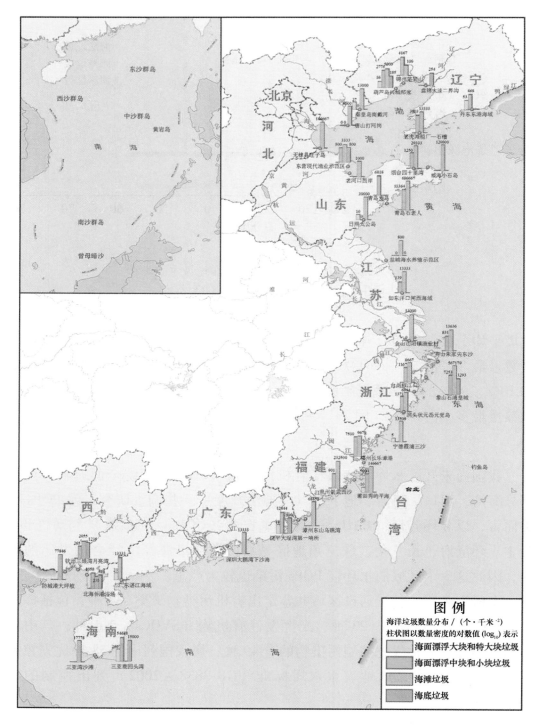

图 2-1-9 2012 年监测海域海洋垃圾数量分布
资料来源：2012 年中国海洋环境状况公报

险不可忽视。

环渤海地区曾经是我国重要的氯碱化工、有机氯杀虫剂的生产基地，由于过去生产和管理水平落后，致使大量POPs随化工厂排放的废水、废气和固体废物排放到周边区域，使得该区域成为多种POPs（有机氯农药尤其突出）污染的高风险地区。陆源污染物是渤海近岸海域的主要污染源，约占入海污染物总量的87%；而陆源污染物中，经由入海河口排入的约占总量的95%，污染物主要来源于流域内的工业废水、农药和生活污水。

（六）突发性环境污染事故频发

我国近岸海域溢油、化学品泄漏等重大突发性污染事件时有发生。例如2001年4月，韩国"大勇"轮和香港"大望"轮在长江口外相撞，导致701吨苯乙烯泄漏。2010年大连输油管道爆炸和2011年渤海蓬莱19-3油田溢油事故，给海洋生态环境和水产养殖业造成了重大损失，其中"蓬莱19-3"溢油事件累积造成5 500平方千米海水受到污染，养殖扇贝大量死亡。2006—2011年我国沿海共发生大小船舶污染事故481起，其中50吨以上的重大船舶溢油事故共15起，平均每年发生2.5起。渤海、宁波-舟山港、珠江口等海域，由于海洋油气开采活动较为集中、危险化学品运输量大，成为溢油和化学品泄漏的高风险区。

综上所述，随着我国经济社会的快速发展和海洋资源开发规模的扩大，我国海洋环境污染问题在类型、规模、结构、性质等方面都发生了深刻的变化，表现出明显的系统性、区域性和复合性特征，海洋环境污染形势十分严峻。突出表现在以下3个方面：①氮、磷负荷过高导致的富营养化问题成为近岸海域全局性问题；②沿海产业布局不尽合理，经济发展方式过于粗放，结构性的污染排放占有相当比重；③近岸开发利用活动频繁，海洋环境突发性污染事件频发。

二、我国海洋环境污染防治工程发展现状 ▶

（一）实施污染物总量减排工程，缓解海洋环境压力

1. 工业和生活点源污染物总量减排

"十一五"以来，我国开展了陆域水体COD（化学需氧量）总量减排工作，实现排放总量减少12.4%左右。2010年全国地表水国控断面高锰酸

盐指数平均浓度 4.9 毫克/升，比 2005 年下降 31.9%，七大水系国控断面好于Ⅲ类水质的比例由 2005 年的 41% 提高到 59.6%。总量减排主要采取了工程减排、结构减排、管理减排 3 方面的措施。其中，通过工程减排，累计新增城市污水日处理能力超过 6 000 万立方米，到"十一五"末，全国城市污水日处理能力达到 1.25 亿立方米，城市污水处理率由 2005 年的 52% 提高到 75% 以上；通过结构减排，钢铁、水泥、焦化及造纸、酒精、味精、柠檬酸等高耗能高排放行业淘汰落后产能，造纸行业单位产品化学需氧量排污负荷下降 45%；通过管理减排，"十一五"中央财政投入 100 多亿元，用于支持全国环保监管能力和污染减排"三大体系"建设，全国已建成 343 个省（自治区、直辖市）、地市级污染源监控中心，15 000 多家企业实施自动监控，配备监测执法设备 10 万多台（套），环境监测、在线监控、执法监察能力显著增强。

根据《"十二五"污染物总量减排规划》，"十二五"期间，要持续深入推进主要污染物排放总量控制工作，严格控制增量，强化结构减排，细化工程减排，实化监管减排，加大投入、健全法制、完善政策、落实责任，确保实现 4 项减排约束性指标，推动经济社会又好又快发展。"十二五"减排的重点领域和着力点应放在 4 个方面：强化源头管理，严格控制污染物新增量；突出结构减排，着力降低污染物排放强度；注重协同控制，强化 COD 和氨、氮工程减排；优化养殖模式，开展农业源减排工程建设。

2. 农业面源污染减排工程

第一次全国污染源普查结果显示，农业源总氮、总磷排放分别占全国排放量的 57.2% 和 67.4%，面源负荷对氮、磷营养物质的贡献已经超过点源。与点源污染不同，面源污染具有分散性、隐蔽性、难以监测、随机性和不确定性等特点，控制难度较大。从国内外的实际情况来看，无论是发达国家还是发展中国家，对面源污染控制均面临较大压力。

（1）农业面源污染源头控制措施。实施农田最佳养分管理、多种施肥方式相结合、采取生物固氮技术、开发新型肥料、平衡施肥、配方施肥、施用缓释肥等措施。通过推广测土配方施肥，多施有机肥，提倡化肥深施、集中施、叶面喷施，提高肥料利用率。推广无公害、高效、低残留化学农药，最大限度地控制化肥、农药连年持续攀升的不良势头。对蔬菜地连作土壤酸化地区，采取合理轮作和增施适量的石灰，调解土壤酸碱度，提高肥料利用率和减轻化肥、农药造成的面源污染。

（2）畜禽养殖污染控制措施。遵循"以地定畜、种养结合"的基本原则，倡导有效控制污染的畜禽养殖业清洁生产，对畜禽饲养量实行总量控制，包括根据土地环境容量确定养殖规模，保证畜禽养殖产生的废弃物有足够土地消纳，减少环境污染，增加土壤肥力的养殖业容量化控制；对畜禽粪便进行生化处理，作为肥料、饲料和燃料等综合利用于居民生活、农业种植和渔业生产，实现畜禽粪便的资源化利用；畜禽粪便污水无害化处理再排放。通过改常流滴水为畜禽自动饮水，改稀料喂养为干湿料喂养，改水冲粪为人工干清粪，减少污染物排放量的养殖业减量化处置；完善养殖污水处理利用工程，包括污水收集输送管网、污水厌氧处理设施、沼液贮存设施等。实现以农养牧，以牧促农的生态化发展。农村集市建立畜禽统一宰杀区，毛、皮、内脏等"下脚料"实行回收利用，生产再生饲料或颗粒有机肥。

（3）建立生态农业模式。近年来我国着重发展了以庭院生态农业为主的生态农业模式。主要有3种：①以沼气建设为中心环节的家庭生态农业模式；②物质多层次循环利用的庭院生态农业模式；③种、养、加、农、牧、渔综合经营型家庭生态农业模式。以沼气为纽带的"三位一体"、"四位一体"、"西北五配套"生态农业模式在我国各地发展迅速，实现了种植业、养殖业、加工业的有机结合，大大提高了资源利用率，不仅降低了化肥、农药的使用量，节约生产成本，同时改善了土壤综合性能，提高农产品品质，提升农业综合效益。有效地提高资源利用率和减少发展规模养殖对周围水域的污染，控制农业面源污染。

（二）海洋垃圾污染控制

为了保护海洋环境，防治垃圾污染海洋环境，国际上和我国先后制定了防治垃圾污染海洋环境的海洋法公约以及法律法规，主要有《联合国海洋法公约》、国际海事组织（IMO）的《经1978年议订书修订的＜1973年国际防止船舶造成污染公约＞》（《MAPPOL73/78公约》）、《防止倾倒废物及其他物质污染海洋公约》、《中华人民共和国海洋环境保护法》、《防止船舶污染海域管理条例》和《船舶污染物排放标准》，基本能够覆盖海洋垃圾的各项主要来源。

在我国，根据各部门管理职责，共有6个部门开展海洋垃圾污染监测和防治方面的相关工作。环境保护部重点开展了加强陆上废弃物的管理和控制，积极推动海事、渔业、海洋等部门和沿海地方环保局参与海洋垃圾国际合作，组织开展海洋垃圾清理和海滩垃圾清扫活动，提高公众海洋环境保护意识。建设部会同发展和改革委员会、环境保护部组织编制了《"十二五"全国城镇生活垃圾无害化处理设施建设规划》（以下简称《规划》）。《规划》的实施执行，有望部分缓解海洋垃圾的产生。交通部海事局沿海及长江、黑龙江干线水域共下设 14 个直属海事机构，各省、自治区、直辖市也设立了地方海事机构，主要对船舶垃圾污染控制进行监管。农业部渔业局会同各级渔港监督管理部门，在地方政府的大力支持下，不断加强渔港和渔船垃圾和污染的治理工作。国家海洋局开展了海洋垃圾监测工作。此外全军环办在海洋垃圾污染控制的环保意识、生活习惯培养等方面开展了大量工作。

（三）积极稳妥地控制持久性有机污染物（POPs）

为了有效防止 POPs 对人类健康和生态环境的危害，我国采取了积极、稳妥的控制对策，从 POPs 进出口、生产、储存、运输、流通、使用和处置等方面建立削减 POPs 的全过程管理政策体系。

（1）积极支持和参与联合国有关机构对 POP 物质采取的国际控制行动。严格执行国务院《农药管理条例》和《化学危险物品安全管理条例》等法规中农药登记和农药生产许可证的有关规定，任何单位和个人不得生产、经营和使用国家明令禁止生产或撤销登记的农药。完善法规管理和加强执法检查与执法力度，制定淘汰 POPs 的产业政策和研究替代措施，加强全国 POPs 生产、使用和环境污染的实地调查和跟踪。

（2）加强环保宣传教育，提高广大群众对 POPs 公害的认识。提高人民群众的环保意识，做好有害化学品安全使用和突发事故防范，才能从根本上解决我国的环境保护问题。加强对 POPs 性质和危害的宣传教育，普及化学品性质、危害程度、防止污染和危害的方法，发生事故时如何自救和救援等知识，鼓励群众监督检举 POPs 的违法使用，对 POPs 实施安全管理。

（3）通过物理修复技术，如土地填埋、换土和通风去污等工程修复土壤中 POPs 污染。通过气提、吸附和萃取等手段用于去除水体中的 POPs。此外还可通过化学修复技术、生物修复技术等多种技术降解、转化、去除水体中的 POPs。

第三章 世界海洋污染防治工程
发展现状与趋势

一、世界海洋环境污染防治工程发展现状的主要特点 ▶

（一）基于生态系统健康的海洋环境保护理念

在 20 世纪 90 年代后期，学术界和管理界提出了基于海洋生态系统的管理理念（ecosystem based management），或称基于生态系统途径的管理理念（ecosystem approached management）。该理念迅速被世界各海洋大国接受并应用于海洋管理领域。相关国际组织、各海洋大国和海洋学术界都认为，协调海洋资源开发与保护、解决海洋生态危机必须改进现有海洋管理模式，应用基于生态系统的方法管理海洋。其核心思想是将人类社会和经济的需要纳入生态系统中，协调生态、社会和经济目标，将人类的活动和自然的维护综合起来，维持生态系统健康的结构和功能，在此基础上使社会和经济目标得以持续，既实现生态系统的有效保护，又实现经济和社会的持续发展。

生态系统方法的一个突出特点是它的综合性和整体性，它考虑到了生态系统的物理和生物等所有组成部分及其相互间的作用，以及可能对它们产生影响的一切活动。根据对生态系统现状、其各个组成部分之间的相互作用及其面临的压力等方面的科学评估结果，全面、综合地管理可能对海洋产生影响的所有人类活动。生态系统方法为管理协调海洋资源开发和海洋生态环境保护找到了一个新的途径。目前，生态系统方式已经成为国际环境资源管理的主流思想。美国和澳大利亚等是在海洋管理方面处于世界领先地位的国家，已将生态系统方式提升到了国家海洋管理政策的层面。

（二）海岸带综合管理成为解决海岸带地区可持续发展的有效手段

海岸带（coastal zone）是陆地和海洋之间的过渡带，由于具有陆地与海洋的双重属性和特点。海岸带作为资源与环境条件最优越的区域之一，为社会经济发展提供了良好的区位优势和资源优势。随着全球气候的变化和沿海经济活动的日益增多，海岸带生态环境与资源正面临着巨大的压力。同时，海岸带上分布着各类工业、商业、居住、旅游、军事、渔业和运输等众多行业，统筹、协调和管理工作难度较大。

海岸带综合管理（ICM，Integrated Coast Management）是从多学科、多层次角度研究综合的解决方案，旨在提高政府执行海岸带战略规划时的统一协调性，恢复生境和生物多样性，保障沿海居民的利益，增强海岸带资源和服务功能的可持续发展能力。因此，海岸带综合管理被认为是解决海岸带地区可持续发展的有效手段。海岸带综合管理是有关海岸带自然资源和环境管理的工作框架，应用综合的、整体的、交互的手段阐释海岸带区域复杂的管理过程，从而保护自然资源的功能性，提高管理效率和效能，并维持区域合理的经济活动。海洋综合管理的主要目标是沿岸和海洋及其生物资源的可持续开发和利用。沿岸和海洋的可持续发展谋求从这些生态系统获得最大的经济、社会和文化效益，同时不损害生态系统的健康和生产力。亦即在保持生态系统的健康和生产力完整性的前提下，管理人类行为和活动，最大限度地减轻人类活动对生态系统带来的负面影响。

1972 年，美国颁布《海岸带管理法》（Coastal Zone Management Act），成为第一个把海岸带综合管理作为正式政府活动的国家。《联合国海洋法公约》的签署使得海岸带综合管理的概念被世界沿海国家广泛所接受。1992年在巴西召开的联合国环境发展大会，以及 1993 年在荷兰召开的世界海岸大会，分别形成《21 世纪议程》和《世界海岸 2000 年——迎接 21 世纪海岸带的挑战》两份文件，对海岸带综合管理的发展起到非常重要的推动作用。2002 年在南非召开的世界可持续发展峰会（WSSD）以及我国通过的《海域使用管理法》（2002）也都对海岸带综合管理具有非常重要的作用和影响。

（三）防治陆基活动影响海洋环境行动计划得到各国积极响应

保护海洋环境与控制陆域活动密不可分，是一项十分复杂的系统工程。国际社会很早就认识到，陆域活动对海洋环境的影响虽然是局部性、国家性或区域性的问题，但最终会造成全球性的后果。为应对这一全球性的挑战，1995 年联合国环境署发起了"保护海洋环境免受陆源污染全球行动计划"（Global Programme of Action for the Marine Environment from Land-based Activities，简称 GPA），旨在推动国家、区域到全球 3 个层面共同采取行动来保护海洋环境，协助各国政府制定保护和改善海洋生态环境的政策和措施，防止陆源污染对海洋环境的破坏。2001 年、2006 年和 2012 年分别在加拿大蒙特利尔、中国北京、菲律宾马尼拉举办了 3 次政府间审查会议。在该框架下 GPA 采取了一系列具体的行动和举措防治陆源污染，包括发展可持续的污水处理工艺技术、控制农业养分污染水环境、关注海洋垃圾污染等。

1. 发展可持续污水处理工艺

可持续污水处理工艺是指向着最小的 COD 氧化、最低的二氧化碳排放、最少的剩余污泥产量以及实现磷回收和中水回用等方向努力。这就需要综合解决污水处理问题，即污水处理不应仅仅是满足水质改善，同时也需要一并考虑污水及所含污染物的资源化和能源化问题，且所采用的技术必须以低能耗（避免出现污染转移现象）和少资源损耗为前提。以德国为例，德国的污水处理采用分散和集中处理相结合的方法，小城镇、村庄使用小型污水处理厂，大城市都采取集中处理的方法，更便于管理和污泥的再利用，达到节能和节省投资的目的。采用雨水、污水分管截流，污水送至污水处理厂处理，雨水经过雨水沉淀池处理后排入水体。为控制水体的富营养化，德国许多污水处理厂纷纷改造、扩建，用生物脱氮、化学除磷的工艺，以达到脱氮除磷的目的。

2. 控制农业面源污染

随着工农业经济的快速发展，越来越多的营养物质（氮、磷）富集到环境中。对面源污染，国际上仍然缺少有效的控制和监测技术。在控制上一般采用源头控制策略，强调在全流域范围内广泛推行农田最佳养分管理（Best Nutrient Management Practice，BNMP），通过对水源保护区农田轮作类型、施肥量、施肥时期、肥料品种、施肥方式等的规定，进行源头控制。在水源保护区和面源污染严重的水域，因地制宜地制定和执行限定性农业生产技术标准。实施源头控制，是进行氮、磷总量控制，减少农业面源污染最有效的措施。依靠科技，保证限定性农业生产技术标准的科学性和合理性。发达国家不仅对点源和面源污染进行分类控制，对面源污染中不同的类型，如城区面源、农田面源、畜禽场面源也进行分类控制。

3. 控制海洋垃圾污染

近年来，海洋垃圾污染问题越来越严重，不仅破坏海洋生态景观，造成视觉污染，还可能威胁航行安全，并对海洋生态系统健康产生影响。2011年，美国国家海洋与大气管理局（National Oceanic and Atmospheric Administration，NOAA）和联合国环境署（UNEP）联合发布了"檀香山战略"（Honolulu Strategy），系统地描述了海洋垃圾的危害，给出了全球各地区、各国家在防治、监控和管理海洋垃圾方面应遵循的一般指导原则。

（四）欧、美各国实施可持续营养物质管理

1. 欧洲国家的营养物质控制

第二次世界大战后，随着工业化进程的发展，欧盟国家集约化农业迅速发展。化肥等化学物质大量投入，虽然大幅度提高了农产品产量，但氮和磷等营养物质在土壤中过量盈余，并损害了地下水、地表水、海洋和大气环境。欧盟国家经历了营养物质先污染后治理的过程，如今欧盟农业环境已经成为国际领先者，这其中营养物质控制政策发挥的作用不可忽视。

1996年欧盟颁布了硝酸盐指令（Nitrates Directive91/676/EEC），其目的是调控和削减污水、畜禽排泄物的排放和化肥的过度使用，减少由硝酸盐引起的水质污染，从而保护水体环境、控制富营养化。该指令对于可能造成营养物质流失的各个环节都确立了指标体系，各国根据实际情况控制本国比较薄弱的环节。如奥地利和瑞典通过控制饲养动物的数量来控制粪肥的排放量，比利时和德国则通过减少农业无机氮向水体排放控制污染。欧洲国家普遍将重点放在施肥清单上，要求各个农场列出详细的施肥清单，并且日后的控制也主要依靠这些清单。在施肥敏感区，通常采用更为严格的标准。

德国地下水的硝态氮污染和北海、波罗的海的富营养化是欧盟最主要的环境问题，而农业排放的氮是主要污染源。为控制氮污染，这些地区的化肥用量必须低于一般用量的20%，同时通过测量土壤中氮含量进行进一步的控制，农民的减产损失则通过增加对饮用水消费者的收费来补偿。许多地区尤其是西北部的几个州通过颁布法令对有机肥的用量进行限制，规定每百平方米农田的氮素年最大施用量。

荷兰采取一系列立法措施限制水污染区存栏牲畜数量的增加和厩肥的

施用。对农田养分流失量也有明确的规定，如果流失量超过标准，则必须缴纳一定的费用，且收费标准随着养分流失量的增加而增加。

法国农业部和环境部共同成立了一个特别委员会来处理氮、磷对水体的污染问题，并将 400 万平方米的土地划为易受硝酸盐污染区，区内要求更严格的平衡施肥，且为减少肥料损失，针对不同作物制定了详细的肥料禁用时间。

2. 美国的营养物质控制

美国作为一个联邦制政府，从国家和州两个层次上开展对营养物质的管理。美国的营养物质管理主要是为了削弱畜牧场对环境（水和土地）的负面影响。例如，营养物质综合管理计划（Comprehensive Nutrient Management Planning，CNMP）是针对畜牧场而设计的，经州法律部门批准后开始实施。在畜禽养殖过程中，如果严格按照综合营养物质综合管理计划实施，能最大限度地实现高产和环境保护双赢。计划内容包括了各种保护方法和管理活动，如管理水资源、粪肥、有机产品等。管理过程中将保护方法、管理活动与控制土壤侵蚀、保护及改善水质相结合，在此基础上达到生产目标。作为 CNMP 的有益补充，最佳管理措施（Best Management Practices，BMPs）则更多关注种植业、水产养殖业、林业等农业生产部门的营养物质管理。一个完整的 BMPs 包括土壤检测（soil test）、粪便检测（manure test）、水土保持和土壤改良等程序。联邦政府的农业部和环保署两个部门共同负责全国的养分管理。

（五）海洋垃圾污染控制受到国际关注

海洋垃圾有随洋流和季风漂移的特点，已成为国际水域、生物多样性保护、海岸带开发和保护的重要问题，受到国内外的高度重视。

1. 控制陆源生活和生产垃圾，削减入海通量

海洋垃圾主要的来源是河流携带的城镇、码头、港口的固废垃圾，因此防控河流携带固废垃圾是削减海洋垃圾的重要途径。其中使用工程手段从源头削减塑料垃圾进入海洋是目前国际海洋垃圾污染控制工程的热点领域。传统的削减塑料垃圾的策略是进行填埋，或者进行焚烧，但是存在环境副作用大的问题。目前广泛关注的替代方法是进行塑料垃圾的循环利用，包括机械循环利用、化学循环利用和热循环利用。机械循环利用是把废塑

料重新物理加工，不改变其固有的化学特性而变成其他产品，譬如塑料锭块，碎片或者颗粒。化学循环利用是使用化学过程把塑料废物变成塑料原材料，燃油和工业原料等物质，而热循环利用过程是将燃烧塑料产生的热能用于发电和水泥生产。

2. 实施河道清扫、拦截工程，防止垃圾入海

实施河道漂浮垃圾的清扫和拦截，是国际上防控海洋垃圾的另一个重要措施，包括驾驶垃圾清扫船在河道内定期巡逻，收集漂浮垃圾，然后集中分类处理；也包括建立拦截网、坝阻拦上游冲下的垃圾。后一种方式在日本较多使用。日本在河道上广泛建立了漂浮木头拦截坝（图 2-1-10）。

图 2-1-10   河道垃圾拦截工程

3. 使用环境友好和可生物降解的替代性材料

在源头削减、控制垃圾进入海洋的同时，开发环境友好型的可替代产品，降低对海洋生态的危害，是国际上控制海洋垃圾污染的重要研究方向。在这方面，欧、美和日本走在了研究开发的前沿。日本、美国均成功研制了在海水中完全降解的高分子纤维渔网、钓线和渔具。这种新纤维无毒性，在使用期内的性能和强度与目前的网线无差别，在额定使用期满后开始变色并可遗弃，然后让它在水中慢慢降解，其分解物无毒性和副作用，不影

响水生物的生存，也不会缠绕渔船的螺旋桨。

（六）实施海洋垃圾监控、收集、循环利用的系统工程

海洋垃圾的收集和处置成本高昂。海洋垃圾通常含有盐分，不易于焚烧。由于这些原因，收集、处理海洋垃圾需要从国家层面制定详细系统的办法。韩国海事与渔业部（后改称韩国国土、运输和海事部）启动了一个全国性的行动计划，实施海洋垃圾污染控制工程。工程包括4个方面：海洋垃圾的削减，深水区海洋垃圾的监测，海洋垃圾的收集以及处理处置（循环利用）。在此计划的实施过程中，韩国采用多种工程技术手段进行海洋垃圾的回收和利用。譬如在海面上建立了漂浮型的垃圾拦截坝（图2-1-11），安装深海海洋垃圾监测设施（图2-1-12），制造和使用多功能海洋垃圾回收船舶（图2-1-13），开发直接利用废弃物生产燃油的工艺，开发多聚苯乙烯浮标的处理技术，建立了直接热融处理系统来处理废弃的玻璃纤维强化型塑料容器，发明了特殊的焚烧技术用于海洋垃圾处置及资源循环利用。

图2-1-11 海上移动拦截坝拦截漂浮垃圾

（七）实施各类沿海富营养化控制工程

1. 采用生态恢复工程控制近海富营养化

生态恢复是指通过人为措施将受损或退化生态系统复原到一定生物完整性水平或接近于历史状况。目前，国际上河口生态恢复工程主要集中于

图 2 – 1 – 12 深海海洋垃圾监测设备

图 2 – 1 – 13 多功能海洋垃圾清扫船

河口生境的恢复，包括沉水水生植被、盐沼湿地、潮滩湿地和牡蛎礁等。河口富营养化生态修复主要有两个目标：①提高盐沼植物、沉水水生植被等初级生产者的现存量，与浮游植物竞争利用水体中的无机营养盐，抑制浮游植物的生长；②提高双壳类软体动物（如牡蛎）的数量，通过其强大的滤食功能降低水体中浮游植物的丰度，从而抑制河口富营养化及藻华的发生。

2. 利用湿地净化水体中的氮、磷

湿地是陆地和水体的过渡带，它能容纳高负荷的有机和无机化学污染物，如氮、磷等。滨海湿地对氮、磷营养盐具有较强的净化功能，其机理包括潮滩沉积物对营养盐的吸附作用、湿地植物对营养盐物质的吸收同化作用、潮滩沉积物中微生物分解作用和吸收作用。许多研究指出，滨海湿地（包括盐沼、潮滩）是河口水体中氮、磷的有效储库，尤其是盐沼植物的生长加快了悬浮颗粒物的沉积作用，并氧化了根际环境，使更多的氮、磷养分累积于盐沼湿地沉积物中。如研究表明，长江口南汇潮滩湿地对总氮、总磷的去除率分别达到94.1%和77.8%，滨海湿地对长江口水体中无机氮的年净化率达23.0%。

3. 利用大型海藻净化富营养化水体

大型海藻是河口生态系统中另一类初级生产者，与浮游植物相比，它具有生长周期长、生物量大和易于收获等特点，并对水体氮、磷等营养盐有较强的吸收和富集能力，因此常用于养殖水域的富营养化治理。目前，国内外常用于水体修复的大型经济藻类有：海带、紫菜、裙带菜、江蓠、麒麟菜、石莼等。大型藻类不仅能够大量吸收水体中的营养盐，而且还可以通过收获的方式将营养盐从水体中祛除。另外，研究结果表明，在富营养氧化水体中，大型海藻对营养盐的吸收远远超过自身所需，并且将大量氮、磷养分贮存于生物组织中，如江蓠组织中的氮含量能达到其干重的2%。因此，大型海藻已成为水体富营养化的指示生物，并用于富营养化水体的生物修复。

4. 利用滤食性动物净化富营养水体

自20世纪80年代以来，生物调控技术逐渐应用于水体富营养化治理与控制。人们探讨了食物链上层生物的变化对下层生物、初级生产力及水质的影响，即下行效应，利用水生动物来净化富营养化水体。

双壳类为滤食性种类，其食物为浮游植物、细菌、腐屑和小型浮游动物。双壳类的滤食能力极强，可使水体浮游生物量大为减少，从而增加水体透明度，提高水体的自净能力。双壳类软体动物运动能力较差，可以应用于近海开放性水体，所以是目前河口、海湾等近海水域富营养化治理的重要手段之一。研究表明，在具有丰富双壳类软体动物（牡蛎、蛤和贻贝）的河口水域中，双壳类的滤食作用是控制浮游植物生产和水体透明度的主要因子，对河口富营养化水体有巨大的净化功能。所以，近年来在国内外许多河口通过增加双壳类软体动物的数量来修复河口富营养化水体，取得了较好的效果。

二、面向 2030 年的世界海洋环境污染控制工程发展 ▶

（一）Rio + 20 提出的绿色经济

2012 年 6 月 20—22 日在巴西里约热内卢举行的"Rio + 20"峰会围绕"可持续发展和消除贫困背景下讨论发展绿色经济"和"为促进可持续发展建立制度框架"两大主题展开讨论。该次峰会基于可持续发展的思想，提出了绿色经济的新概念，强调人类经济社会发展必须尊重自然极限；同时要求绿色经济在提高资源生产率的同时，要将投资从传统的消耗自然资本转向维护和扩展自然资本，要求通过教育、学习等方式积累和提高有利于绿色经济的人力资本。总体上绿色经济浪潮具有强烈的经济变革意义，认为过去 40 年占主导地位的褐色经济需要终结，代之以在关键自然资本非退化下的经济增长，即强调可持续的绿色经济新模式。

（二）海洋经济的绿色增长之路

海洋经济是一种高度依赖海洋资源、环境，以海洋资源和环境消耗为代价的特殊经济体系。由于海洋经济可持续发展主要依赖海洋资源及其环境经济的可持续发展，海洋经济与自然资源、生态环境退化风险之间的关系也就最为直接和密切。但如果人们只关注海洋经济的快速发展，忽视了海洋经济发展过程中所带来的海洋资源日益耗竭、海洋生态环境严重破坏等问题，海洋经济将难以实现可持续发展。为了保证海洋健康、保护海洋环境、确保海洋经济的绿色增长以及海洋资源的可持续利用和海洋环境的可持续承载，绿色增长之路将是各国海洋经济发展的必由之路。

海洋经济绿色发展是一个多层次、多侧面体现海洋经济绿色发展的立体框架，需将绿色发展的理念融入到海洋经济、社会发展的各个部分，通过技术创新，改造传统海洋产业，控制高能耗、高污染产业，推进海洋绿色制度创新，在开发利用中保护海洋资源和环境，使得一定时期内海洋经济效益、生态效益和社会效益与上一期相比均有所提高，最终实现海洋经济的可持续发展。

（三）海洋污染控制的全球化趋势

随着经济全球一体化的加深，海洋环境问题日益成为跨国家，跨地区的全球化问题，国际合作在应对海洋环境问题上显得日益重要。在未来的20年中，传统污染物质如近海氮、磷污染，以及新类型的环境污染和生态问题会日显突出。这些环境问题在未来可预见的20年中，将包括海洋垃圾、海洋溢油、远洋航运、捕捞和海洋酸化以及新型的化学品污染如POPs物质和纳米材料。除了环境问题的类型有较大变化外，环境问题关注的地理区域也会从目前的近岸海域向远洋、公海和深海转变。

未来海洋环境问题合作的一个主要特点是跨境性和全球性。在应对这些问题中，各国、各地区除了在本国、本地区开展污染源头控制和环境生态保护措施外，还必须参与国际履约活动，展开联合的环境和生态保护行动。预计到2030年，在应对海洋垃圾、海洋溢油方面，多国参与的跨境污染控制、监测和海洋工程建设将会在若干发达国家之间率先建立并实施，工程活动中取得的经验和积累的技术向全球其他国家地区逐步推广。全球目前存在的十几个区域海行动计划将就海洋环境保护进一步加强交流，全球可能产生更多的区域海行动计划，并且跨国界、跨地区的海洋环境监测数据共享平台以及联合风险预警和应急平台将会逐步建立和普及。

三、国外经验教训（典型案例分析）　▶

（一）日本濑户内海治理

濑户内海是日本半封闭的内海，渔业资源丰富。濑户内海由近畿、中国（日本的中部地区）、四国、九州环绕而成，面积有23 000平方千米，海岸线长度约6 000千米，海域容积约8 800亿立方米，平均水深38米，拥有濑户、湾入、岩礁等在内的大小岛屿700余座，自然环境优美、物产和渔业资源丰富。

第二次世界大战后，日本将工业布局向沿海集中，沿岸工厂把未经处理的工业废水随意排入濑户内海，废水中铜、铅、汞等重金属含量严重超标，濑户内海的环境不断恶化，并暴发了震惊世界的水俣病，其环境问题主要表现为：①水质污染。濑户内海一度被称为"濒死之海"，有机污染和富营养化问题均十分严重。②赤潮频发。濑户内海 1974 年赤潮发生次数仅为 79 次，到 1976 年激增至 299 次。赤潮导致鱼虾大量死亡，渔业资源衰退，造成了严重的生态灾害。③填海造地。濑户内海的填海造地始于 19 世纪末，自 1898—1969 年，填海造地总面积达到 246 平方千米。1955 年以后由于工业填海造地的迅速发展，使得自然海岸线越来越短，不足 40%。填海造地虽然扩大了土地面积，但破坏了海岸带的自然景观，使得鱼、贝类栖息的场所和滩涂面积也在逐渐减少。④海上船舶污染严重。随着海上石油运输量的增加，船舶造成的海洋污染事件也频繁发生。从 1970—1973 年，污染事件数量急剧上升，占全国污染事件的 40% 以上。

从 20 世纪 70 年代开始，日本开始着手治理濑户内海，采取了综合治理公害的政策措施并以立法形式规范排污行为，制定各种标准水质，研究内海的环境容量，确定总的污染物量和控制目标等，进行长期的水质监测和预报，调查、监督和管理以及清理污染源。主要措施包括以下几个方面：①监督、管理排水的水质。1973 年起《濑户内海环境保护临时措施法》（后来改称《濑户内海环境保护特别措施法》）出台。根据该法，向濑户内海排放污水量达到 50 立方米以上时，必须申请地方的排污许可，排污许可必须包括企业法人姓名、企业地址、企业名称、排污设施的种类和构造、排污设施的污水或是废液的处理方法、污染物排放量、受纳水体的污染状态等信息。②1980—1985 年，环境省又制定了在沿岸府县 COD 总量负荷量的削减方案，方案中规定了削减目标、年度目标及其他关于污染负荷削减的基本事项。③对水质污染的调查、监督和管理。从 1972 年开始，环境省每年进行水质和地质调查，并于 1971—1973 年间，对赤潮多发海域等进行调查研究，为有效治理公害污染提供了必要的前提。另外，把濑户内海污染多发水域作为重点监视海域。1984 年，在政府组织下，先后两次展开了"濑户内海清洁战"，集中清理、取缔各种污染源。④建设废油处理设施。从 1967 开始，日本政府逐步在濑户内海 20 多个港建设废油处理设施，有效地控制了废油污染。⑤完善污水管网设施。从 1974 年起，政府加大资金对公共污水管网投资整修，采取全面禁止向濑户内海排放粪便的措施。同时加强监管力度，深抓严办，如发现违者，重惩不怠。⑥禁止填海造地活动。环境省为了防止填海造地造成环境进一步恶化，从 1974 年起实施基本方针，实施后填海造地的规模大幅度减少。⑦制定滨海自然保护区。根据《濑户内海环境保护特别措施法》规定，濑户内海沿岸府县制定滨海自然保护地区条例。至1984年12月末，共确定了75个地区为滨海自然保护区。

实施污染物总量控制以来，1978年（昭和53年）至2008年（平成20年）濑户内海的水质变化见图2-1-14。

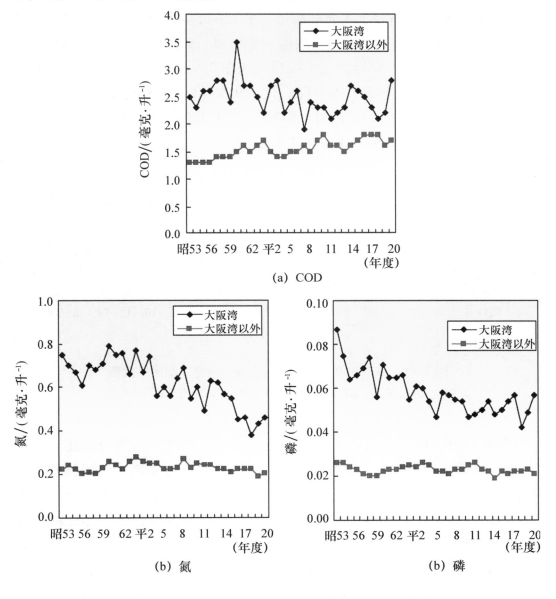

(a) COD

(b) 氮

(b) 磷

图2-1-14　1978—2008年日本濑户内海水质变化

资料来源：区域综合水质调查（日本环境省）

从图 2-1-14 中可以看出，经过 30 年的污染物总量控制，濑户内海大阪湾以内 COD 浓度下降，基本维持在 2.5 毫克/升左右，符合我国二类海水水质标准；氮的浓度显著下降，由 0.7 毫克/升下降到 0.4 毫克/升，相当于从我国劣四类水质下降到四类；磷的浓度由 0.08 毫克/升下降到 0.05 毫克/升，仍然为劣四类海水。大阪以外 COD 浓度略有上升，基本维持在 1.5 毫克/升，符合我国一类海水水质的标准，氮和磷的浓度保持稳定，约为 0.2 毫克/升和 0.02 毫克/升，相当于我国一类水和二类海水水质标准。图 2-1-15 是濑户内海近 30 年赤潮发生次数。从图 2-1-15 中可以看出，濑户内海发生赤潮的最高峰是在 1984 年，达 299 次，此后 15 年间，赤潮发生次数不断下降，1996 年达到最低值，为 89 次。但此后赤潮次数没有明显的上升或下降，年均发生次数为 100 次左右。

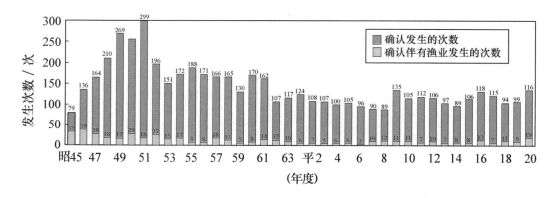

图 2-1-15　1970—2008 年日本濑户内海赤潮发生次数

资料来源：濑户内海的赤潮（日本濑户内海水产厅渔业调查事务所）

与此同时，日本调动各部门、各企业和当地居民共同参与，建立一套科学严格的损害环境经济补偿制度。同时加强调查与监视、监测投资；将污染的化工厂迁离濑户内海，规划为国家公园。到 20 世纪 80 年代初，濑户内海水质已基本恢复到良好状态，迄今，该海域和沿岸资源、环境都得到恢复和发展。总结日本濑户内海的治理经验，大致可概括为"以立法为基础，以监管为保障，以投入为动力，以搬迁为根本"。同时，可以发现海域水质受到污染以后恢复是一个漫长的过程。经过 30 年的努力，濑户内海大阪湾以内的氮、磷浓度分别下降了 43% 和 38%。与最高峰相比，濑户内海的赤潮发生频率减少了 2/3，说明濑户内海总量控制计划仍然是卓有成效的，这也为我国实施海域污染物总量控制提供了很好的借鉴。

（二）美国切萨皮克海湾的总量控制

切萨皮克湾（Chesapeake Bay）是美国 130 个海湾中最大的一个，位于美国东海岸的马里兰州和弗吉尼亚州；流域遍布特拉华州、马里兰州、弗吉尼亚州、纽约州、宾夕法尼亚州、西弗吉尼亚州 6 州，素以惊人之秀美和丰富的资源而著称，被美国国会称为"国家的宝库"。整个海湾长 314 千米，水域面积 5 720 平方千米，流域面积 16.6 万平方千米，人口 1 500 余万。海湾流域中包括 150 多条支流，海湾和支流岸线累计达 1.3 万千米。

随着城市化进程的发展，切萨皮克湾面临一系列环境问题，主要是由氮、磷造成的富营养化和有毒物质污染，致使其水质下降、捕捞业和养殖业受损。同时，由于大量沉积物进入湾内，海湾水体浑浊，限制了海草所需光线的穿透。切萨皮克湾的大部分流域和海水因为过量的氮、磷和沉积物被列为受损水质，处于富营养化状态。这些污染物会使藻类大量繁殖，形成"死亡地带"，导致那里的鱼类和贝类无法生存，底栖海洋生物死亡。

1980 年，由马里兰州、宾夕法尼亚州、弗吉尼亚州组成切萨皮克湾管理委员会，负责切萨皮克湾的环境保护工作。1983 年，委员会与美国环保署共同签署了《切萨皮克湾协议》。在协议中确定采取以下行动：①成立切萨皮克湾环境保护委员会。委员会每年至少开会两次，评价、改进和保护切萨皮克湾河口系统的水质和生物资源，检查合作计划的执行情况。②建立委员会的执行机构。执行机构根据需要协调有关技术事宜和开发评估管理计划。③设立切萨皮克湾行动联络处，负责与有关各方进行工作联系。1987 年和 2000 年，该协议进一步拓宽了计划执行的领域和目标。目前，该计划已从最早侧重减少海水污染扩大为包括河口和流域汇水地区的管理，以保护切萨皮克湾生态系统为目的的一项综合性计划。《2000 年切萨皮克湾协议》进一步确定包括生物资源保护和恢复、重要生境保护和恢复、水质保护和恢复、土地有效利用、有效的管理和公众参与在内的工作领域，并为每一个领域设立了目标。

污染防治是切萨皮克湾环境保护最重要的内容。为此，切萨皮克湾保护计划制定了一套监测营养盐和沉积物总量的方法，对所有来自河流和大气的非点源污染进行监测。同时，利用监测数据和模型估计得到 6 个州对海湾总氮、总磷负荷的输入贡献比例，以及主要流域（东海岸的切萨皮克湾、詹姆斯河流域、帕塔克森特河流域、波托马克河流域、拉帕汉诺克河流域、萨斯奎汉纳河流域、西部海岸的切萨皮克湾、约克河流域）对切萨皮克湾总磷、总氮负荷贡献的比例（表2-1-3）。并根据监测结果将需要减少的营养盐和沉积物的总量分配到每一个主要河口，甚至分配到每一个沿河州，即制定了切萨皮克湾氮、磷含量控制的日最大负荷控制（TMDL）计划。切萨皮克湾的TMDL是美国迄今规模最大和最复杂的TMDL计划，目的是实现16.6万平方千米流域，包括哥伦比亚特区和6个州的大部分地区的氮、磷、沉积物污染显著减少。TMDL实际上由92个小TMDLs组成的，TMDL污染负荷被分配到各行政管辖区流域（表2-1-4）。TMDL的发展包括以下几个步骤：①环保局提供对所管辖的重要江河流域的氮、磷和泥沙的负荷分配。②行政管辖区开发一期流域实施计划（Watershed Implementation Plans，WIPs）草案，实现这些流域的管辖权分配。③环保局评估WIPs草案和存在的不足之处。④环保局举行了18次公开会议通过了TMDL草案，并在所有6个州和哥伦比亚特区实行45天的公众评论期。评论期间收到的市民意见，将用于审议审查和修改最终TMDL。⑤行政管辖区配合环保局，修订和加强第一阶段的WIPs，并向环保局提交了最终版本。⑥环保局评估最终WIPs，并结合公众意见一起用于建立最终的TMDL。

表2-1-3　各行政管辖区内的各类污染源对切萨皮克湾总氮的贡献率　%

行政管辖区	农业	森林	雨水径流	点源	化粪池	非潮汐沉降
特拉华州	3	1	1	0	2	1
哥伦比亚特区	0	0	1	5	0	0
马里兰州	16	14	28	27	36	27
纽约	4	7	3	3	5	5
宾夕法尼亚州	55	46	33	25	30	42
弗吉尼亚州	20	27	33	39	24	25
西弗吉尼亚州	3	4	2	1	2	1
总计	100	100	100	100	100	100

注：非潮汐沉降是指直接到非潮汐地表水（如溪流、河流）的大气沉降.

表 2 - 1 - 4 切萨皮克湾流域各行政管辖区以及主要河流的氮、磷和沉积物负荷分配

亿磅/年

司法管辖区	流域	氮分配	磷分配	沉积物分配
宾夕法尼亚州	萨斯奎汉纳河	68.90	2.49	1741.17
	波托马克河	4.72	0.42	221.11
	东海岸	0.28	0.01	21.14
	西海岸	0.02	0.00	0.37
	宾夕法尼亚州总计	73.93	2.93	1 983.78
马里兰州	萨斯奎汉纳河	1.09	0.05	62.84
	东海岸	9.71	1.02	168.85
	西海岸	9.04	0.51	199.82
	帕塔克森特河	2.86	0.24	106.30
	波托马克河	16.38	0.90	680.29
	马里兰州总计	39.09	2.72	1218.10
弗吉尼亚州	东海岸	1.31	0.14	11.31
	波托马克河	17.77	1.41	829.53
	拉帕汉诺克河	5.84	0.90	700.04
	约克河	5.41	0.54	117.80
	詹姆斯河	23.09	2.37	920.23
	弗吉尼亚州总计	53.42	5.36	2 578.90
哥伦比亚特区	波托马克河	2.32	0.12	11.16
	哥伦比亚特区总计	2.32	0.12	11.16
纽约	萨斯奎汉纳河	8.77	0.57	292.96
	纽约总计	8.77	0.57	292.96
特拉华州	东海岸	2.95	0.26	57.82
	特拉华州总计	2.95	0.26	57.82
西弗吉尼亚州	波托马克河	5.43	0.58	294.24
	詹姆斯河	0.02	0.01	16.65
	西弗吉尼亚州总计	5.45	0.59	310.88
流域/司法管辖草案总的分配		185.93	12.54	6 453.61
大气沉积草案分配		15.70	N/A	N/A
总 Basinwide 草案分配		201.63	12.54	6 453.61

注：N/A 表示未分配负荷.

资料来源：Draft Chesapeake Bay Total Maximum Daily Load，September 24，2010，U. S. Environmental Protection Agency，http：//www. epa. gov/chesapeakebaytmdl

实现 TMDL 方案目标的关键在于确定适宜的管理措施，主要包括：①对污水处理厂提出更为严格的氮、磷出水标准，包括在弗吉尼亚州的詹姆斯河；②进行污水处理厂升级改造、为城市雨水管理和农业项目提供资金，如马里兰州、弗吉尼亚州、西弗吉尼亚州；③实施累进雨水许可证，以减少城市面源污染，如哥伦比亚特区；④提高执法能力；⑤允许国家资金开发和使用最先进的技术，将农场动物粪便转换为能源；⑥如果负荷削减实施落后于既定计划，到 2013 年实施强制性的农业计划。

在组织实施方面，切萨皮克湾保护计划的执行和管理，由美国联邦政府内阁秘书、马里兰州、宾夕法尼亚州、弗吉尼亚州的州长、华盛顿特区市长、美国环保署署长以及代表各有关州立法机关的切萨皮克湾委员会主席参加的执行理事会负责决策，在理事会下设各种委员会，包括执行委员会和咨询委员会，建立伙伴关系，以确保各利益方的充分参与。除在每一个河口区都设有涉及多边的河流管理委员会之外，还鼓励在两州之间订立双边管理协议。此外，非政府组织在制约和平衡政府方面发挥了独特的作用。如切萨皮克湾基金会这一非营利组织不仅为切萨皮克湾保护计划的执行提供资金，还开展培训，确保每一个住在切萨皮克湾周边的学生在上大学之前都能参加环境培训。

第四章　我国海洋环境与生态工程面临的主要问题

一、沿海经济发展所带来的海洋环境压力将长期存在 ▶

"十二五"时期是全面建设小康社会的攻坚时期，是转变经济发展方式、深化改革开放的重要时期，是环境保护事业发展的关键时期，也是我国工业化、城镇化、现代化快速发展时期。特别是 2008 年以来，国务院相继批准实施了多个沿海地区经济发展规划，沿海地区已经进入新一轮海洋开发和区域经济发展阶段。发展中的不平衡、不协调、不可持续问题依然突出，表现在产业布局和结构不尽合理、环境基础设施不完善、环境监管能力不足，制约科学发展的体制机制障碍依然较多等。

（一）我国沿海地区工业发展趋势

国外经济学家钱纳里、库兹涅兹、赛尔奎等人，基于几十、上百个国家的案例，采取实证分析的方法得出了经济发展阶段和工业化发展阶段的经验性判据，进而得出了"标准结构"。不同学者对发展阶段的划分不尽相同，其中具有代表性的是钱纳里和赛尔奎的方法，他们将经济发展阶段划分为前工业化、工业化实现和后工业化阶段，其中工业化实现阶段又分为初期、中期、后期 3 个时期。判断依据主要有人均收入水平、三次产业结构、就业结构、城市化水平等标准（表 2 - 1 - 5）。

表 2 - 1 - 5　工业化发展阶段判断标准

基本指标	前工业化阶段（1）	工业化实现阶段			后工业化阶段（5）
		工业化初期（1）	工业化中期（2）	工业化后期（4）	
人均 GDP（2005 年美元）	745～1 490	1 490～2 980	2 980～5 960	5 960～11 170	>11 170

基本指标	前工业化阶段（1）	工业化实现阶段			后工业化阶段（5）
		工业化初期（1）	工业化中期（2）	工业化后期（4）	
三次产业结构（产业结构）	A＞I	A＞20%，A＜I	A＜20%，I＞S	A＜10%，I＞S	A＜10%，I＜S
第一产业就业人员占比（就业结构）	＞60%	45%~60%	30%~45%	10%~30%	＜10%
人口城市化率（空间结构）	＜30%	30%~50%	50%~60%	60%~75%	＞75%

注：A 为农业，I 为工业，S 为服务业．

根据该标准，我国目前总体上处在工业化中期向工业化后期过渡的时期。从我国沿海地区发展来看：基于人均 GDP 指标衡量，2010 年我国沿海地区人均 GDP 为 4.97 万元，按当年平均汇率计算为 6 581 美元，按照 2005 年不变价计算为 14 129 美元，处于后工业化阶段。从三次产业结构来看，我国沿海地区三次产业的比例为 7.3∶50.6∶42.1，农业占比小于 10%，第二产业所占比重大于服务业，处于工业化后期阶段。从城市化率来看，我国沿海地区城市化率为 63.2%，处于工业化后期阶段。因此，综合来看，我国沿海地区仍处于工业化后期阶段，且正在向后工业化阶段迈进。

由于我国制造业主要集中于沿海地区，且我国新一轮经济开发活动仍然以制造业为主，因此我国沿海地区的工业所占比重将长期保持在比较高的水平。根据预测，我国 2015 年沿海地区第二产业增加值所占的比重与 2010 年相比，基本处于稳中有降的水平，即由 45.8% 下降到 45.0%。

（二）我国沿海地区城市化发展趋势

根据预测，我国沿海地区城市化水平将进一步提高，到 2015 年城镇人口所占的比重将由 2010 年的 63.2% 上升到 66.7%，比例上升 3.5%。预计人均 GDP 将由 2010 年的 4.97 万元上升到 7.69 万元，按当年平均汇率计算为 10 931 美元，按照 2005 年不变价计算为 23 468 美元，远高后工业化阶段的水平。总体上，我国沿海地区城市化发展将进一步推进，并继续保持人均 GDP 远高于后工业化阶段水平，但产业比重和城市化率处于工业化后期的水平。这是由我国产业结构的地域分布特点决定的，但我国沿海地区服务业比重将进一步提高。工业将逐步向内陆转移的趋势是无法改变的，未来 5~10 年，我国沿海地区将逐步由工业化后期阶段逐步过渡到后工业化阶段。

（三）沿海地区氮、磷排放量预测

随着沿海地区社会经济的持续发展，人口将持续向沿海地区集中，沿海地区城市化进程将稳步提升。由于生活方式的改变和生活水平的提高，人均生活污染物排放量也将持续增加。根据沿海地区国民经济和社会发展"十二五"规划等相关规划，预计规划范围内常住人口将由 2010 年的 2.96 亿人增长到 2015 年的 3.21 亿人，增长比例为 8.4%；城市化率将由 2010 年的 63.2% 增长到 2015 年的 66.7%，增长比例为 5.5%；地区生产总值将由 2010 年的 14.72 万亿元增长到 2015 年的 24.66 万亿元，增长比例为 67.5%，其中工业增加值将由 2010 年的 6.74 万亿元增长到 2015 年的 11.10 万亿元，增长比例为 64.7%。预计总氮产生量将由 2010 年的 165.5 万吨增长到 2015 年的 174.8 万吨，增长比例为 5.6%；总磷产生量将由 2010 年的 17.8 万吨增长到 2015 年的 18.6 万吨，增长比例为 4.9%（表 2-1-6）。

表 2-1-6 我国"十二五"期间沿海地区污染负荷预测　　　万吨

省、市、自治区	2010 年产生量		2015 年产生量		2015 年增长比例/%	
	总氮	总磷	总氮	总磷	总氮	总磷
辽宁	13.14	1.63	13.18	1.63	0.3	0.2
河北	14.42	1.61	14.45	1.61	0.2	0.1
天津	9.42	0.93	9.59	0.94	1.7	0.9
山东	29.79	3.55	30.37	3.64	1.9	2.4
江苏	11.32	1.07	11.93	1.14	5.4	6.4
上海	11.39	1.07	13.47	1.24	18.2	16.8
浙江	19.54	1.93	21.46	2.10	9.8	8.9
福建	14.68	1.59	15.59	1.67	6.2	4.8
广东	35.49	3.70	37.31	3.86	5.1	4.4
广西	1.94	0.21	2.27	0.24	17.4	13.3
海南	4.43	0.49	5.17	0.57	16.7	17.4
全国	165.5	17.8	174.8	18.6	5.6	4.9

从表 2 - 1 - 6 中可以看出，我国沿海省、市、自治区污染负荷增长速率差异较大，环渤海地区的污染负荷增长较慢，但海南省、上海市、广西壮族自治区的增长率均超过了 10%，说明污染物排放的区域结构将发生转变。我国沿海经济发展相对较慢的区域，例如海南、广西削减污染物负荷，逐步减少污染物排放量、保护当地近岸海域环境质量任务更为艰巨。总体上，随着我国新一轮沿海开发战略的实施，占入海污染物总量 80% 以上的陆源污染负荷将进一步增加，面源污染控制、入海河流水质改善任务将进一步加重，海域富营养化和有害藻华问题将依然存在，局部海域的重金属、持久性有毒有害污染将日益凸显，海上溢油与化学品泄漏风险将明显加大，近海生态安全将面临更大压力，保护和改善近岸海域环境质量将面临诸多挑战，同时对提升产业能级、推进节能减排、应对气候变化、保障生态安全，对海洋综合管理和公共服务提出了更高的要求。

二、沿海地区产业结构失衡，资源环境压力较大　▶

近几十年来沿海地区经济持续高速发展，2005—2012 年沿海省、市、自治区 GDP 从 11.4 万亿元增加到 31.6 万亿元，年均增长率 15.7%。2008 年以来沿海地区又进入新一轮开发阶段，但经济发展模式粗放、资源环境效率低、产业结构不平衡、布局不合理的问题较为突出，普遍存在重近岸开发、轻远海利用，重资源开发、轻海洋生态效益，重眼前利益、轻长远发展谋划的问题，存在区域布局和产业结构雷同，传统产业多、新兴产业少，高耗能产业多、低碳产业少的问题。目前沿海地区的工业园区聚集，沿海产业发展仍然以炼油、化工、钢铁等重化工产业为主，重化工占规模以上工业的比例已达 70% 左右，且布局分散、产业趋同、集约化程度低。在生产过程中大量使用易燃、易爆、有毒及强腐蚀性材料。一方面，海洋环境风险巨大，在生产、储存、运输及废弃处置等过程中易发生溢油、危险化学品泄漏等污染事故；另一方面此类企业产生的污染物种类多、毒性大、治理难、监管难度大，会造成局部海域的严重污染。

环渤海地区重化工业发展特色尤为明显，已经发展成为我国石油、钢铁、化工、重型机械、造船业的重要生产基地，沿海一线已经布局了大小和各级产业园区上百个（图 2 - 1 - 16）。滨海新区、盘锦、锦州、葫芦岛、东营的重工业比重超过 80%，属于极重型产业结构。2010 年环渤海三省一

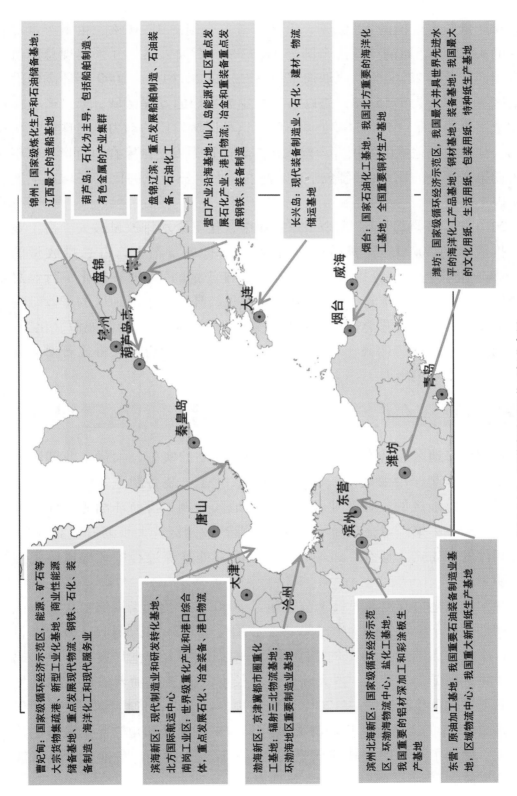

锦州：国家级炼化生产和石油储备基地；辽西最大的造船基地

葫芦岛：石化为主导，包括船舶制造、有色金属的产业集群

盘锦辽滨：重点发展船舶制造、石油装备、石油化工

营口产业沿海基地：仙人岛能源化工区重点发展石化产业、港口物流、装备制造；冶金和重装备重点发展钢铁

长兴岛：现代装备制造业、石化、建材、物流储运基地

烟台：国家石油化工基地，我国北方重要的海洋化工基地，全国最大并具世界先进水平的海洋化工产品基地、铜材基地、装备基地、特种纸生产基地

潍坊：国家级循环经济示范区，我国最大并具世界先进水平的文化用纸、生活用纸、包装用纸、特种纸生产基地

曹妃甸：国家级循环经济示范区，能源、矿石等大宗货物集疏港，新型工业化基地，商业性能源储备基地，重点发展现代物流、钢铁、装备制造，海洋化工和现代服务业

滨海新区：现代制造业和研发转化基地，北方国际航运中心

南岗工业区：世界级重化工产业化和港口综合体，重点发展石化、冶金装备、港口物流

渤海新区：京津冀都市圈重化工基地；辐射三北物流基地；环渤海地区重要制造业基地

滨州北海新区：国家级循环经济示范区，环渤海物流中心，盐化工基地，我国重要的铝材深加工和彩涂板生产基地

东营：原油加工基地，我国重要石油装备制造业基地，区域物流中心，我国重大新闻纸生产基地

盘锦　营口　大连　威海　烟台　青岛　潍坊　东营　滨州　沧州　大津　唐山　秦皇岛　葫芦岛　锦州

图 2-1-16　环渤海地区重化工行业布局

151

市钢材产量约占全国的 42.02%、生铁产量占全国的 45.16%、粗钢产量占全国的 43.28%、原油产量占全国的 37.77%、石油天然气开采实现总产值占全国同行业的 27.04%，原油加工量占全国的 35.61%。2009 年环渤海沿海地区三产比重为 7:55:38，是以第二产业为主导的发展区域，第二产业比重比全国平均水平（10:47:43）高 8%。这种区域发展的动力，与珠江三角洲和长江三角洲地区的发展存在较大的差异。世界发达国家在 20 世纪 90 年代中期第二产业的比重已经降到 30% 左右，而第三产业的比重平均水平达 60% 以上。

2010 年，环渤海地区 15 个重点行业中，化工废水排放量最大，占工业废水排放量的 30.31%；机械制造行业 COD 排放量最大，占总排放量的 27.16%；化工行业氨氮排放量最大，占总排放量的 45.08%；化工行业总氮排放量最大，占总排放量的 29.48%。可见，环渤海沿海地区的产业结构特征决定了其具有资源消耗大、环境污染压力大的特点，随着能源、化工、装备制造等一系列"两高一资"的大型项目和工程的启动，将显著增大环渤海地区资源环境压力。

三、重大环境风险源不断增加，近岸海域环境风险凸显 ▶

随着沿海地区经济发展规划和行业振兴规划的实施，大量工业园区和重化工企业聚集于沿海地区，钢铁、石油、化工、装备制造等传统重化工业已成为沿海地区的支柱产业。以环渤海地区为例，目前环渤海沿线已经形成众多产业集聚区域，布局了上百个工业产业园区，大小港口星罗密布，与之相伴的在生产、储存、运输、经营及废弃处置等过程中环境风险正在不断积累。

我国沿海港口开发与建设十分迅速。近 30 年来我国沿海港口由新中国成立初期的 6 个增至 2009 年的 150 多个，泊位由 133 个增加到 5 320 个。目前港口岸线占大陆岸线的比例逐年增大。根据沿海大型港口发展规划，码头岸线将达到 2 251 千米，占大陆岸线总长度的 13%。随着沿海港口的发展，海上运输量也高速增加。2012 年中国规模以上港口货物吞吐量 97.4 亿吨，是 2000 年的 5.7 倍，年均增长率达 15.7%，油品和化学品运输量的急剧增大，增加了对近岸海域的环境风险，一旦发生溢油、危险化学品泄漏等污染事故，会对海洋环境造成灾难性影响。

我国海洋油气开发活动主要集中在渤海、珠江口、南海北部、北部湾等近海，2010年海上石油开采达到5 178万吨，占我国石油年产量1/4以上，其中仅渤海油田就贡献了3 000余万吨。与油气勘探开发活动相伴的近海溢油事故发生的风险也日益增大。

四、海洋环境管理统筹协调不够，环境监管能力不足 ▶

海洋环境问题表现在海上，根源在陆上，目前的海洋环境管理体制客观上存在陆海分治的情况，存在监管责任与管理对象的错位与脱节。监测网络、监测信息部门化，没有形成统一的规划布局和陆海统一的监测体系，评价标准规范不完善，无法反应不同海区环境背景值的差异，不利于海洋环境质量的客观评价。对涉海企业的环境监管不足，存在有法不依、执法不严、违法不纠的问题。同时，一些企业自身环境责任缺失，存在各种违法排污现象。沿海地区污染治理和生态保护的资金比例偏低，国家和地方政府对海洋环境保护相关规划投入不足，社会资金参与环境保护的积极性不高，环境保护的市场融资机制尚未建立，难以支撑改善海洋环境和维持海洋生态平衡的管理和工程建设的需求。

总之，我国近岸海域面临着"污染、生态、风险、资源"问题共存，相互叠加，相互影响的局面，在类型、规模、结构、性质等方面都发生了深刻的变化，亟须立足陆海统筹，采取综合措施，进一步加强近岸海域环境的保护。

五、我国海洋环境污染控制工程发展差距分析 ▶

为反映我国海洋环境污染控制工程发展现状和水平，从7个方面考虑我国海洋环境污染控制工程的发展水平，与2012年国际先进水平进行了比较。总体上，我国海洋环境与生态工程与国际先进水平差距为15~20年（图2-1-17）。

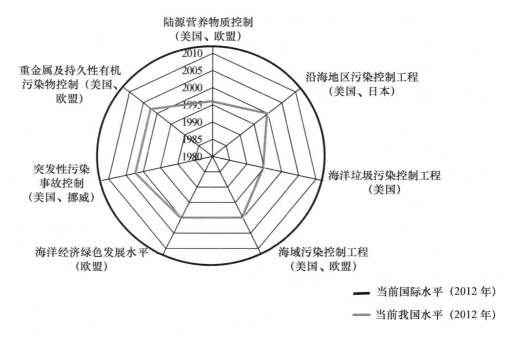

图 2 – 1 – 17　我国海洋环境污染控制工程发展现状与国际先进水平比较

第五章　我国海洋污染控制工程
发展战略和任务

一、战略定位与发展思路　▶

（一）战略定位

围绕"建设海洋强国"、"大力推进生态文明建设"的国家发展战略部署，坚持保护优先、预防为主的方针，通过污染控制工程建设与相关产业发展，提高我国海洋环境防控水平，促进"在发展中保护、在保护中发展"方针的落实，支撑我国社会经济的协调可持续发展，为建设海洋生态文明、建设美丽中国，实现海洋强国提供生态安全保障。

（二）战略原则

1. 陆海统筹，河海兼顾

正确处理流域、海岸带、海洋的相互关系，统筹考虑陆源污染控制和海域环境承载能力，把海洋污染防治的相关要求纳入到流域、区域污染防治工作中，严格环境标准，加强氮、磷控制，加大执法力度，提高陆源污染治理水平，严格控制陆源污染物入海总量，改善近岸海域环境质量。

2. 分区分类，突出重点

体现不同海区的污染类型和特点，近期以总氮、总磷控制为重点，同时综合考虑富营养化、石油类、重金属、新型污染物等海洋环境问题，在重点海域环境综合治理上取得突破。

3. 点面结合，综合防控

采取综合防控措施，严格环境标准，提高沿海地区工业源、城镇污水和垃圾的治理水平，强化农业面源、畜禽养殖的污染防控；加大执法力度，严格直排海排污口环境监管，减轻直排海污染源的环境影响。

（三）发展思路

以改善近海环境质量为目标，控制陆源污染排放为重点，遵循"陆海统筹、河海兼顾"的原则，坚持"从山顶到海洋"的全过程防治理念，建立近岸海域－流域一体化综合污染控制体系，从源头上控制污染物入海总量，强化沿海地区城镇生活源控制，提升沿海区域及流域环境治理水平，重视和加强流域非点源控制，推进海洋垃圾污染控制，严控持久性有毒污染物排放。以环境保护优化经济增长方式，加快经济结构调整，促进近岸海域环境保护与区域经济协调发展，开创资源持续利用、经济持续发展和生态环境良好的新局面。

二、战略目标

（一）总体目标

经过 20～30 年的努力，建成完善的海洋污染控制工程技术体系，相关高新技术产业得到发展；通过开展海洋污染控制工程建设，入海污染物排放得到有效控制，海洋环境质量明显改善，近岸海域富营养化、重金属、持久性有机物等危害人体健康的环境问题得到有效控制。

（二）阶段性目标

到 2020 年，以陆源防治为重点，重点入海河流和沿海城市污染物入海量明显下降，消除劣Ⅴ类入海河流，河流入海断面水质达标率达到 80%，近岸海域水质较目前有所改善，一、二类海水面积达到 80%，海洋功能区水质达标率明显提高；近岸海域重金属、持久性有机物等危害人体健康的环境问题得到初步控制，海洋垃圾监控与回收体系逐步完善。

到 2030 年，建立陆海协调的海洋环境保护机制，实施流域营养物质管理，有效提高营养物质利用效率，氮、磷营养物质排海量得到有效控制，近海富营养化程度显著下降；河流入海断面水质达标率达到 90%，近岸海域水质明显改善，一类、二类海水面积达到 90%；近岸海域重金属、持久性有机物等环境问题得到有效解决，海洋垃圾污染得到有效控制。

到 2050 年，形成完整的海洋污染控制工程技术服务产业体系，海洋污染控制工程达到国际先进水平；我国海洋环境质量全面改善，实现沿海地区资源、环境协调发展；建成与世界海洋强国相适应的海洋环境与生态状况。

三、战略任务与重点

（一）总体任务

针对我国近岸海域普遍存在的富营养化问题，遵循"陆海统筹、河海兼顾"的原则，进行"从山顶到海洋"的全过程防治，推进重点海域营养物质排海总量控制；进行污染物排海状况及重点海域环境容量评估，按照海域—流域—区域控制体系，推动海洋环境管理与流域环境管理的衔接，对跨区域、跨国界海洋污染问题建立区域间协调机制。

加强沿海地区污染治理基础设施建设，加强城镇污水管网建设，提高沿海地区污水和垃圾收集率和处理率；加大监管力度，根据海域的生态环境要求确定入海排污口位置和污染物排放限值，调整或取缔设置不合理的排污口；加强沿海地区重金属和持久性有机污染物防控；加强沿海海洋环境风险防范，完善应急处置设施和应急能力标准化建设。

积极建设生态农业、循环农业和低碳农业示范区，推动有机农业规模化发展，推进农村废弃物资源化利用，控制农业面源污染物排放和入海量。在沿海地区建设绿色基础设施，完善城市雨污管网建设，加强城市绿地系统建设，强化城镇开发区规划指导，控制城市面源污染。

以源头污染防治、垃圾清理整治为重点，推进海上和海滩垃圾污染治理；强化海洋垃圾监测与评价，完善海洋垃圾监督管理，在国家和地方建立健全海洋垃圾管理工作机制，提升公众对海洋垃圾污染防治必要性和重要性的认识。

积极支持和参与联合国有关机构对POPs物质采取的国际控制行动。严格执行国务院《农药管理条例》和《化学危险物品安全管理条例》等法规中农药登记和农药生产许可证的有关规定；停止进口那些生产工艺落后、对人体健康和环境有严重危害的化学品的生产装置和产品。

强化船舶和港口污染防治工作，加强船舶和海洋油气开发活动的环境监管，加强船舶污染物接收处置设施建设，规范船舶污染物接收处理行为。

（二）发展路线图

发展路线见图 2 - 1 - 18。

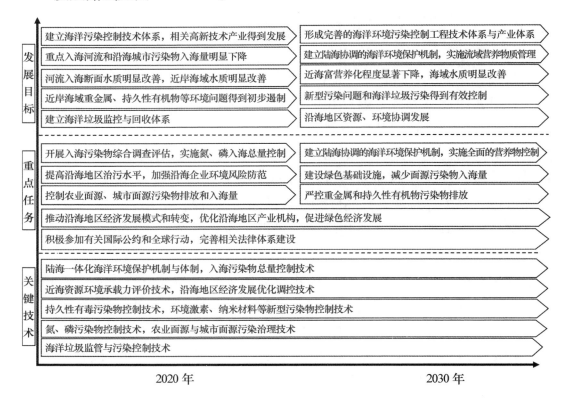

图 2 - 1 - 18　海洋污染控制工程发展路线

（三）重点任务

1. 推动沿海地区经济发展模式的转变

以环境保护优化工业发展，严格环境准入，加强沿海地区产业结构布局的宏观调控和经济发展方式的转型，切实改变重化工在沿海地区比重过大、总量集中，但布局分散的现状。坚持绿色发展，优化产业布局，积极推动沿海新兴产业和现代服务业发展，形成分工合理、资源高效、环境优化的沿海产业发展新格局，从"高消耗、高排放、低效率"的粗放型增长向"低消耗、低排放、高效率"的集约型增长转变。促进产业集聚发展，加强环渤海、长三角、珠三角等化工企业综合整治，推动企业入园，沿海工业园区废水处理达标后要实施离岸排放。

推进清洁生产与循环经济。开展强制性清洁生产审核，完善清洁生产奖罚机制。加大技术升级改造力度，全面提升重点行业清洁生产水平。分流域、区域制定清洁生产水平提升计划，积极推动工业产品生态设计，推动能源和资源梯级利用，推行绿色供应链管理，持续推进治污减排。

2. 开展入海污染物综合调查评估

开展入海污染源调查和海洋污染基线调查。统一规划监测站位布设，加强近岸海域、入海河流跨界断面、入海断面及入海直排口监测。开展岸线资源退化状况调查。全面评估岸线利用现状和利用程度，分析过去 20～30 年中岸线开发利用方式和岸线资源变化趋势，查明岸线资源退化原因及生态效应。开展近岸海域生态环境受损调查。结合我国近岸海域水质、沉积物和生态状况监测结果，提出我国生态环境严重受损的海域清单，分析近岸海域生态环境受损的主要原因和控制对策。组织进行沿海高环境风险调查与评估，重点排查沿海工业开发区和沿海石化化工、冶炼、石油开采及储运等企业，建立沿海高风险工业企业和危险品清单。

3. 实施海域污染物总量控制制度

我国近岸海域无机氮和活性磷酸盐污染具有明显的全局性特征，在我国近岸海域直排海污染源达标率和主要入海河流功能区达标率普遍较高的情况下，依靠污染源的达标排放治理，很难实现我国近岸海域无机氮和活性磷酸盐的达标。因此，需针对我国近岸海域普遍存在的富营养化问题，坚持"陆海统筹、河海兼顾"，将总氮、总磷纳入主要污染物总量控制指标，提出重点海域污染物总量控制目标，建立完善流域综合污染防控机制。

（1）建立我国重点海域清单进入和退出制度。凡纳入重点海域清单的海域必须强制性地实施污染物总量控制，建立污染物总量控制实施时间表，以及相应的污染物总量管理和考核体系。对由于实施海域污染物总量控制，水质持续改善的海域，建立退出受损清单的审查制度。

（2）依据近岸海域环境质量问题和生态保护要求，开展污染物排海状况及重点海域环境容量评估；进行入海氮、磷污染负荷调查与估算，解析入海氮、磷负荷的来源以及流域各类污染源的贡献；按照海域—流域—区域控制体系，提出重点海域污染物总量控制目标，确定氮、磷、营养物质的污染物的控制要求，编制入海河流氮、磷排放削减方案，推动海域污染防治与流域及沿海地区污染防治工作的协调与衔接，实施陆海污染综合防控。

（3）以海域环境总量为基础，以环境容量格局优化产业布局，以环境容量成本优化发展方式，协调推进调整产业结构、建立总量制度、实施生态修复三大重要任务，将减排、增效、扩容有机结合，有效控制海洋污染排放，逐步改善海洋环境质量。

4. 提高沿海地区环境管理水平，加强沿海企业环境风险防范

加强沿海地区污染治理基础设施建设，推进雨污分流，防止污水管网渗漏污染，提高沿海地区污水收集率和处理率，全面推进污泥处理处置，加强再生水利用。加快完善城乡垃圾、海洋垃圾收运、处理、回收体系建设，实现县县具备生活垃圾无害化处理能力。根据海域的生态环境要求确定入海排污口位置和污染物排放限值，调整或取缔设置不合理的排污口。加强重金属和持久性有机污染物防控，在重点地区实行重点行业水污染物排放特别限值。沿海地区严禁新、改、扩建项目增加重金属污染物排放，适时开展持久性有毒污染物等物质生产、使用及污染现状调查。加强海洋环境风险防范，对重点风险源定期进行专项检查，建立风险处置定期核查制度，对存在环境安全隐患的高风险企业限期整改或搬迁，不具备整改条件的予以关停。建立重大突发环境事件应急预案，完善应急处置设施和应急能力标准化建设，建立应急响应平台，定期开展应急演练。建立重大污染事故污染损害赔偿机制，探索建立健全沿海环境污染责任保险制度，提高环境违法行为的处罚力度。严格环境准入，沿海地区严格控制高能耗、高水耗、重污染、高风险产业的发展，禁止在环境质量超标的海域新上增加污染物排放的项目。

5. 建设生态农业，控制农业面源污染物排放和入海量

发挥政府职能，强化面源污染管理。把面源污染防治与降低农业生产成本、改善农产品品质和增加农民收入结合起来；充分发挥地方政府的领导、组织、协调作用，逐步建立由政府牵头，部门分头实施的管理机制；充分发挥农业部门在农业面源污染防治工作中的主导作用，明确各部门的责、权、利，从源头、过程和末端3个环节入手，确保面源污染防治工作落到实处。综合防治养殖业污染，按照种（种植业）养（畜禽养殖业）结合、

种养平衡的原则，科学调整养殖业布局、总量和规模。

完善监测体系，摸清面源污染底数。建立高效、快速的面源污染监测和预警体系，查清不同污染源排放规律和对环境污染指标的贡献率等面源污染底数，及时准确掌握面源污染状况和变化趋势。依法加强监管，建立生态补偿机制。从立法、执法以及配套制度制定3个方面，建立完善农业面源污染防治的法律法规和制度。建立生态补偿机制，鼓励农民采用环境友好型的农业生产技术，实施农业清洁生产。

制定科学规划，分步推进面源污染防治。综合防治养殖业污染。按照种（种植业）养（畜禽养殖业）结合、种养平衡的原则，科学调整养殖业布局、总量和规模。开展畜禽粪便资源化试点。大力推广资源节约、环境友好型水产健康养殖方式，严格管理投饵饲料。控制种植业面源污染。发展循环型农业，推动有机农业规模化发展。研发、推广高效低毒农药，鼓励使用生物农药。推广农艺、物理和生物等防治技术，全面推广精准施药及减量控害技术。严格控制超薄农膜的使用。大中型灌区建设生态湿地、隔离带等氮、磷拦截处理设施，农田退水不得直接排放地表水体。推进测土配方施肥，有效控制氮肥用量。推进农村污染治理。继续实施"以奖促治"，建立设施运营长效机制，持续推进农村环境连片整治。

6. 建设绿色基础设施，控制城市面源污染

进行城市绿色基础设施建设，包括绿色屋顶、可渗透路面、雨水花园、植被草沟及自然排水系统；完善城市雨污管网建设；加大城市路面清扫力度，严格建设工地环境管理，加强城市绿地系统建设；强化城镇开发区规划指导，进行街道和建筑的合理布局，禁止占用生态用地；同时重视市民素质教育等非工程措施，增加城市下垫面的透水面积，提高雨水利用率，补充涵养城市地下水资源，控制城市面源污染，减轻城市化区洪涝灾害风险，协调城市发展与生态环境保护之间的关系。

7. 推进海洋垃圾控制

以源头污染防治、垃圾清理整治为重点，推进海上和海滩垃圾污染治理。强化海洋垃圾源头污染防治，以沿海地区为重点，加快完善城镇和农村垃圾收运、处理、回收体系建设，在主要沿海城市实施"海漂垃圾和海滩垃圾的综合整治"；切实控制海上船舶、水上作业、滨海旅游以及滩涂、

浅海养殖产生的生产生活垃圾和各类固体废弃物的排放，做到集中收集、岸上处置。继续推进海洋垃圾清理、清扫与整治，建立海滩垃圾定期清扫和海上垃圾打捞制度，减少海洋垃圾污染。强化海洋垃圾监测与评价，掌握近岸海域海洋垃圾的种类、数量及分布状况。完善海洋垃圾监督管理，强化日常执法检查，严格管理海洋垃圾倾倒，坚决查处违法倾倒和排放固体废弃物的行为。在国家和地方建立健全海洋垃圾管理工作机制，形成政府统一领导、部门齐抓共管、群众积极参与的治理格局，强化宣传教育，提升公众对海洋垃圾污染防治必要性和重要性的认识。进一步推动海洋垃圾清理和海滩清扫活动，促进公众参与，提高公众保护海滩减少废物排放的海洋环保意识。

8. 加强重金属和持久性有机污染物控制及修复

沿海地区严禁新、改、扩建项目增加重金属污染物排放，现有的涉重金属企业执行该行业排放标准的特别排放限制，通过控新治旧严控重金属污染海洋。完善持久性有机污染物环境管理政策、法规、标准体系和监测网络，制、修订相关行业环境影响评价技术导则和污染防治技术规范。积极支持和参与联合国有关机构对 POP 物质采取的国际控制行动。将持久性有机污染物作为重点管控物质，逐步纳入高毒、难降解、高环境危害的淘汰物质名单，加强执法检查，督促企业落实污染防治的主体责任。严格执行国务院《农药管理条例》和《化学危险物品安全管理条例》等法规中农药登记和农药生产许可证的有关规定，任何单位和个人不得生产、经营和使用国家明令禁止生产或撤销登记的农药。停止进口那些生产工艺落后、对人体健康和环境有严重危害的化学品的生产装置和产品，防止外国将已经淘汰、禁止和限制使用的 POPs 的生产向我国转移。尽快建立全国性的近岸海域 POPs 污染监测网络，以更有效地评估中国近岸海域有机污染的现状。

9. 加强船舶港口污染治理。

加强船舶和海洋油气开发活动的环境监管，强化交通、渔业港口码头污染防治工作，完善污染物接收处理设施与系统，实施船舶及其相关活动的污染物"零排放"计划。规范船舶污染物接收处理行为，危险废物应由有资质的单位收集、利用或处置。主要沿海港口均应完善船舶污染物接收处置设施建设，配备油污水回收船，对港口船舶油污水、压载水、洗舱水集中处理，达标排放，近岸海域船舶及港口油污水和垃圾接收处理率达到100%。对近岸海域航行船舶实施含油污水"铅封"，实现近岸海域船舶含油污水"零排放"。在我国远洋船舶和沿海外贸港口中配置船舶压载水和沉积物灭活设施，防止外来生物入侵。在煤炭、矿石运输量较大的港口建设雨污水应急系统，满足暴雨日收集初期雨水的需要。加强渔港渔船的监督管理，新建渔港要同步建设废水、废油、废渣回收与处理装置，中心渔港和一级渔港要全部安装废水、废油、废渣回收处理装置，满足渔船油污水等的接收处理要求。禁止随意向渔港和渔业水域中倾倒垃圾、废旧鱼箱等废弃物，渔港应设置生活垃圾接收处理设施和设备，实现集中统一处理。

10. 接轨有关国际公约和全球行动，完善相关法律体系建设

根据有关防治陆源污染损害海洋环境的国际公约和全球行动的规定，结合我国的具体情况和实际需要，加强防治陆源污染物污染损害海洋环境法律制度的研究和完善，体现时代性、针对性和适应性，充分考虑陆源污染管理出现的新情况和新问题，明确法律责任主体，执行机构做到有法可依，严惩环境违法行为，制定行政强制措施，在陆源污染管理体系中真正发挥统领作用，牵引和带动沿海地区污染物管理制度建设。建立生态补偿机制，建立完善农业面源污染防治的法律法规和制度。

11. 实施重点海域环境综合整治工程

1）渤海环境综合整治与生态建设

加强辽河、海河及黄河流域点源污染综合治理。继续实施城镇污水及配套处理设施建设、工业点源污染防治工程；进一步削减氮、磷污染负荷，降低河口入海营养盐总量，逐步解决渤海富营养化及赤潮灾害问题；建立渤海污染物总量控制制度，提高沿岸城市污水处理能力，加强陆源排污口管理，实施达标排放，削减陆源污染物排海总量，维护近海海域海洋功能区功能正常发挥。

加强辽河、海河及黄河流域面源污染控制。实施畜禽养殖污染防治、区域水环境综合治理工程；完善规模化畜禽养殖场污染治理设施建设，积极改进农田种植、水产养殖方式，推广清洁种植、清洁养殖及乡村清洁示范等示范工程，进一步提高测土施肥技术、户用沼气普及率，强化船舶流

动源污染防治、区域特征性污染治理。

建设重要河流水量调配工程，增加渤海入海流量。重点建设引岳济淀生态补水工程、引黄入衡水湖补水工程、王大引水工程、小清河流域重要河流水量调配工程、胶东半岛独流入海重要河流水量调配工程、大辽河湿地补水工程、天津重要河流水量调配工程等。

实施辽河、大辽河、黄河口等河口水生态综合整治工程，辽宁、河北、天津、山东独流入海河流及其典型支流水生态修复与生态治理工程。以辽河流域双台子河口、海（滦）河流域滦河河口、黄河流域黄河口滨海湿地为重点，实施环渤海沿海地区湿地保护与恢复工程；加强秦皇岛、营口等沙质海岸林带建设，保护沙滩、沙丘，防止海岸带侵蚀。

建立渤海渔业资源保护区与恢复增殖区，建立渤海珍稀物种保护区、渤海渔业资源保护区以及重要渔业资源禁渔区，实施渤海渔业资源增殖工程、人工鱼礁建设工程，水产养殖示范区建设工程，有效保护珍稀物种资源、增强生物资源自然补充能力；压缩渔船数量，减轻捕捞压力，发展生态养殖与底播增殖，引导捕捞渔民向增养殖业、水产加工业、休闲渔业及其他产业转移。

2）长江口－杭州湾综合整治与生态建设

落实切实加快经济发展方式转变的战略要求，按照长江上游地区（三峡库区及其上游流域）"河流与水库统筹"、长江中下游（含沿海城市）"河流与海洋兼顾"的治理思路，加强长江上游、长江中下游流域污染防治与生态建设。全面实施工业污染防治、城镇污水处理设施建设、城镇垃圾处理设施建设、规模化畜禽养殖污染防治、区域水环境综合整治等工程，维护三峡水库及其上游水系水生态系统稳定，强化长江上游及长江中下游地区污染防控水平，提高沿海地区污染处理能力及治理效率。

建立长江三角洲两省一市区域环境保护联动机制，有效保护海洋生态环境。制定并实施河口陆源污染物排海总量控制制度和评估体系，削减污染物排海总量；提升产业技术水平，开发和保护海洋资源，依法淘汰、关闭破坏海洋资源、污染海洋环境的涉海企业。

以长江口海域为重点，加强沿海防护林建设，积极推进基于林带建设与保护，加强湿地生态修复和保护，维护生物多样性，加大外来生物入侵防治力度，提高滨海地区整体生态功能。以杭州湾海域为重点，实施杭州湾南岸潮间带滩涂荒漠化治理和滩涂生态修复工程，改善和恢复滩涂区域海洋生态功能；建立滩涂湿地生态特别保护区；建立杭州湾鳗苗、海蜇、贝类等天然苗种繁育特别保护区，养护海洋生物场所，维护苗种繁殖生态环境。

3）珠江口综合整治与生态建设

对重要敏感海洋生态系统予以全面保护，重点保护各类海洋珍稀濒危物种、红树林湿地生态系统以及重要水生生物产卵场、孵育场；加强自然保护区建设，进一步完善海洋海岸自然保护区的法规标准体系；依法严格控制围海、填海面积，逐步完善围海、填海的规范管理。

科学评估珠江口重点区域环境容量，利用生态学原理，采用生化技术和物化技术相结合的方法，着重提高其环境自净化能力；开展人工鱼礁建设，实施生物资源增殖、放流计划，提高增殖放流回捕率；逐步实施珠江口红树林宜林地人工栽种计划和各类海洋珍稀濒危物种保护行动计划，修复珠江口潮间带生境，有效保护和恢复珠江口珍稀濒危物种种群。

加强珠江口海洋灾害及海洋环境监测能力建设，完善溢油及赤潮等海洋灾害应急响应系统。

四、保证措施　▶

（一）完善环境法制，强化执法监督

完善海洋环境保护法规标准体系，开展重点海域污染总量控制、农业源污染控制等法规制度建设，制定、完善海洋环境保护相关标准。进一步提高依法行政意识，开展联合执法，加大环境执法力度，提高执法效率。加强近岸海域环境保护监督执法能力建设，提高执法队伍素质。规范环境执法行为，实行执法责任追究制，加强对环境执法活动的行政监察。

（二）创新环境政策，形成长效机制

完善近岸海域环境保护政策，探索建立近岸海域环境保护与海洋经济协调发展的政策体系，通过制定投资、产业、税收等方面的政策对海洋开发活动进行宏观调控，协调好各行业、各地区之间在沿海和海洋开发利用活动中的关系，最大限度地发挥海洋的综合效益。完善企业清洁生产和循环经济标准，建立沿海地区企业准入制度和工业园区管理制度，建设资源节约型、环境友好型、高科技型和经济效益型产业体系。建立更加严格的围填海审批制度和生态补偿制度，遏制对近岸海域环境的无序开发。探索建立农村环境保护政策机制，研究解决农村环境保护管理体制、运行模式、资金投入等问题，加大"以奖促治"实施力度。

（三）鼓励公众参与，加强舆论监督

鼓励公众参与近岸海域环境保护决策过程，积极探索建立公众参与决策的模式，对涉及公众环境权益的发展规划和建设项目，通过召开听证会、论证会、座谈会或向社会公示等形式，广泛听取社会各界的意见和建议；实行建设项目受理公示、审批前公示和验收公示制度；畅通环境信访、环境12369监督热线、网站邮箱等环境投诉举报渠道；提高公众参与意识，保障公众的知情权、参与权，充分发挥媒体与舆论的环境监督作用，加强环境保护工作的社会监督。

第六章　中国海洋污染控制工程发展的重大建议

一、建立陆海统筹的海洋生态环境保护管理体制　▶

（一）必要性分析

　　长期以来，我国形成了"统一监督管理与部门分工负责"相结合的海洋生态环境保护管理体制，即环境保护部对全国海洋环境保护工作进行指导、协调、监督，同时海洋、海事、渔业及军队环境保护部门具体负责海洋环境保护、船舶污染海洋环境的监督管理、渔业水域生态环境保护，以及军队的海洋环保工作。以建于海岸线附件的工程建设项目为例，沿海的企业受到环保、海洋部门的双重监管，无所适从，既增加管理对象负担，也浪费国家行政资源，极大地影响了行政效能和政府公信力。总体来看，现行体制不仅难以适应中央对环境保护提出的任务和要求，且对解决一些重点、难点问题的羁绊越来越明显，亟待加以改革和完善。这客观上造成了海洋环境保护呈分散型行业管理体制，行业管理机构各成体系，条块分割，各自为政，环境保护部的综合管理职能难以发挥，导致部门间职责分散交叉、分工不明确、政出多门，难以形成统一的海洋环境保护机制。

　　海洋是陆地领土的自然延伸，两者紧密关联、相互影响，是不可分割的有机整体。海洋污染物的80%以上来自陆源，解决影响海洋环境矛盾的主要方面在陆地。因此，只有遵循陆海生态系统完整性原则，按照陆海统筹、河海兼顾的方针，将陆地和海洋作为一个完整的系统进行综合分析，统筹规划、统一管理，明晰环境问题根源，做好顶层设计，才能从根本上控制陆源污染，改善海洋环境，为公众提供优质的海洋环境公共服务和产品。特别是在十八大以来，生态文明建设将融入并体现在经济、政治、文化、社会体制改革的过程之中，生态环境保护将是我国社会经济发展顶层设计的重要内容。建设与五位一体总体布局相适应的海洋生态环境保护管理体制，推动陆海环境的统一监督管理，建立从山顶到海洋的环境管理体系已经势在必行。

（二）主要内容

1. 实施陆地和海洋生态环境统一监管

整合分散的海洋环境监管力量，按照系统性原则对陆地和海洋的污染源、污染物、水质、沉积物、生物、大气等环境要素，以及陆地、海洋的工农业生产和生活活动等进行统一监管，将生态环境保护的要求贯穿生产、流通、分配、消费的各个环节，体现在全社会的各个方面，实现要素综合、职能综合、手段综合，增强环保综合决策能力，实现统一监管和执法。改革环境影响评价制度，对战略环评、规划环评、项目环评，以及海洋工程、海岸工程环境影响评价进行统一管理，避免多头负责、重复审批，提高管理效率和效能，避免重复建设和投资。整合地表水、海洋等环境监测资源，建立陆海统筹、天地一体的环境监测和预警体制。进行海洋环境信息统一发布，提高政府的公信力，有效指导地方政府的海洋环保工作，正确引导社会公众和舆论。

2. 以流域为控制单元，建立陆海一体化综合管理模式

海洋是河流携带各种物质的最终受纳者，海洋与河流两者相互连通，互为依存，构成一个完整的生态系统。综合考虑流域和海洋环境保护的需求和目标，坚持生态优先、绿色发展的原则，以流域作为入海污染物控制单元，辨析流域人类活动与海洋环境之间的影响–反馈机制与效应，建立陆海一体化环境综合管理模式。以流域和海域的资源环境承载力为依据，开展区域发展规划和海洋开发规划的战略环境影响评价，划定流域和海域生态保护红线，合理确定产业规模、结构与布局，优化生态安全空间格局。以污染物总量控制为抓手，实施排污许可管理，综合采取点源、面源、流动污染源控制措施，严格控制流域主要污染物排放，有效改善海洋环境。

二、实施国家河口计划

（一）必要性分析

河口是河流与海洋交汇的水域区，是世界上生物多样性最为丰富的区

域之一，拥有独特的生态系统。同时河口区也是人类高强度开发的地带，生态敏感性高，生态系统极为脆弱。我国海洋环境污染物约有80%以上来自陆源，其中绝大部分来自河流输入，经河口进入海洋。因此，流域自然变化和人类活动以河流为纽带，对河口及其毗邻海域产生深刻影响。在过去的几十年中，流域社会经济迅猛发展，城市区域快速扩展，农药化肥大量使用，土地利用急速变化，这些变化过程中产生的大量污染物通过河流输送到海洋，对河口和近海的环境与生态产生了深刻的影响，导致河口及毗邻区出现生态系统平衡被破坏、生态系统服务功能退化，各类环境问题和生态灾害不断凸显，如海水入侵、海岸侵蚀、河口湿地萎缩、生物资源退化、近海富营养化、有害藻类暴发等，已经对沿海地区的经济社会发展及海洋生态环境安全构成了严峻的威胁与挑战。因此，为实现从源头上控制陆源污染物，亟待以河口区域为切入点，一方面推进陆–海统筹的污染控制，减轻海洋环境压力；另一方面，在河口区采取针对性的保护措施，恢复河口生态环境，支撑河口地区社会经济可持续发展。

（二）总体目标

通过实施国家河口环境保护工程，推进全国河口区生态环境的调查，明确我国河口的总体环境状况和普遍环境问题；实施陆海一体化污染物总量控制，筛选确定一批优先试点河口，推进陆海统筹的污染控制，从源头控制陆源污染物排放；制定和实施有针对性的管理措施和保护与修复工程，恢复河口生态环境，维护河口生态系统健康，减轻海洋环境压力，支撑河口地区社会经济可持续发展。

（三）主要任务

1. 河口生态环境状况调查与评估

调查河口生态环境、资源禀赋及资源开发利用情况，建设河口区生态环境监测网络。建立描述包括有毒污染物、营养物、自然资源在内的河口区数据库。识别河口的自然资源价值及资源利用情况；建立河口的生态环境评价指标体系和技术方法，预测河口生态系统健康评价。

2. 实施河口区域入海污染物总量控制

针对河口及其邻近海域主要环境问题及其原因，将整个河口——它的化学、物理、生物特性以及它的经济、娱乐和美学价值作为一个完整的系统来考虑，以流域为单位，制定河口综合性保护和管理计划，实施河口区入海污染物总量控制。建立陆海一体化总量控制实施机制，推动排污许可制度的实施，明确减排责任主体，将污染物总量控制的责任落实到地方政府和企业。建立海域污染物总量控制实施效果核查制度，建立入海污染物总量考核办法，明确考核责任单位、考核对象、考核程序、考核目标、评分体系和公众参与制度，将海域污染物总量考核制度化、规范化。完善相关环境立法，健全监督和监管机制，为总量控制的实施提供有效的法律和政策支撑。

3. 建设河口生态环境保护与修复工程

基于近岸海域生态调查结果，提出对生态敏感区、珍稀物种、资源及其生境等的保护要求。在近岸海域重要生态功能区和敏感区划定生态红线。针对河口及其邻近海域主要生态退化问题及其原因，因地制宜地进行河口生态环境保护与修复工程建设，积极修复已经破坏的海岸带湿地，修复鸟类栖息地、河口产卵场等重要自然生境。针对围填海工程较为集中的河口区域，建设河口生态修复工程。针对岸线变化，规范海岸带采矿采砂活动，制止各类破坏芦苇湿地、红树林、珊瑚礁、生态公益林、沿海防护林及挤占海岸线的行为，建设岸线修复工程。

4. 建设河口区生态环境监测网络

建设全天候、全覆盖、立体化、多要素、多手段的河口生态综合监测网络，形成由岸基监测站、船舶、海基自动监测站、航天航空遥感等多种手段的监测能力，形成由卫星传送、无线传输、地面网络传输等多种技术和专业数据库组成的监测数据传输和监测信息整合系统，实现对河口区入海河流水质和通量、河口区水环境、生态系统、大型工程运行情况、赤潮/绿潮等生态灾害的高频次、全覆盖监测，加强重金属、新型持久性有机污染物、环境激素、放射性，以及大气沉降污染物等的分析监测能力。对河口行动计划实施过程中的关键参数进行观测，对实施效果进行评估，并将评估结果反馈到河口生态环境保护计划，以便随时做出修正。

三、建设海洋生态文明示范区 ▶

（一）必要性

建设海洋生态文明是推动我国海洋强国建设和推进生态文明建设的重

要举措，是国家生态文明建设的关键领域和重要组成部分。建设海洋生态文明，有利于在坚持科学发展、资源节约、环境保护的开发理念下，积极探索海洋资源综合开发利用的有效途径，最大程度地提高海洋资源利用与配置效率，保障和促进海洋事业的全面、协调、可持续发展，为提高海洋对国民经济的持久支撑能力发挥积极作用。对于促进海洋经济发展方式的转变，提高海洋资源开发、环境和生态保护、综合管控能力和应对气候变化的适应能力，实现沿海地区的可持续发展，具有重要的战略意义。

（二）发展目标

建立沿海地区经济社会与海洋生态、环境承载力相协调的科学发展模式，树立绿色、低碳发展理念，加快构建资源节约、环境友好的生产方式和消费模式，建立人–海和谐的海洋经济发展模式和区域发展模式。通过海洋生态文明建设，入海污染物排放得到有效控制，海洋环境质量明显改善，海洋生态系统服务功能得到有效维护。海洋资源开发利用能力和效率大幅提高，海洋开发格局和时序得到进一步优化，形成节约集约利用海洋资源和有效保护海洋生态环境的发展方式，显著提升对缓解我国能源与水资源短缺的贡献。

（三）重点任务

以辽宁辽东湾、山东胶州湾、浙江舟山、福建沿海为先行示范区，开展海洋生态文明示范区建设。

1. 调整产业结构与转变发展方式。

依据沿海地区海域和陆域资源禀赋、环境容量和生态承载能力，加强产业结构宏观调控，加快转变经济发展方式，努力形成分工合理、资源高效、环境优化的沿海产业发展新格局。构筑现代海洋产业体系，改造升级传统产业，积极发展海洋服务业，培育壮大海洋战略性新兴产业，发展循环经济和低碳经济，用生态文明理念指导和促进滨海旅游业、海洋文化产业等服务产业的发展，引导国民的海洋绿色消费。加快淘汰落后产能，优化产业结构和布局。严格控制高能耗、高水耗、重污染、高风险产业发展，压缩过剩产能，实行区域产能总量控制制度。

2. 管控污染物入海，改善海洋环境质量。

坚持陆海统筹，加强近岸海域、陆域和流域环境协同综合整治。建立和实施主要污染物排海总量控制制度，推进沿海地区开展重点海域排污总量控制试点，制定实施海洋环境排污总量控制规划、污染物排海标准，削减主要污染物入海总量。加快沿海地区污染治理基础设施建设，根据海域的生态环境要求确定入海排污口位置和污染物排放限值，调整或取缔设置不合理的排污口。加强滩涂和近海水产养殖污染整治，加强船舶和海洋油气开发活动的环境监管；加强船舶、港口、海洋石油勘探开发活动的污染防治和海洋倾倒废弃物的管理，治理海上漂浮垃圾，强化海洋倾废监督管理。逐步减少入海污染物总量，有效改善海洋环境质量。

3. 强化海洋生态保护与建设，保障海洋生态安全。

加大海洋生态环境保护力度，建立海洋生态环境安全风险防范体系，保障海洋环境和生态安全。大力推进海洋保护区建设，强化海洋保护区规范化建设，加强对典型生态系统的保护。建立实施海洋生态保护红线制度，严格控制围填海规模，保护自然岸线和滨海湿地。加大沿海和近海生态功能恢复、海洋种质资源保护区建设和海洋生物资源养护力度，积极开展海洋生物增殖放流，加强我国特有海洋物种及其栖息地保护。在岸线、近岸海域、典型海岛、重要河口和海湾区域对受损典型生态系统进行修复，实施岸线整治与生态景观修复。加强海洋生物多样性保护与管理，防治外来物种。加强水资源合理调配，制定生态流量标准，切实保障生态流量。有效开展海洋生态灾害防治与应急处置，积极推动重点海域生态综合治理。健全完善沿海及海上主要环境风险源和环境敏感点风险防控体系和海洋环境监测、监视、预警体系。

四、编制国家海洋开发与环境保护总体规划 ▶

目前我国已经颁布了《全国主体功能区划》，《主体功能区划》按照区域的主体功能定位来规范空间开发秩序，形成合理的空间开发结构。与此同时，近年来国家在沿海地区经济发展方面也做了大量部署。但是，从目前看来，我国沿海地区经济发展仍存在一系列问题。主要体现在沿海地区经济发展缺乏明晰的开发与保护协调、海洋与陆域经济统筹协调，已有规划分散，缺乏整体统筹考虑。为此国家发改委、环境保护部、国土资源部、国家海洋局、交通运输部等涉海部门及沿海省、市、自治区政府部门，在已有的沿海地区经济发展规划、相关产业发展规划、海洋主体功能区划、海洋功能区划、近岸海域环境功能区划的基础上，深度整合沿海各地的涉海规划和区划，以建设生态文明为指引，将绿色发展机制纳入沿海地区的决策机制中，在战略层面上指导开发和保护之间的关系，优化我国海岸带开发和保护的空间布局，协调沿海地区产业发展和布局，形成海洋环境保护和海洋经济的良性互动机制，促进海洋经济和环境保护协调发展。

五、关于渤海环境保护的政策建议 ▶

渤海作为我国的半封闭型内海，水体交换能力差，环境容量有限，海洋资源承载力在四大海区中最为薄弱。近年来，随着环渤海地区社会经济快速发展，渤海陆源污染物入海总量居高不下，富营养化问题严重，赤潮生态灾害呈多发态势，生态安全面临严峻挑战。

（一）渤海环境管理工作中存在的主要问题

1. 陆源入海污染负荷底数不清

长期以来，渤海入海污染物通量始终存在底数不清的问题，特别是占入海污染物总量 80% 以上的河流入海污染物通量，不同部门、不同研究结构调查和测算的结果相差较大。究其根源，一是水质监测频次太低；二是水文数据获取困难；三是污染物通量计算方法不统一。以上 3 个方面的原因导致通量估算误差较大、随意性较强，入海总量监控工作无法有效开展。

2. 陆源污染控制针对性不强，效果不显著

我国河口、海湾众多，自然环境背景差异较大，不同海区的环境问题和生态保护敏感目标不同。目前我国的陆源污染控制采取了 COD 和氨氮"一刀切"的方式，未能针对不同海域的环境问题、保护目标，以及陆源污染特征确定控制因子，导致渤海主要环境问题的氮、磷营养盐未能得到有效控制，局部海域环境风险剧增的重金属、POPs 污染物未能得到有效防控。总之，目前渤海陆源污染控制工作针对性不强，精细化水平仍有待提高。

3. 渤海氮、磷总量控制尚未有效展开

我国《海洋环境保护法》第一章第三条规定："国家建立并实施重点海域排污总量控制制度，确定主要污染物排海总量控制指标，并对主要污染源分配排放控制数量。具体办法由国务院制定。"同时，《国家环境保护

"十二五"规划》也提出在已富营养化的湖泊水库和东海、渤海等易发生赤潮的沿海地区实施总氮或总磷排放总量控制。目前，无机氮和活性磷酸盐污染及其导致的富营养化已经成为渤海全局性污染问题，但由于法律法规欠缺、海域污染物总量分配等技术方法尚不规范、总量削减组织实施机制不健全等问题，渤海氮、磷总量控制工作尚未有效开展。

4. 陆海污染控制指标不衔接

目前，我国地表水和海水水质指标表达上存在明显差异，如地表水水质指标中的总氮、总磷，其相应的海水水质指标为无机氮、活性磷酸盐。地表水样品需要静置 30 分钟后进行分析测试，而海水样品需经 0.45 微米滤膜过滤后进行分析测试。地表水和海水样品中 COD_{Mn}、石油类等的检测方法不完全相同。因此，受地表水和海水样品预处理、分析测试方法不同的影响，海水和地表水水质指标间无法直接衔接，在考虑污染物总量控制、确定水质保护目标时，需考虑指标表达的转换问题。

5. 渤海环境管理综合协调不够

海洋环境管理涉及部门众多，管理机制不健全，综合协调难度大，"陆海统筹"的环境管理模式尚未形成，陆海衔接的污染物"溯源跟踪"机制尚未建立，上下游合作、各地协同的局面仍未形成，致使跨行政区域、跨行政部门的渤海生态环境保护问题难以解决。

（二）关于加强渤海环境管理工作的政策建议

1. 实施渤海入海污染物分类控制

针对渤海主要环境问题，为加强精细化管理和与流域污染防治的衔接，渤海污染指标控制可以分为总量控制因子、浓度控制因子、风险控制因子三类，进行分类控制。①将总氮、总磷列为渤海及辽河流域、海河流域污染物总量控制指标，确保入海营养物质得到控制，海区富营养化问题得以缓解，其中总氮是渤海入海总量首要控制指标，总磷入海总量按零增长进行控制。②将 COD、氨、氮作为浓度控制因子，采取达标排放控制。建议加强对沿海直排源的管控，提高沿海直排海区污染源达标排放核查频次，加大违规处罚力度，确保直排口、河口临近海区耗氧类有机污染得到有效控制。③将重金属、石油类、有毒有机物等作为风险控制因子，没有必要进行区域的总量控制，但应严格监控浓度的变化趋势及分布等，确保有效控制近岸海区污染事故发生频率，降低海区生态风险。

2. 完善组织实施机制，加快推进渤海氮、磷总量控制

（1）基于海域污染物总量控制技术研究成果，颁布相应的技术指南、标准等，如河流入海污染物量监测规范、污染物总量分配技术指南等，加快渤海污染物总量控制和管理的标准化和法规化建设，试点推动渤海氮、磷总量控制。

（2）建立海域污染物总量控制目标责任制度，推动排污许可制度的实施，明确减排责任主体，将污染物总量控制的责任落实到地方政府和具体企业。

（3）建立海域污染物总量控制实施效果核查制度，建立入海污染物总量考核办法，明确考核责任单位、考核对象、考核程序、考核目标、评分体系和公众参与制度，将海域污染物总量考核制度化、规范化。

3. 进一步完善渤海入海河流监测，开展入海污染物总量监控

考虑到氮、磷营养盐是渤海主要污染因子，建议现有和拟建入海河流水质自动监测站将总氮、总磷作为监测指标。为提高河流污染物入海通量估算精度，在入海通量变差系数较大的丰水期加大水质、水量监测频率，提高河流断面入海总量控制监控的精度。此外建议在石油平台上设置大气干湿沉降监测站位，准确评估渤海氮、磷等物质的大气沉降总量，以解决目前缺失氮、磷大气沉降通量监测的问题。

主要参考文献

卜志国.2010.海洋生态环境检测系统数据集成与应用研究[D].青岛:中国海洋大学,2.

陈吉余,陈沈良.2003.长江口生态环境变化和对河口治理的意见[J].水利水电技术,34(1):19-25.

陈吉余、陈祥禄,等.1988.上海海岸带和海涂资源综合调查报告[M].上海:上海科学技术出版社.

陈静生,关文荣,等.1998.长江干流近三十年来水质变化探析[J].环境化学,17(1):8-13.

陈鸣渊,俞志明,等.2007.利用模糊综合方法评价长江口海水富营养化水平[J].海洋科学,31(1):47-54.

陈秀荣,周琪.2005.人工湿地脱氮除磷特性研究[J].环境污染与防治,27(7):526-529.

陈亚瞿,施利燕,全为民.2007.长江口生态修复工程底栖动物群落的增殖放流及效果评估[J].渔业现代化,(2):35-39.

丁峰元,左本荣,等.2005.长江口南汇潮滩湿地污水处理系统的净化功能[J].环境科学与技术,28(3):3-5.

董哲仁.2003.荷兰围垦区生态重建的启示[J].中国水利,(10):45-47.

杜立彬,王军成,孙继昌.2009.区域性海洋灾害监测预警系统研究进展[J].山东科技,22(3):1-6.

傅瑞标,沈焕庭.2002.长江河口淡水端溶解态无机氮磷的通量[J].海洋学报,24(4):34-43.

傅瑞标,沈焕庭.2002.长江河口潮区界溶解态无机氮磷的通量[J].长江流域资源与环境,11(1):64-68.

高生泉,林以安,等.2004.春、秋季东、黄海营养盐的分布变化特征及营养结构[J].东海海洋,22(4):38-50.

顾宏堪.1980.黄海溶解氧垂直分布中的最大值[J].海洋学报,2(2):70-79.

关道明,战秀文.2003.我国沿海水域赤潮灾害及其防治对策[J].海洋环境科学,22(2):60-63.

广东省海洋与渔业局.2006.2005年广东省海洋环境质量公报.

广东省海洋与渔业局.2007.2006年广东省海洋环境质量公报.

广东省海洋与渔业局.2008.2007年广东省海洋环境质量公报.

广东省海洋与渔业局.2009.2008年广东省海洋环境质量公报.

国家海洋局. 2010. 2009 年中国海洋环境质量公报.

国家海洋局海洋发展战略研究所课题组. 何广顺, 王晓惠, 周怡圃. 2009. 基于区域经济发展的渤海环境立法研究 [M]. 北京: 海洋出版社, 176 - 178.

胡敦欣、韩舞鹰, 等. 2001. 长江、珠江口及邻近海域陆海相互作用 [M]. 北京: 海洋出版社.

胡方西、胡辉, 等. 2002. 长江口锋面研究 [M]. 上海: 华东师范大学出版社.

胡广元, 庄振业, 高伟. 2008. 欧洲各国海滩养护概观和启示 [J]. 海洋地质动态, 24 (12): 29 - 33.

胡文佳, 杨圣云, 等. 2007. 海水养殖对海域生态系统的影响及其生物修复 [J]. 厦门大学学报 (自然科学版), 46 (1): 197 - 202.

黄小平, 黄良民. 2002. 珠江口海域无机氮和活性磷酸盐含量的时空变化特征 [J]. 台湾海峡, 21 (4): 416 - 421.

李洪远, 马春. 2010. 国外多途径生态恢复 40 案例解析 [M]. 北京: 化学工业出版社, 123 - 127.

李茂田, 程和琴. 2001. 近 50 年来长江入海硅通量变化及其影响 [J]. 中国环境科学, 21 (3), 193 - 197.

李美真, 詹冬梅, 等. 2007. 人工藻场的生态作用、研究现状及可行性分析 [J]. 渔业现代化, (1): 20 - 22.

李秋芬, 袁有宪. 2000. 海水养殖环境生物修复技术研究展望 [J]. 中国水产科学, 7 (2): 90 - 92.

李绪兴, 雷云雷. 2009. 渔业水域生态环境及其修复研究 [J]. 中国渔业经济, 27 (6): 69 - 78.

林洪瑛, 韩舞鹰. 2001. 珠江口伶仃洋枯水期十年前后的水质状况与评价 [J]. 海洋环境科学, 20 (2): 28 - 311.

林贞贤, 汝少国, 等. 2007. 大型海藻对富营养化海湾生物修复的研究进展 [J]. 海洋湖沼通报, 4: 128 - 134.

刘兰. 2006. 我国海洋特别保护区的理论与实践研究 [D]. 青岛: 中国海洋大学, 6 - 9.

刘双江, 孙燕, 等. 1995. 采用光合细菌控制水体中亚硝酸盐的研究 [J]. 环境科学, 16 (6): 21 - 23.

刘新成, 沈焕庭, 等. 2002. 长江入河口区生源要素的浓度变化及通量估算 [J]. 海洋与湖沼, 33 (5): 332 - 340.

马媛, 魏巍, 等. 2009. 珠江口伶仃洋海域营养盐的历史变化及影响因素研究 [J]. 海洋学报, 31 (2): 69 - 77.

全为民, 沈剑峰, 等. 2002. 杭嘉湖平原农业面源污染及其治理措施 [J]. 农业环境与发展,19(2):22 – 24.

全为民,沈新强,等.2003. 富营养化水体生物净化的研究进展[J]. 应用生态学报,14
　(11):2057 – 2061.

全为民,沈新强,等.2005. 长江口及邻近水域富营养化现状及变化趋势的评价与分析
　[J]. 海洋环境科学,24(3):13 – 16.

全为民,沈新强,等.2006. 河口地区牡蛎礁的生态功能及恢复措施[J]. 生态学杂志,25
　(10):1 234 – 1 239.

全为民,严力蛟.2002. 农业面源污染对水体富营养化的影响及其防治措施[J]. 生态学
　报,22(3):291 – 299.

任广法.1992. 长江口及邻近海域溶解氧的分布变化,海洋科学集刊,第33集. 北京:科
　学出版社,139 – 152.

沈新强.2008. 我国渔业生态环境养护研究现状与展望[J]. 渔业现代化,35(1):53 – 57.

石金辉,高会旺,等.2006. 大气有机氮沉降及其对海洋生态系统的影响[J]. 地球科学进
　展,21(7):721 – 729.

苏畅,沈志良,等.2008. 长江口及其邻近海域富营养化水平评价[J]. 水科学进展,19
　(1):99 – 105.

谭卫广,彭云辉,等.1993. 珠江口富营养化评估分析[J]. 南海研究与开发,(2):17 – 21.

屠建波,王保栋.2006. 长江口及其邻近海域富营养化状况评价[J]. 海洋科学进展,24
　(4):532 – 538.

王军,陈振楼,等.2006. 长江口湿地沉积物 – 水界面无机氮交换通量量算系统研究[J].
　环境科学研究,19(4):1 – 7.

王修林,孙霞,等.2004.2002 年春、夏季东海赤潮高发区营养盐结构及分布特征的比较
　[J]. 海洋与湖沼,35(4):323 – 331.

夏立群,张红莲,等.2005. 植物修复技术在近海污染治理中的研究与应用[J]. 水资源保
　护,21(1):32 – 35.

杨宇峰,费修缦.2003. 大型海藻对富营养化海水养殖区生物修复的研究与展望[J]. 青
　岛海洋大学学报,33(1):53 – 57.

叶仙森,张勇,等.2000. 长江口海域营养盐的分布特征及其成因[J]. 海洋通报,19(1):
　89 – 92.

叶属峰,纪焕红,等.2005. 长江口海域赤潮成因及其防治对策[J]. 海洋科学,(5):26
　– 32.

于沛民,张秀梅,等.2007. 人工藻礁设计与投放的研究进展[J]. 海洋科学,31(5):80
　– 84.

俞志明,沈志良,等.2011. 长江口水域富营养化[M]. 北京:科学出版社.

张景平,黄小平,等.2009.2006—2007 年珠江口富营养化水平的季节性变化及其与环境因子的关系[J].海洋学报,31(3):113 – 120.

张竹琦.1990.黄海和东海北部夏季底层溶解氧最大值和最小值特征分析[J].海洋通报,9(4):22 – 26.

赵卫红,王江涛.2007.大气湿沉降对营养盐向长江口输入及水域富营养化的影响[J].海洋环境科学,26(3):208 – 210.

郑天凌,庄铁城,等.2001.微生物在海洋污染环境中的生物修复作用[J].厦门大学学报(自然科学版),4(2):524 – 534.

中国海洋发展报告[M].2007.北京:海洋出版社.

中国科学院海洋领域战略研究组.2009.中国至 2050 年海洋科技发展路线图[M].北京:科学出版社.

Andrew H B, Irving A M. 1998. Effects of Salinity and water level on coastal marshes: an experimental test of disturbance as a catalyst for vegetation change[J]. Aquatic Botany, 61: 255 – 268.

Beardsley R C, Limeburner R, Yu H, et al. 1985. Discharge of the Changjiang(Yangtze River) into the East China Sea[J]. Continental Shelf Research, 4(1/2):57 – 76.

Bricker S B, Ferreira J G, et al. 2003. An integrated methodology for assessment of estuarine trophic status[J]. Ecological Modelling, 169: 39 – 60.

Chen C C, Gong G C, et al. 2007. Hypoxia in the east China Sea: one of the largest coastal loe-oxygen areas in the world[J]. Marine Environmental Research, 64: 399 – 408.

Coelho J P, Flindt M R, et al. 2004. Phosphorus speciation and availability in interdial sediments of a temperate estuary: relation to eutrophication and annual P-fluxes[J]. Estuarine, Coastal and Shelf Science, 61: 583 – 590.

Duan S, Xu F, et al. 2007. Long-term changes in nutrient concentrations of the Changjiang River and principal tributaries[J]. Biogeochemistry,85: 215 – 234.

Fei X G. 2004. Solving the coastal eutrophication problem by large scale seaweed cultivation [J]. Hydrobiologie,512(123):145 – 151.

Fung S, Briggs M R P. 1998. Nutrient budgets in intensive shrimp ponds: implications for sustainability[J]. Aquaculture, 164(18):117 – 133.

http://coastal. louisiana. gov/index. cfm? md = pagebuilder&tmp = home&nid = 78&pnid = 0&pid =97&catid =0&elid =0)

Huang X P, Huang L M, et al. 2003. The characteristics of nutrient s and eut rophication in the Pearl River estuary, South China[J]. Marine Pollution Bulletin, 47:30 – 361.

Humborg C,Ittekkot V, et al. 1997. Effect of Danube river dam on Black Sea biogeochemistry and ecosystem structure. [J]. Nature,386:385 – 388.

Liu S M, Zhang J, et al. 2003. Nurtients in the Changjiang and its tributaries[J]. Biogeochemistry,62:1 – 18.

Nixon S W. 1995. Coastal eutrophication:A definition, social causes, and future concerns[J]. Ophelia,41:199 – 220.

OSR. Dratf Common Assessment Criteria and their Application within the Comprehensive Procedure of the Common Procedure // Proceedings of the Meeting of the Eutrophication Task Group (ETG), London, 9 – 11 October 2001, OSPAR convention for the protection of the marine environment of the North-East Atlantic (ed.)

Quan W M, Shi L Y, et al. 2010. Spatial and temporal distributions of nitrogen, phosphorus and heavy metals in the interdial sediment of Changjiang River Estuary in China[J]. Acta Oceanology Sinica,29: 108 – 115.

Sims J T, Goggin N, et al. 1999. Nutrient management for water quality protection: integrating research into environmental policy[J]. Water Science and Technology,39:291 – 298.

Sommer U. 1988. Biologische Meerekunde. Berlin:Springer, 475.

Tomes A E. 1994. The basics of bioremediation[J]. Pollution Engineering,26(6): 46 – 47.

Wang Baodong. 2006. Cultural eutrophication in the Changjiang (Yangtze River) plume:History and perspective[J]. Estuarine Coastal and Shelf Science, 1 – 7.

Wang B. 2009. Hydromorphological Mechanisms Leading to Hypoxia off the Changjiang Estuary[J]. Marine Environmental Research,67: 53 – 58.

Wei H, He Y C, et al. 2007. Summer hypoxia adjacent to the Changjiang estuary[J]. Journal of Marine System,67(3/4): 292 – 303.

Weinstein M P, Reed D J. 2005. Sustainable coastal development: the dual mandate and a recommendation for commerce managed areas[J]. Restoration Ecology,13: 174 – 182.

Weinstein M P. 2008. Ecological restoration and estuaryine management: placing people in the coastal landscape[J]. Journal of Applied Ecology, 45: 296 – 304.

Whitall D, Castro M, et al. 2004. Evaluation of management strategies for reducing nitrogen loadings to four US estuaryies[J]. Science of the Total Environment, 333:25 – 36.

Yin K D, Harrison P J. 2008. Nitrogen over enrichment in subtropical Pearl River estuarine coastal waters:possible causes and consequences[J]. Continental Shelf Research, 28: 1 435 – 1 442.

Yin K D, Qian P Y, et al. 2001. Shift from P to N limitation of phytoplankton biomass across the Pearl River estuarine plume during summer[J]. Marine Ecology Progress Series,221: 17 – 28.

Yin K D, Qiao P Y, et al. 2000. Dynamics of nutrients and phytoplankton biomass in the Pearl River estuary and adjacent waters of Hong Kong during summer: preliminary evidence for phosphorus and silicon limitation[J]. Marine Ecology Progress Series,194: 295 – 305.

Yin K D, Song X X, et al. 2004. Potential P limitation leads to excess N in the pearl river estuarine coastal plume[J]. Continental Shelf Research, 24: 1 895 – 1 907.

Zhang J, Yan J, et al. 1995. Chemical trend of national rivers in China : Huanghe and Changjiang[J]. AMBIO, 24 :274 – 278.

Zhou Ming-jiang, Shen Zhi-lang, et al. 2008. Responses of a coastal phytoplankton community to increased nutrient input from the Changjiang (Yangtze) River[J]. Continental Shelf Research, 28(12): 1 483 – 1 489.

主要执笔人

孟　伟　中国环境科学研究院　　　　中国工程院院士
侯保荣　中国科学院海洋研究所　　　中国工程院院士
焦念志　厦门大学　　　　　　　　　中国工程院院士
马德毅　国家海洋局第一海洋研究所　研究员
于志刚　中国海洋大学　　　　　　　教　授
林卫青　上海市环境科学研究院　　　研究员
雷　坤　中国环境科学研究院　　　　研究员
富　国　中国环境科学研究院　　　　研究员
张　远　中国环境科学研究院　　　　研究员
高增祥　中国海洋大学　　　　　　　副教授
王秀通　中国科学院海洋研究所　　　副研究员
张朝晖　国家海洋局第一海洋研究所　副研究员
张　锐　厦门大学　　　　　　　　　副教授
陈　浩　中国环境科学研究院　　　　副研究员
孟庆佳　中国环境科学研究院　　　　副研究员

专业领域二：重点海域生态保护工程发展战略

第一章 我国海洋生态保护工程发展的战略背景

海洋覆盖地球表面积的 70.8%，并为 97% 的生命体提供了居所。海洋不仅是生命的来源和最重要的气候调节器，同时也是人类社会赖以生存发展的物质基础和重要空间。作为海洋大国，在经济迅速增长、人口快速增加及城市化程度加快而陆地资源日益枯竭的背景下，立足陆海统筹，科学开发海洋资源和保护海洋环境，是支撑我国经济社会可持续发展的必然选择，也是实现 21 世纪宏伟蓝图的必由之路。

然而，最近 30 年来，随着我国沿海开发强度的不断增加，污染、工程、灾害、全球气候变化四大问题相互共存、相互叠加、相互影响，呈现出异于发达国家传统的海洋生态环境问题特征。据《中国海洋环境深度报告》中报道，我国海洋可持续发展未来将面临四大危机：①近海环境呈现污染态势，危害加重，防控难度加大；②近海生态系统大面积退化，且正处于剧烈演变阶段，是保护和建设的关键时期；③沿海经济区环境债务沉重，次级沿海新兴经济区发展可能面临新的危机和挑战；④中国大量海洋与海岸工程构筑在河口、海湾、滩涂和浅海，多种工程的生态影响相叠加，致使中国海洋生态灾害集中呈现，海洋生态安全前景堪忧。

相比陆地生态系统而言，海洋与江河湖泊等水生生态系统的破坏往往是长期，甚至是永久性的，生态恢复十分艰难。面对这些生态问题，亟待建立完善的海洋生态保护体系，为实现海洋生态可持续发展提供保障。

一、改善近海环境质量，维护海洋生态安全的需求 ▶

海洋生态系统是我国地理环境的重要组成部分，它与沿海陆域生态系统之间通过生物地理化学过程和人类产业经济过程进行着复杂的物质能量交换。海岸带地区开展的部分经济活动，将影响甚至改变毗邻区域的环境特征和资源赋存，甚至打破了海洋生态系统和陆域生态系统之间已经存在的平衡，最终使得河口海岸地区的压力加大，导致严重的环境恶化、资源破坏和灾害频发，对人类生存环境安全和生存质量构成严峻的挑战。从中国四大海区来看，自新中国成立以来已经丧失了 50% 以上的滨海湿地，天然岸线减短、海岸侵蚀严重，而且是包括渔业资源在内的生物多样性丰富的关键海域。目前主要经济渔获物大幅度减少，赤潮、绿潮和水母灾害不断，近海富营养化严重，海上溢油事故频发，近海亚健康和不健康水域的面积逐年增加。海洋生态环境问题直接关系到我国小康社会、和谐社会的建设，影响了国民经济的安全稳定运行。如何加强海洋生态环境与功能的研究、保护和恢复，逐步构建起以生态系统为基础的海洋生态安全格局，已经成为改善近海环境质量、维护海洋生态安全的需求。

二、平衡海洋生态系统保护与经济可持续发展的需求 ▶

20 世纪 90 年代以来，中国把海洋资源开发作为国家发展战略的重要内容，把发展海洋经济作为振兴经济的重大措施，对海洋资源与环境保护、海洋管理和海洋事业的投入逐步加大。海洋经济已经成为国民经济新的增长点与支撑我国社会经济可持续发展的重要保障。从国际看，经济全球化深入推进，国际产业分工和转移加快，科技创新孕育新的突破，新技术的推广和应用促进了海洋经济结构转型升级，这为我国加快实施海洋经济"走出去"战略，推进海洋经济在更广范围、更大规模、更深层次上参与国际合作与竞争，进一步拓展新的开放领域和发展空间提供了良好条件。从国内看，我国综合国力稳步增强，工业化、城镇化深入发展，经济发展方式加快转变，市场需求潜力不断扩大，科技教育水平显著提高，基础设施日趋完善，宏观调控能力明显提高，为海洋经济加快发展创造了良好契机。随着海洋开发的力度不断加大，海洋生态环境也面临着越来越大的压力。海洋污染造成部分近岸海洋生态系统退化，濒危珍稀海洋生物持续减少，海洋生态灾害时有发生。如何在调整海洋经济结构，集约利用海洋资源的同时，能够有效保护海洋生态环境的健康发展，成为沿海经济社会可持续发展的一项重大而紧迫的任务。

三、建设海洋生态文明，奠定海洋强国基础 ▶

十八大报告将生态文明建设纳入中国特色社会主义事业总体布局，明确提出建设资源节约型、环境友好型"美丽中国"的发展目标，提出要"提高海洋资源开发能力，发展海洋经济，保护海洋生态环境，坚决维护国家海洋权益，建设海洋强国"。要"把生态文明建设放在突出地位，融入经济建设、政治建设、文化建设、社会建设各方面和全过程"，要"尊重自然、顺应自然、保护自然"，确立了五位一体的中国特色社会主义建设总体布局。随着国家对海洋工作进行全面部署并加以贯彻落实，海洋生态文明建设已成为促进人与海洋和谐的必然选择，进而成为奠定未来我国海洋强国地位的基石之一。海洋生态文明与海洋强国建设，是我国大力推进生态文明建设的重要组成部分。加深对海洋生态文明建设的重要性与紧迫性的认识，并且在海洋强国建设中统筹协调海陆关系，对拓展优化发展空间、促进经济社会全面协调可持续发展与中华民族伟大复兴有着重大的战略意义。

第二章　我国海洋生态保护工程发展现状

一、我国海洋生态系统现状 ▶

（一）受围填海、采砂、风暴潮等因素影响，生态系统服务功能受损严重，生物多样性下降

随着重点海域沿岸经济开发步伐加快，围填海规模迅速增大。据不完全统计，"十一五"期间，沿海 11 个省、市、自治区规划围填海面积超过 5 000 平方千米。2002 年《中华人民共和国海域使用管理法》颁布前，我国确权围海造地仅为 358.49 平方千米，2002—2011 年确权围填海共 2 446.81 平方千米，10 年增加面积相当于 2002 年以前的 7.8 倍，沿海各省、市、自治区都有大规模围填海计划，速度快，数量大。到 2020 年的未来 10 年中，沿海省、市、自治区围填海规划达 5 780 平方千米，年均填海面积比 1990—2008 年的年均 285 平方千米增加 1 倍以上。由于围海造地项目、环海公路工程及盐田和养殖池塘修建等开发利用活动，侵占了大量滨海湿地，导致湿地生态功能、经济和社会效益得不到正常发挥。此外，由于潮流、风暴潮、波浪和海平面变化以及采砂等人为破坏作用，使渤海湾、长江口、海南区域等重点海域部分岸线侵蚀后退，海岸带生态系统受损。而且一些重要的自然盐沼湿地、红树林等生态系统因围填海、污染、泥沙淤积及过度开发利用造成的破坏仍在加剧。滨海天然湿地面积缩减，生态功能丧失或减弱，反过来又加剧了近岸海域的污染。围填海和河口大量建闸，破坏了多种海洋生物的洄游通道、产卵场和索饵场，危及多种生物的生存，开放性养殖增加了养殖种类，导致生物入侵种入侵的风险增大。海洋污染、生境破坏、过度捕捞导致近岸海域生态系统结构变化，造成了传统经济渔业种类资源衰退、生物多样性降低、生物群落低级化等问题。

海洋生态系统包括河口生态系统、红树林生态系统、草场生态系统、藻场生态系统和珊瑚礁生态系统等；远海区有大洋生态系统，上升流生态

系统，深海生态系统，海底热泉生态系统等。滨海湿地具有涵养水源、净化环境、物质生产、提供多种生物栖息地、维持空气质量、稳定岸线等多种功能，以围填海为主的海岸带开发活动使我国滨海湿地面积锐减，生态服务价值大幅降低。2012年《中国海洋环境状况公报》对重点监测区的河口、海湾、滩涂湿地、珊瑚礁、红树林和海草床等典型海洋生态系统健康状况进行评价。结果表明，处于健康、亚健康和不健康状态的海洋生态系统分别占19%、71%和10%（图2-2-1）。以典型海洋生态系统和关键生态区域为重点，在我国管辖海域994个站位开展了海洋生物多样性状况监测，监测内容包括浮游生物、底栖生物、海草、红树植物、珊瑚等生物的种类组成和数量分布。据统计，我国海洋近岸约78%生态系统处于"亚健康"状态。

> **专栏2-2-1 曹妃甸填海工程**
>
> 　按照曹妃甸的总体开发建设规划，初期（—2010年）填海造地105平方千米，中期（2011—2020年）再填海150平方千米，远期（2021—2030年）完成310平方千米填海造地。建成铁矿石、原油、LNG和煤码头；具有大型炼化一体化装置、发电厂、造船厂等；启动精品钢铁基地扩建工程、扩建大型石化基地。填海前有的浅滩潮道被围填海阻断，使海洋潮差变小，纳潮量减少，水交换速度减慢，泥沙淤积加大，自净能力减弱，水质日益恶化。工业园投入使用后污染物直排大海，水质将会继续恶化。表2-2-1为曹妃甸填海后生物量变化趋势，可以看到生物密度、生物多样性等均有所减少。目前曹妃甸每年损害的底栖生物资源价值为4 812.8万元，按永久性占地20年计算，底栖生物资源损失96 256万元。

表2-2-1 曹妃甸填海后生物量变化趋势

项目	2004年	2005年	2007年	2010年
生物量/（克·米$^{-2}$）	17.8	16	21.79	24.5
密度/（个·米$^{-2}$）	213.3	90.74	41.47	41.45
生物多样性H'	2.89	1.92	1.84	1.55
均匀度J'	—	0.3	0.80	0.75
丰富度	—	2.3	1.42	1.12

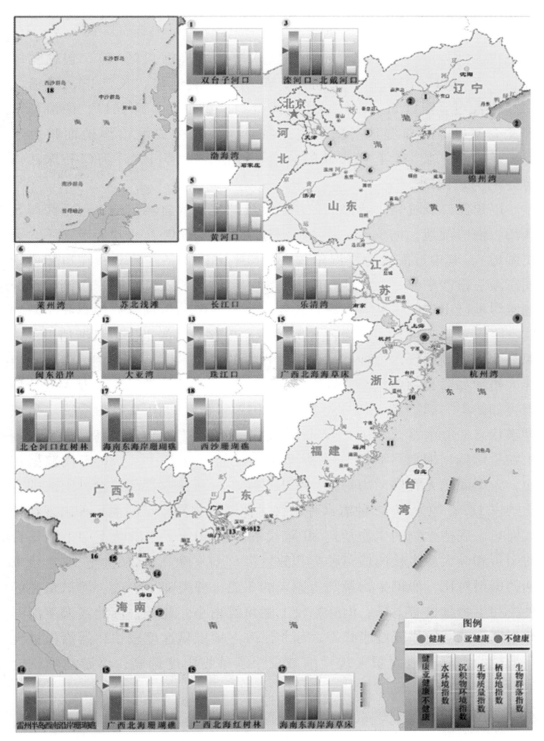

图 2 - 2 - 1 2012 年重点海域典型海洋生态系统健康状况

资料来源：2012 年中国近岸海域环境质量公报

1. 盐沼湿地生态系统

我国的盐沼湿地主要分布在河流入海处（即河口区域），包括鸭绿江口、辽河口、滦河口、海河口、黄河口、灌河口、长江口、钱塘江口、椒江口、瓯江口、闽江口、九龙江口、韩江口、珠江口、南流江口和北仑河口等河口湿地。据不完全统计，我国主要河口湿地面积大于114万平方千米，具有代表性的包括长江口、黄河口、辽河口和珠江口等处的河口湿地。

以长江口及毗邻海域为例，其湿地资源主要为自然湿地，包括海岸及浅海、河流湿地。据统计，长江口湿地总面积约3 052平方千米（不含人工湿地），其中近海及海岸湿地约2 506平方千米，主要分布在口门段崇明东滩、横沙东滩、九段沙和南汇东滩。目前，长江口水下三角洲与部分潮滩湿地已出现明显蚀退，导致长江口生态系统的生物多样性自我更新功能下降，主要表现在功能物种（关键种）生存必需的小生境日渐消失，资源类生物和濒危珍稀物种都呈现不同程度的退化。以鸟类为例，伴人和半伴人物种如鹭类和鸦雀类数量增加，猛禽等天敌类数量下降，而大型珍稀鸟类如鹤类、鹳类和天鹅数量锐减。2012年长江口河口生态系统均呈亚健康状态，海水富营养化严重，长江口浮游植物丰度异常偏高且大型底栖生物量偏低；河口区鱼卵仔鱼密度总体较低。与20世纪80年代数据相比，大型底栖无脊椎动物物种数基本维持在130种左右，但物种组成的变化约占1/3，原先30多种清水种已移居他处，相同数量的耐污种出现在长江河口。底栖生物的生物量比80年代下降约50%，洄游鱼类中上溯繁育的亲鱼和赴大海生长的仔鱼种类和数量都急剧下降。与20世纪50年代末期的资料对比，底栖生物量约为原来的3成，种类降了3成。河口鱼类的种类和生物量也有下降，但降幅较上溯鱼类稍小。此外，苏北浅滩滩涂湿地生态系统同样呈亚健康状态。苏北浅滩湿地围垦速度较快，滩涂植被现存量较低，栖息地面积大规模缩减，浮游植物丰度偏高，浮游动物密度偏低。

2. 珊瑚礁生态系统

珊瑚礁生态系统作为热带海洋最突出、最具有代表性的生态系统，长期以来备受海洋科学家的关注，被认为是最受威胁而又有重要服务功能的全球生态系统之一。2012 年，雷州半岛西南沿岸和广西北海珊瑚礁生态系统呈健康状态，海南东海岸和西沙珊瑚礁生态系统呈亚健康状态。海南东海岸和西沙等区域的造礁珊瑚平均盖度处于较低水平，硬珊瑚补充量较低，部分监测区域有长棘海星和核果螺等敌害生物侵害珊瑚的现象。三亚湾位于三亚市西南，水体透明度较大，是珊瑚重要保护水域，也是生物多样化水域，三亚湾珊瑚礁优势种主要是丛生盔形珊瑚（*Galaxea fascicularis*）、橙黄滨珊瑚（*Porites lutea*）、秘密角蜂巢珊瑚（*Favites abdita*）、中华扁脑珊瑚（*Platygyra sinensis*）等。由于海洋酸化、病毒、沙暴等因素使得近海的珊瑚礁受到威胁，此外，陆上的发展和污染也是一个问题，如土地使用过度、管理不良以及活鱼贸易等均会威胁珊瑚礁。目前枝状珊瑚已经很难在三亚湾出现，大量珊瑚死亡，很多珊瑚礁块被风化，只有潮下带有活珊瑚零星分布，也发现有不同程度的珊瑚白化和非正常死亡现象，并且有导致藻类大量生长的现象（图 2 - 2 - 2）。

图 2 - 2 - 2　海南省珊瑚礁及海草床生态系统

3. 红树林和海草床

红树林和海草床是典型的海洋生态系统，是全球海洋生态与生物多样性保护的重要对象。过去 50 年来，受到各种自然和人为因素干扰，红树林湿地面积大为缩小，红树林种类也有所减少。目前我国红树林主要分布在海南、广东、广西、福建和台湾等省（自治区）沿海及港澳地区和浙江南部沿海局部地区，现有面积 1.5 万平方千米。2012 年《中国海洋环境

表2-2-2 2012年夏季重点监测区域浮游生物和大型底栖生物物种数、数量、多样性指数及主要优势种

监测区域	浮游植物					大型浮游动物					大型底栖生物				
	物种数/种	细胞数量(万个·米⁻³)	多样性指数 指数	变化趋势	主要优势种	物种数/种	细胞数量(万个·米⁻³)	多样性指数 指数	变化趋势	主要优势种	物种数/种	细胞数量(万个·米⁻³)	多样性指数 指数	变化趋势	主要优势种
滦河口-北戴河	31	656	2.06	↔	洛氏角毛藻 旋链角毛藻	15	573	1.57	↔	强壮箭虫 小拟哲水蚤	40	112	1.58	↗	豆形短眼蟹 长吻沙蚕
黄河口	77	3 526	2.67	↔	中肋骨条藻 旋链角毛藻	17	97	1.28	↔	强壮箭虫 背针胸刺水蚤	58	62.5	2.09	↗	江户明櫻蛤 曲强真节虫
长江口	106	14 239	1.25	↗	中肋骨条藻 尖刺菱形藻	51	691	2.04	↗	背针胸刺水蚤 太平洋纺锤水蚤	47	90	1.30	↔	丝异须虫
珠江口	62	236	2.03	↗	中肋骨条藻 柔弱菱形藻	135	384	3.06	↗	鸟喙尖头溞 火腿伪镖水蚤	201	29	1.25	↗	模糊新短眼蟹 双形拟单指虫
苏北浅滩	53	2 353	1.54	↗	琼氏圆筛藻 条纹小环藻	29	62	2.07	↗	真刺唇角水蚤 中华假磷虾	52	322	1.31	↗	光清河蓝蛤 四角蛤蜊
渤海湾	34	87 731	1.13	↔	中肋骨条藻 旋链角毛藻	17	171	2.16	↗	强壮箭虫 太平洋纺锤水蚤	38	452	2.23	↔	凸壳肌蛤 微角齿口螺
莱州湾	65	179	2.54	↔	旋链角毛藻 拟弯角毛藻	25	94	1.86	↗	强额拟哲水蚤 短角长腹剑水蚤	110	1 342	3.04	↗	凸壳肌蛤 日本中磷虫
杭州湾	74	118	1.84	↔	铁氏束毛藻 琼氏圆筛藻	34	152	1.81	↔	太平洋纺锤水蚤 虫肢歪水蚤	14	5	1.43	↔	半褶织纹螺
乐清湾	53	31	2.10	↔	琼氏圆筛藻 明笠圆筛藻	30	117	2.18	↗	汤氏长足水蚤 刺尾纺锤水蚤	30	61	1.60	↔	双鳃内卷齿蚕 后指虫

续表

监测区域	浮游植物					大型浮游动物					大型底栖生物				
	物种数/种	细胞数量(万个·米⁻³)	多样性指数及趋势（指数）	多样性指数及趋势（变化趋势）	主要优势种	物种数/种	细胞数量(万个·米⁻³)	多样性指数及趋势（指数）	多样性指数及趋势（变化趋势）	主要优势种	物种数/种	细胞数量(万个·米⁻³)	多样性指数及趋势（指数）	多样性指数及趋势（变化趋势）	主要优势种
闽东沿岸	69	2 315	1.84	↔	中肋骨条藻 旋链角毛藻	62	191	2.42	➚	针刺拟哲水蚤 肥胖箭虫	58	96	2.30	↔	豆形短眼蟹 中阿曼吉虫
大亚湾	87	969	2.88	➚	柔弱菱形藻 遥罗角毛藻	78	228	2.69	➚	乌喙尖头蚤 软拟海樽	199	345	2.58	➚	光滑倍棘蛇属 短吻铲荚蛏
庙岛群岛	36	15	2.51	—	三角角藻 梭角藻	17	125	1.92	—	强壮箭虫 小拟哲水蚤	46	117	2.22	—	齿吻沙蚕 寡节甘吻沙蚕
渔山列岛	38	367	2.45	—	绕孢角毛藻 旋链角毛藻	48	728	1.35	—	肥胖三角溞 中华蜇水蚤	20	83	2.71	—	双形拟单指虫
舟山群岛	64	58	2.51	—	琼氏圆筛藻 旋链角毛藻	62	149	2.75	—	背针胸刺水蚤 太平洋纺锤水蚤	22	25	0.97	—	纽虫不倒翁虫

图例说明：变化趋势为5年同期相比，其中➘表示多样性指数量下降趋势；➚表示多样性指数呈上升趋势；↔表示多样性指数基本稳定；—表示新增监测区域，缺少近5年的数据进行比较。

生物多样性指数是生物物种数和种类间个体数量分配均匀性的综合表现，用Shannon-Wiener多样性指数表征，计算公式为 $H' = -\sum (P_i \cdot \log_2 P_i)$，式中 P_i 为样品中第 i 种的个体数占该样品总个体数之比。

资料来源：2012年中国海洋环境状况公报。

191

状况公报》显示我国南部海域典型红树林生态系统，历史上我国红树林面积曾达到 25 万公顷，20 世纪 50 年代锐减至 5.5 万公顷，20 世纪 80—90 年代减少至 2.3 万公顷，21 世纪初约 2.2 万公顷，目前红树林面积缩减速率有所放缓，但仍为减少趋势。以广西红树林为例，20 世纪 50—90 年代面积由 1 万公顷锐减至 4 667 公顷。据资料报道，厦门海岸线曾经分布有大面积的红树林。在 1960 年前后，厦门约有 320 平方千米的天然红树林。由于在许多港湾围海造田、围滩（塘）养殖、填滩造陆和码头与道路的建设，使得厦门的红树林面积迅速减少。1979 年，厦门天然红树林面积为 106.7 平方千米；2000 年，厦门红树林面积仅有 32.6 平方千米，和 1960 年相比，约 90% 的天然红树林已经消失；到 2005 年 4 月，厦门市天然红树林面积仅有 21 平方千米，加上人工造林达 43.4 平方千米，红树林的消失严重影响了厦门海湾的生态系统，使得生物多样性和滨海环境质量下降。

海草场是鱼类特别喜爱的育幼场。在黄海、渤海，尤其是山东、辽宁沿岸，海草场一度曾广泛分布，但围垦等开发活动破坏了此重要生境，导致其大面积消失，目前仅在荣成有成片存在（列入《山东省海洋与渔业保护区规划》（2009））。大叶藻、虾海藻等海草种类曾广泛分布于胶东半岛，但目前在该海域只有零星分布的海草场。

（二）生态灾害频现且呈加重趋势

在我国大力发展蓝色经济的同时，赤潮、绿潮与水母等生态灾害频发，对沿海人民财产安全、经济发展和海洋生态构成威胁，海洋环境灾害防治任重而道远。

1. 赤潮

赤潮是海水中某些浮游藻类、原生动物或细菌在一定的环境条件下暴发性增殖或聚集在一起而引起海洋水体变色的一种生态异常现象，是海水富营养化加剧的集中体现，赤潮的发生会破坏局部海区的生态平衡，引起海洋生物大量死亡，对渔业、人体健康和海水的利用都带来危害。根据赤潮生物的毒性作用一般可分为有毒赤潮与无毒赤潮两类，前者是因其赤潮生物体内含有或分泌有毒物质，而对生态系统、渔业资源、海产养殖及人体健康等造成损害；而后者则是因赤潮生物的大量增殖导致海域耗氧过度，影响海洋生物生存环境，进而破坏海域生态系统结构。主要方式有：①破坏海洋生态系统，导致食物链中断；②赤潮生物向体外排出黏液，附在海洋动物鳃上，使之窒息死亡；③产生毒素，导致生物中毒死亡；④赤潮生物死亡后，其残骸被微生物分解，不断消耗水中溶解氧，造成缺氧环境。

与20世纪相比，我国不仅赤潮的发生频率和累计面积呈现明显升高的态势，而且赤潮时空分布也不断扩大，全年各月份和全国近岸海域乃至近海海域均有赤潮发生。与20世纪90年代相比，21世纪以来，无论是发生频次，还是涉及海域面积，赤潮灾害都呈现骤增趋势（图2－2－3），

图2－2－3　近20年来赤潮发生的次数区域

资料来源：2009年中国近岸海域环境质量公报

2001—2009 年赤潮发生次数和累计面积均为 20 世纪 90 年代的 3~4 倍。引发赤潮的优势藻类共 18 种（图 2-2-4）。其中米氏凯伦藻作为第一优势种引发的赤潮次数最多，为 19 次；中肋骨条藻和夜光藻次之，均为 9 次；东海原甲藻 7 次；锥状施克里普藻 4 次；红色赤潮藻 3 次；抑食金球藻、双胞旋沟藻、丹麦细柱藻各两次；脆根管藻、红色中缢虫、亚历山大藻、塔玛亚历山大藻、多纹膝沟藻、具刺膝沟藻、圆海链藻、旋沟藻和暹罗角毛藻各 1 次。2008 年以来，有毒有害的甲藻和鞭毛藻赤潮发生比例呈增加趋势（图 2-2-5）。2011 年全海域共发现赤潮 55 次，累计面积 6 076 平方千米。东海发现赤潮次数最多，为 23 次；黄海赤潮累计面积最大，为 4 242 平方千米。2012 年全海域共发现赤潮 73 次，累计面积 7 971 平方千米。东海发现赤潮次数最多，为 38 次；渤海赤潮累计面积最大，为 3 869 平方千米。赤潮高发期集中在 5—6 月。

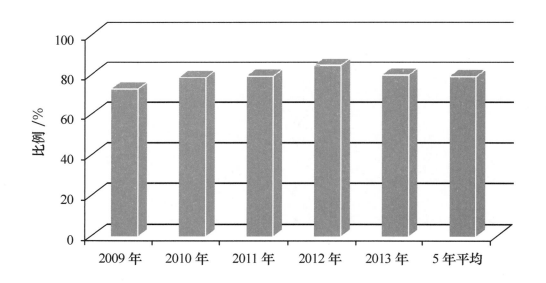

图 2-2-4　2009—2013 年甲藻和鞭毛藻等引发的赤潮
次数占当年总次数比例
资料来源：2013 年中国海洋环境状况公报

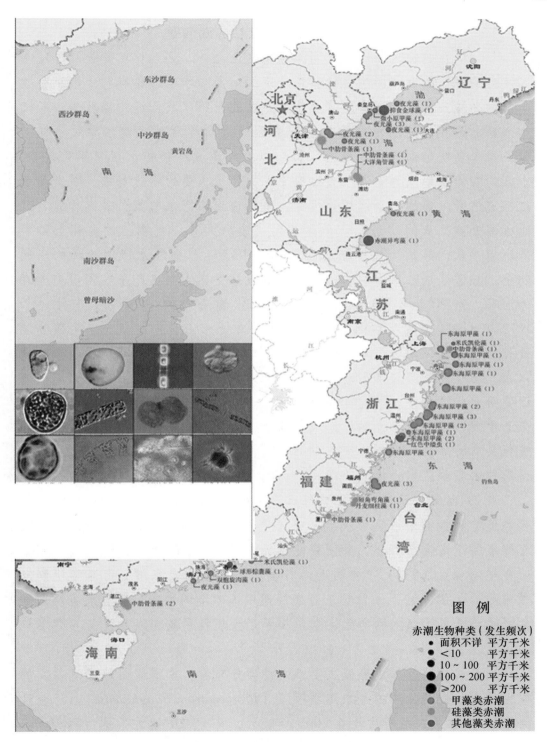

图 2 – 2 – 5 2012 年我国海域赤潮与优势生物种类分布

资料来源：2013 年中国近岸海域环境质量公报

专栏2-2-2 长江口赤潮问题

长江口及其邻近海域是我国赤潮高发区之一，这里长期受长江冲淡水以及台湾暖流的直接影响，能够在特定的地点和季节形成有利于赤潮生物生长的环境条件，如丰富的营养盐、充足的光照以及合适的温度等；长江口沿岸亦是我国经济发展最为活跃的区域，人类活动频繁，导致水体中氮、磷含量明显高于其他海区。长江口附近海域终年处于富营养化状态，丰富的营养盐输入为赤潮的大规模暴发提供了重要的物质基础。特别是长江径流携带入海的大量溶解无机氮，使得该海域海水中氮、磷比和氮、硅比逐渐升高，氮的"过剩"问题非常突出。大量"过剩"的氮能够被甲藻利用，从而导致大规模赤潮的出现。1933年原浙江水产实验场的出版物上，报道了浙江镇海-台州、石浦海域暴发赤潮，揭开了我国研究赤潮的序幕。到20世纪70年代，相关赤潮报道资料约10余篇，其中，于1972年8—11月发生在海礁以东约24平方千米海区内的铁氏束毛藻赤潮是长江口及邻近海域最早的赤潮记录，造成8月鱼类大量减产。改革开放以来，由于国家有关部委对赤潮研究的重视，在赤潮生理生态及其成因方面的研究成绩颇丰，积累了一定的理论与成果。90年代由于赤潮问题被广泛重视，国内学者开始以赤潮生理生态研究为基础，从不同角度对赤潮进行具有针对性的分析研究。近10年，赤潮监测、预警等技术不断提高，遥感技术频繁应用于赤潮的探测、识别及分析研究中。

自21世纪初开始，长江口邻近海域每年春季都暴发大规模甲藻赤潮，赤潮优势种包括东海原甲藻、米氏凯伦藻和亚历山大藻等有毒有害种类，直接威胁近海生态安全，具体暴发情况参见图2-2-6。在国家重大基础研究规划项目（973）"中国近海有害赤潮发生的生态学、海洋学机制及预测防治"的支持下，针对东海大规模甲藻赤潮的形成机制、危害机理和预测防治开展了深入的研究，初步揭示了大规模甲藻赤潮暴发与富营养化的关系。

从长江口及其邻近海域主要赤潮种类分布看，该海域引起赤潮暴发的原因种中，最具优势的是东海原甲藻（*Prorocentrum danghaiense*），经统计共记录有38次，且皆发生在2003年以后；其次为中肋骨条藻（*Skeletonema costatum*）引发赤潮35次；具齿原甲藻（*Prorocentrum dantatum*）15次，且均在2000年以后；夜光藻（*Nactiluca scientillans*）10次；没有记录赤潮暴发原因种的共 49 次，占所有累计赤潮事件的 28.2%。这表明，长江口及邻近海域赤潮在数量上不断增加的同时，引发赤潮形成的原因种也处于不断演变当中。2000 年前导致该区域赤潮发生的主要物种为中肋骨条藻及夜光藻，伴随一些海洋原甲藻（*Prorocentrum micans*）、颤藻（*Oscillatoria*）等。2003 年后，东海原甲藻已成为该海区最为显著的赤潮原因种，且每年该类赤潮均有发生。

从图 2-2-7 看，东海原甲藻多分布于花鸟山-嵊山-枸杞海域及朱家尖东部海域；中肋骨条藻则分布于长江口外海域，在其他海域则是零星分布；具齿原甲藻在各区域均有分布，可见其适应性较强，在多种环境下都能大量繁殖；夜光藻多分布于长江口佘山以东区域。赤潮生物具有明显的地域性分布特征，与其所处的海洋环境以及生物本身的生活习性密切相关。

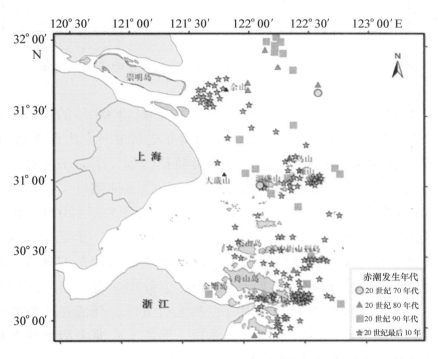

图 2-2-6　1970—2009 年长江口及邻近海域主要赤潮发生年代

2. 褐潮

自 2009 年以来，秦皇岛海域连续 4 年出现"微微型藻"赤潮，实为

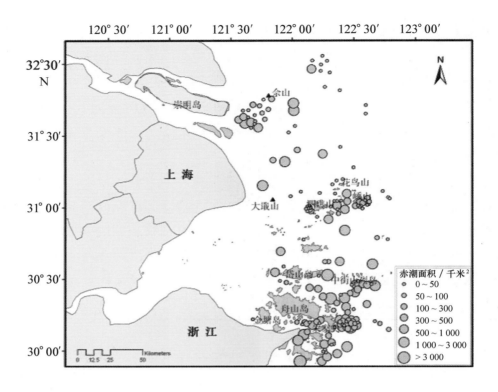

图 2 - 2 - 7　1970—2009 年长江口及邻近海域主要赤潮生物分布

"褐潮",影响范围已经扩展至山东荣成一带海域。2009 年的褐潮是我国有记录以来首次出现。我国也成为继美国和南非之后第三个出现褐潮的国家。褐潮与传统赤潮相比有其自身的一些明显特征,如发生时密度极高、水体常呈黄褐色、经常发生在近海贝类养殖区、能强烈抑制贝类摄食等,对贝类养殖业造成较大冲击,甚至使生命力极强的海草死亡。《2010 年海洋灾害公报》显示当年"褐潮"造成河北省直接经济损失达 2.05 亿元。有关专家采用色素分析和分子生物学鉴定发现,渤海褐潮原因种是抑食金球藻,属于海洋金球藻类。由于褐潮危害巨大,国际上许多学者开始关注抑食金球藻研究。抑食金球藻能够同时利用有机和无机氮源,且低光照条件利于其生长。同时,藻类通过吸收水体中营养盐,促进了底泥中溶解性有机质和氮、磷的释放,为褐潮的暴发提供了有利条件。

3. 绿潮

　　绿潮与赤潮一样,与陆源营养物质的输入、海水富营养化、气候异常等有关。随着我国近岸海域环境的变化,绿潮灾害也同样会出现周期性变化趋势。自 2007 年以来，南黄海每年都发生浒苔绿潮灾害。尽管浒苔本身无毒无害，但若在近岸海域和潮间带大量漂浮堆积，将对海洋环境、生态服务功能以及沿海社会经济和人民生活、生产造成严重影响。2010 年 4 月下旬至 8 月下旬，南黄海海域发生浒苔绿潮灾害。与 2009 年相比，浒苔最大分布面积约减少 50%，绿潮灾害明显减轻。2012 年 3—8 月，绿潮灾害影响我国黄海沿岸海域，分布面积和覆盖面积于 6 月 13 日达到最大值，分别为 19 610 平方千米和 267 平方千米。2008—2012 年我国黄海沿岸海域绿潮最大分布面积和最大覆盖面积见图 2 - 2 - 8。

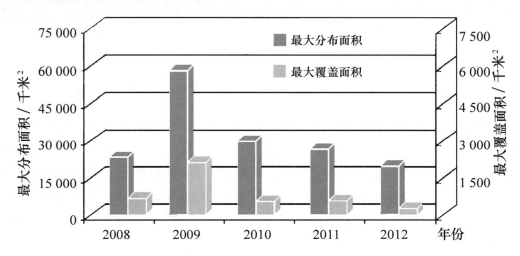

图 2 - 2 - 8　2008—2012 年我国黄海沿岸海域绿潮最大分布面积和最大覆盖面积

资料来源：2012 年中国近岸海域环境质量公报

4. 水母

在过去的 10 多年中，全球海洋中的水母数量都有所增加，在一些局部区域出现了水母种群暴发的现象，主要是在近海、特别是一些重要的渔场和高生产力区。自 20 世纪 90 年代中后期起，渤海、黄海南部及东海北部海域连年发生大型水母暴发现象，并有逐年加重的趋势。近些年来的夏秋季，在黄海、东海区都出现了大型水母大量暴发的现象。水母暴发已经形成重要的生态灾害，对沿海工业、海洋渔业和滨海旅游业等造成严重危害。探索水母暴发的原因、防治水母暴发对生态的危害，以及如何应对等问题是一个世界性难题。水母的暴发既受环境因素的影响，又受人类活动的影响，已经引起全球沿海国家的重视，也是国际海洋生态系统研究领域的焦点问题之一。这些水母能捕食大量浮游动物，直接导致鱼类饵料缺失，影响夏秋鱼汛的海洋渔业生产，对海洋生态系统健康带来极大危害，甚至导致生态系统的灾难。据美国基金委统计资料：全世界每年有 1.5 亿宗水母伤人事件，我国沿海每年也有大量报道。

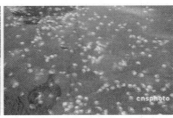

图 2 - 2 - 9　各地发生的生态灾害

（三）海洋生物入侵严重

生物入侵是指非本地物种由于自然或人为因素从原分布区域进入一个新的区域（进化史上不曾分布）的地理扩张过程。典型的入侵过程包括 4 个阶段：侵入、种群建立、扩散和造成危害。当非本地种，即外来种，已经或即将对本地经济、环境、社会和人类健康造成损害时，称其为"入侵种"。我国海岸线长，主权管辖海域面积大，生态系统类型多，这种自然特征使得我国海岸带及近岸海域容易遭受外来物种的侵害。近年来，随着我国海洋运输业的发展和海水养殖品种的传播和引入，生物入侵呈现出物种数量多、传入频率加快、蔓延范围扩大、危害加剧和经济损失加重的趋势。

互花米草是一种世界性恶性入侵植物，一旦入侵能很快形成单种优势群落，排挤其他物种的生存，给生态系统带来不可逆转的危害，是 2003 年列入我国首批 16 种外来入侵物种名单中唯一的海洋入侵种。互花米草被引入中国之后，在保滩促淤方面发挥了一定的作用。但由于其良好的适应性和旺盛的繁殖能力，在自然和人为因素综合作用下，造成了大面积的暴发式扩散蔓延，导致入侵地原有生物群落衰退和生物多样性丧失。2008 年国家海洋局进行了全国滨海湿地外来生物互花米草分布现状调查。外来生物互花米草在我国滨海湿地的分布面积达 34 451 公顷。分布范围北起辽宁，南达广西，覆盖了除海南岛、台湾岛之外的全部沿海地区。江苏、浙江、上海和福建四省市的互花米草面积占全国互花米草总分布面积的 94%，为我国互花米草分布最集中的地区。其中江苏省分布范围最广，面积最大

（图 2 - 2 - 10）。

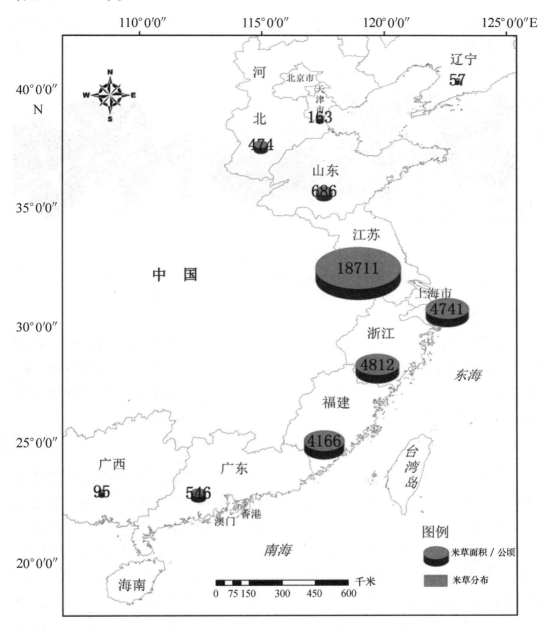

图 2 - 2 - 10 互花米草全国分布现状

资料来源：左平，刘长安，赵书河，等 . 2009. 米草属植物在中国海岸带的分布现状 .

20 世纪 90 年代，在厦门马銮湾和福建东山相继发现一种原产于中美洲的海洋贝类——沙筛贝（图 2 - 2 - 11），造成虾贝等本土底栖生物的减少，甚至绝迹。我国北方从日本引进的虾夷马粪海胆，从养殖笼中逃逸到自然海域环境中，能够咬断海底大型海藻根部而破坏海藻床。同时，它在自然生态系统中繁殖起来，与土著光棘球海胆争夺食物与生活空间，对土著海胆生存构成了危害，严重干扰了本土海洋生态平衡。

图 2 – 2 – 11　海洋外来入侵物种

（左：虾夷马粪海胆 *Strongylocentrotus intermedius*，中：日本虾夷盘鲍 *Haliotis discus*，

右：沙筛贝 *Mytilopsis sallei*）

外来物种同时还会带来遗传污染，通过与当地物种杂交或竞争，影响或改变原生态系统的遗传多样性。如引进的日本盘鲍与我国的皱纹盘鲍杂交繁殖的杂交鲍，其大量增殖使青岛和大连附近主要增殖区的杂交鲍占绝对优势，原种皱纹盘鲍种群基本消失，宝贵的资源基本丧失。

（四）全球变暖致海洋生态系统结构改变

全球气候变化对人类的影响是灾害性的。与此同时，随着全球变暖和环境污染的加剧，海平面上升，使海洋盐沼湿地、珊瑚礁、红树林等生态系统受到巨大威胁，海洋生物种群结构和生态系统将发生变化。以长江口为例，近30年来，中国沿海海平面总体呈波动上升趋势，高于全球平均值，长江三角洲地壳处于沉降运动中，导致海平面上升的影响高于全国水平。海平面上升除带来海岸带侵蚀与剖面调整、风暴潮加剧、盐水入侵等自然灾害外，对潮滩湿地的影响显而易见。据推测，至2050年，长江口地区平均海平面将可能上升48～51厘米，湿地损失高达37%，因此，海平面上升对长江口湿地的威胁是巨大的。在目前全球变化背景下，三亚湾的 pH 变化对珊瑚礁生态系统也将有很大的影响，很多珊瑚礁块被风化，有活珊瑚零星分布，已发现不同程度的珊瑚白化和非正常死亡现象。

二、海洋生态保护工程发展现状　▶

海洋生态保护工程通过主动措施（自然恢复）或被动措施（人工干预）将受损或退化生态系统复原到合适的生物完整性水平或接近于历史状况，主要包括生态保障工程和生态恢复工程两个层面。生态保障工程强调采取合理管理措施维持良好的生态系统环境，如海洋保护区网络建设、示范区建设工程；而生态恢复工程更多强调将受损的海岸带生态系统恢复至健康的生态系统，通过实施自我维持或较少人工辅助达到能健康运行的海洋生态系统的状态，如盐沼湿地恢复工程、珊瑚礁恢复工程、红树林恢复工程、海草床恢复工程、浅海滩涂恢复工程、渔业资源恢复工程等。

（一）海洋保护区网络体系建设初显成效

设立海洋保护区被认为是最行之有效的海洋生物多样性保护方式。其意义在于通过控制干扰和物理破坏活动，保持原始海洋自然环境，维持海洋生态系统的生产力，保护重要的生态过程和遗传资源。中国海域纵跨3个温度带（暖温带、亚热带和热带），具有海岸滩涂生态系统和河口、湿地、海岛、红树林、珊瑚礁、上升流及大洋等各种生态系统。中国海洋生物物种、生态类型和群落结构表现为丰富的多样性特征。通过禁止或控制捕鱼、污染以及其他人类活动，海洋保护区内的海洋生物多样性可以得到迅速的恢复和提升，这可以通过对众多国家和地区海洋保护区的实证研究得以证明。目前我国各类涉海保护区包括海洋自然保护区、海洋特别保护区、水产种质资源保护区和海洋公园。目前已建成典型海岸带管理系统、珍稀濒危海洋生物、海洋自然历史遗迹及自然景观等各类海洋保护区221处，其中海洋自然保护区157处，海洋特别保护区64处，涉及海岛的海洋保护区57个，总面积达3.3万平方千米（含部分陆域），并批准7处国家级海洋公园，初步形成海洋保护区网络体系。

我国自20世纪80年代末开始进行海洋自然保护区的选划，主要分布在鸭绿江口、辽东半岛西部、双台子河口、渤海湾、黄河口、山东半岛东部、苏北、长江口、杭州湾、舟山群岛、浙闽沿岸、珠江口、雷州半岛、北部湾、海南岛周边等邻近海域。1995年，我国有关部门制定了《海洋自然保护区管理办法》，并于2010年进行修订，贯彻养护为主、适度开发、持续发展的方针，对各类海洋自然保护区划分为核心区、缓冲区和试验区，加强海洋自然保护区建设和管理。近 20 多年来，我国海洋自然保护区数量和面积稳步增长，通过国立项目、常规项目以及国际合作项目等，从特种保护、繁殖，到生态系统恢复等方面进行了大量研究，取得了显著的效果。先后建立了昌黎黄金海岸、山口红树林、三亚珊瑚礁、南麂列岛、江苏盐城等海岸带自然保护区，其中东海区域就涉及 9 个国家级海洋保护区（包括 3 个海洋自然保护区，6 个海洋特别保护区）（图 2-2-12）。

（二）海岸带生态恢复与治理逐步开展

我国是世界上海岸带生态系统退化严重的国家之一，也是较早开始海岸带保护的国家之一。在 20 世纪 50—90 年代共开展了 3 次大规模海岸带、滩涂和海岛资源综合调查，为随后海岸带保护和恢复工作奠定了基础。90 年代末在南海、东海、黄海、渤海等海域实施了伏季休渔制度，开展第二次全国海洋污染情况调查；制定和实施了《中华人民共和国海洋环境保护法》、《中华人民共和国海域使用管理法》等法律法规。海岸带生态恢复的总体目标是，采用适当的生物、生态及工程技术，逐步恢复退化海岸带生态系统的结构和功能，最终达到海岸带生态系统的自我持续状态。因海岸带生态资源的恢复是一项难度大、涉及范围广、因素诸多的复杂系统工程，故而既需要创新的技术措施，还要有当地强有力的行政组织管理行为的密切配合，必须严格控制陆源、面源、点源污染。目前，我国沿海地区的生态恢复主要围绕滨海湿地恢复、自然侵蚀岸线恢复和城市滨海岸线整治展开，并对受损的红树林、海草床、海湾、河口等海岸带管理系统实施生态恢复工程加以保护。

虽然我国在海岸带保护工作方面取得了巨大进步，但在海岸带生态恢复技术研究和应用方面工作很少，还基本处于起步阶段，初步在沿海各地开展示范研究。例如，"黄河三角洲湿地生态恢复工程"，采用湿地恢复和生态保护思路，强化了生态系统自身调节能力；"渤海典型海岸带生境恢复工程"，在渤海海河大沽河口地区建立人工群落和植被系统，也取得显著进展。广西、海南、广东等地进行了大规模的红树林湿地恢复建设工程，以及珊瑚礁恢复建设工程。如广西山口红树林保护区自 1993 年建区以来，保护区的天然红树林面积逐年增加，至 2008 年红树林面积达 818.8 公顷，比建区时的 730 公顷扩大了 12%，红树林生态系统健康状况良好。此外，国家科技支撑计划项目"渤海海岸带典型岸段与重要河口生态恢复关键技术

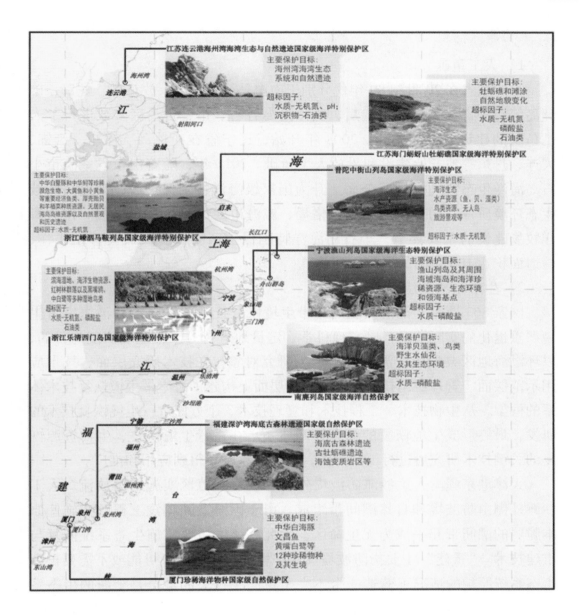

图 2－2－12 2009 年东海区海洋保护区分布及环境状况

资料来源：2009 年东海区海洋环境公报

研究与示范"开展了锦州大凌河口受损湿地、昌黎典型海水增养殖区、天津人工海岸、昌邑重度盐渍化区生态恢复区、广饶浅海滩涂底栖生物资源和海草场恢复区等示范工程。

1. 生物系统再构建工程

1）人工鱼礁

自广东省在 20 世纪 80 年代分别于南澳岛、大亚湾、放鸡岛、蛇口、硇洲岛等地进行人工鱼礁试验后，我国沿海各省、市、自治区多数进行了人工鱼礁的建设及投放工作。2008 年开始，辽宁省在葫芦岛、锦州、盘锦、大连、丹东等地开始建设和投放人工鱼礁。2011 年，随着山东省威海市小石岛海洋生态特别保护区全面上升为国家级海洋特别保护区，为提高区域生态环境质量，构建现代渔业新格局，威海市建设海洋牧场工程。作为海洋牧场建设的重要环节，小石岛海洋特别保护区海域开展藻类移植工作，营造面积达 100 公顷的"海底森林"。

2）生态系统重建工程

国家 863 课题"渤海典型海岸带生境恢复技术"针对渤海湾海岸带生境严重退化的实际情况，以实现科学、定量地进行海岸带生境恢复为目的，以环渤海地区典型的淤泥质海岸带为研究对象，在技术研究层面、技术应用示范层面、管理协调技术层面等 3 个层面上构建了海岸带生境恢复技术体系的框架，从生物技术、工程技术和管理技术 3 个方面进行生境恢复技术的研发，最终形成生境恢复的综合技术体系。在进行生境恢复、生物资源恢复的关键技术研究后进行工程示范，部分成果已经得到应用和推广。

天津港东疆湾人工沙滩防波堤外生态恢复示范区实施增殖放流。人工沙滩外侧由防波堤和自然潮间带组成，由于围海造陆疏浚工程的实施使原本脆弱的潮间带几乎成为无生命区，因此在该区主要实施生态系统恢复与重建技术。"重建"主要指防波堤及其护堤处形成的在不可能或不需要再现生态系统原貌的情况下营造一个不完全雷同于过去的甚至是全新的生态系统。根据自我设计与人为设计理论，主要移植适合沙滩生活的底栖贝类，例如，青蛤、缢蛏和毛蚶。

东疆湾示范区经过半年多的恢复之后，大型底栖动物生态系统得以恢复。恢复区域和空白区域的生物量均有提高，主要经济种类的生物量增加了 103.1%，经济效益显著。本海域的优势种类在恢复前后发生了变化，重建了防波堤周围的岩石质海岸生态系统——牡蛎 – 藤壶生态系统（图 2 – 2 – 13）、人工沙滩菲律宾帘蛤 – 四角蛤蜊 – 毛蚶生态系统（图 2 – 2 – 14）和防波堤外潮间带滩涂青蛤 – 缢蛏 – 四角蛤蜊 – 毛蚶生态系统，区域环境状况开始得到改善。

图 2 - 2 - 13　防波堤周围的岩石质海岸生态系统——牡蛎 - 藤壶生态系统

图 2 - 2 - 14　人工沙滩菲律宾帘蛤 - 四角蛤蜊 - 毛蚶生态系统

3）人工牡蛎礁

牡蛎礁是一种海洋底栖动物，生长于咸淡水交汇的温带河口海域。牡蛎能大量聚集生长，形成大面积的牡蛎礁。牡蛎礁是一种特殊的海洋生境，它在生物多样性保护、净化水体、维持生态系统结构和促进渔业等方面均具有十分重要的功能。我国在长江口（图 2 - 2 - 15）已开展第一个人工牡蛎礁生态系统恢复工程的构建工作，2002 年和 2004 年在长江口南北导堤及其附近水域进行了巨牡蛎的增殖放流，并已取得初步成效。该项目已将航道工程中的南北导堤逐步建成一个长达 147 千米，面积约达 14.5 平方千米的人工牡蛎礁生态系统，开创了国内大规模构建牡蛎礁的先河，这对我国退化河口生态系统的恢复与管理具有重大的科学价值和现实意义。研究结果表明，牡蛎礁恢复工程极大地增长了长江口牡蛎种群的数量，提高了大型底栖动物的密度和生物量，增加了水生生物的多样性。

图 2 - 2 - 15　长江口导堤牡蛎礁
资料来源：俞志明. 2011. 长江口水域富营养化.

2. 生态系统恢复工程

我国海洋生态恢复的研究包括红树林生态恢复、滨海湿地生态恢复、富营养化海湾水体生态恢复、海岛生态恢复、沙滩恢复、珊瑚礁生态恢复等几个方面，重点关注了生态恢复措施关键技术、海洋生态调查、退化诊断与分析，然而对目标确定、生态恢复监测、成效评估等过程关注较少。与国外相关国家相比，国内海洋生态恢复的研究还比较薄弱，主要表现在以下两个方面：①从研究对象上看，主要集中在污染水体的恢复，而对其他海洋生态系统类型、生态问题的恢复研究比较少；②从生态恢复的尺度来看，主要集中于对单个生态系统、群落或物种的恢复，目前尚未开展区域或大尺度的海洋生态恢复的研究与实践活动。

1）红树林生态恢复技术与工程

红树林是自然分布在热带、亚热带海岸潮间带的木本植物群落。红树林主要由几十种红树植物和半红树植物、许多藤本植物、草本植物和附生植物组成，是我国海洋生态恢复研究与实践较多的生态恢复类型之一（表2-2-3），其生态系统特征体现在高开放性、高敏感性、高生产力、高归还率等特点，具有促淤沉积、护堤防坡、净化水质等生态功能，为许多动物提供了重要的食物和栖息地。虽然在实践中易有造林成活率不高的问题，但在生态恢复技术上已有较为成熟的经验。对红树林的生态恢复，必须先进行可靠性研究。根据红树林种类的适应性，进行物种特性、宜林地勘测、潮汐、海流、土壤性质和海水盐度的综合调查试验，才能实现红树林的生态恢复。近年来，我国通过红树林人工种植等生态恢复工程，恢复了部分区域的海洋生态功能。目前，红树林生态恢复工程主要集中在厦门、深圳、泉州等地，例如福建泉州湾洛阳江红树林恢复工程、九龙江口秋茄红树林人工恢复工程等。

表2-2-3　中国红树林保护区　　　　　　　　　　　　千米^2

保护区名称	所在地	面积	红树林面积	级别	成立时间
海南东寨港国家级自然保护区	海南海口	33.37	17.33	国家级	1980（省级） 1986（国家级）
福田红树林鸟类自然保护区	广东深圳	3.01	0.82	国家级	1988
广西山口红树林生态国家级自然保护区	广西合浦	80.00	80.62	国家级	1990
广东湛江红树林鸟类国家级自然保护区	广东湛江	202.788	72.565	国家级	1997
广西北仑河口国家级自然保护区	广西防城港	26.80	11.313	国家级	2000
福建漳江口国家级红树林湿地自然保护区	福建云霄	23.60	0.833	省级、国家级	1997（省级） 2003（国家级）
海南清澜省级自然保护区	海南文昌	29.18	12.233	省级	1988

资料来源：梅宏等. 中国红树林保护区管理与立法研究. 见：中国海洋法学评论，2011 会议论文.

2）海草床恢复技术与工程

中国海草退化的主要原因是人为干扰，突出表现为在海草床海域破坏性的挖捕和养殖活动，以及在海草生境和周边的围填海活动。目前，我国海草分布情况如图 2-2-16 所示。对于南海区的海草资源已进行了较为系统的调查，大型的调查有联合国环境规划署/全球环境基金/南海项目"海草专题"资助下的海南、广东和广西沿海的海草资源系统普查，以及"908"专项支持下的海南和广西两省（自治区）的海草床调查与评价南海海草分布区，现已设立 3 个海草相关的保护区、一个海草科学监测站和一个海草国际示范区，分别是广西合浦国家级儒艮自然保护区（1992 年）、广东湛江雷州海草县级保护区（2007 年）、海南陵水新村港与黎安港海草特别保护区（2008 年）、北海市海草科学监测站（2008 年世界海草协会与广西红树林研究中心共同建立）和广西合浦海草国际示范区（2008 年）。与南海区相比，黄海、渤海区海草保护工作严重滞后，目前仅限于山东海域。与此同时，开展了相关具体恢复工程，如山东威海海草床生态恢复工程，海南新村湾海草床生态恢复工程，山东荣成俚岛海藻场生态恢复工程、浙江南麂列岛海藻场生态恢复工程等。

3）珊瑚礁恢复技术与工程

我国的珊瑚礁主要集中分布在南海的南沙群岛、西沙群岛、东沙群岛，以及台湾省和海南省周边，少量不成礁的珊瑚分布在香港、广东、广西沿岸，从福建省东山岛到广东省雷州半岛，从台湾北部钓鱼岛到广西涠洲岛。1984 年以前我国的珊瑚礁还处于良好的状态，有的地方珊瑚覆盖率达到 70% 以上。广东大亚湾珊瑚覆盖率在 1984 年调查为 76%，西沙永兴岛和海南三亚的珊瑚覆盖率也达到 70%。1990 年以后，由于社会经济的发展，来自人类活动的压力越来越大，使得珊瑚礁的覆盖率迅速降低。1994 年海南三亚的调查中显示珊瑚覆盖率还有 38%，2002 年的调查显示海南三亚鹿回头的珊瑚覆盖率只有 19%，但是西沙群岛的永兴岛的珊瑚覆盖率依然达到很高的水平，可能是受人类活动影响比较小的缘故。我国对珊瑚礁资源的重视比较晚，珊瑚礁保护区的建立也是 20 世纪末和 21 世纪初才提上日程，先后建立了海南三亚珊瑚礁自然保护区（1990 年）、福建东山珊瑚礁自然保护区（1997 年）和广东徐闻珊瑚礁自然保护区（2003 年），广西涠洲岛也于 2001 年底初步组建了珊瑚礁海洋生态站，监测珊瑚礁生态系统的状况。

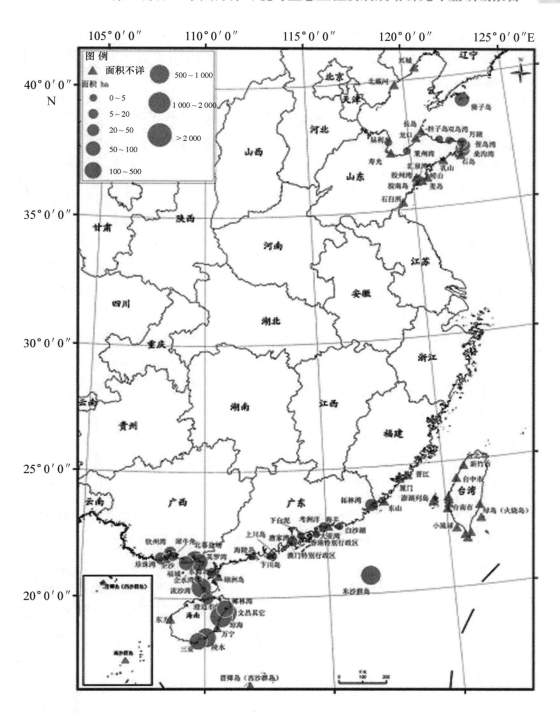

图 2 - 2 - 16　我国海草场分布

资料来源：郑凤英，邱广龙，范航清 . 2013. 中国海草的多样性、分布及保护 .

到目前为止，我国的各个珊瑚保护区的管理还不完善，大部分还是存在着缓冲区和核心区比例失调，旅游业对珊瑚保护区的压力过大等问题，管理部门对珊瑚的保护也处于初级阶段。

专栏 2 - 2 - 3　珊瑚礁恢复与保护工程实例
——海南三亚珊瑚移植工程介绍

珊瑚恢复区位于海南岛的最南端，在三亚国家珊瑚礁自然保护区范围内。其中分布有 110 种左右的造礁珊瑚，已鉴定到 13 科 34 属，还有 30 种软珊瑚，生长良好，一些海区的珊瑚覆盖率达到 70% 以上。然而，自 20 世纪 60 年代以来，随着三亚港口建设和经济的发展，三亚的珊瑚礁生态系统遭到了极大的破坏。在三亚的有些岸段，60 年代生长良好的活珊瑚已基本消失并难以恢复。我国相关科研人员对此实施了珊瑚礁恢复工程。

（1）珊瑚礁移植措施。通过对珊瑚礁历史、现状分析以及环境条件等因素的分析选取了珊瑚恢复移植地，位于三亚六道湾的外侧海域。其环境条件主要包括温度、盐度、波浪、饵料生物等关键因子。这两个水域的水温条件均适合珊瑚的生长。

（2）珊瑚来源与种类的选择。被移植的珊瑚来源于三亚六道湾的内侧，属自然生长的珊瑚，该海域不属于国家级珊瑚礁保护区，由于渔港建设的需要，该区域的珊瑚礁被填埋或挖取。通过健康检查及移植试验方法筛选其中最适合移植的珊瑚。结果显示，梳状菊花珊瑚 *Goniastrea pectinata*、五边角蜂巢珊瑚 *Favites pentagona*、标准蜂巢珊瑚 *Favia speciosa* 的成活率都超过了 90%。

（3）珊瑚移植。采用"珊瑚网络移植技术"，具体方法是将被移植的珊瑚截枝后，移植到微型礁体上，将该礁体固定在移植网中。待被移植的珊瑚成活后，再将移植网移至待恢复的天然礁体上，从而达到恢复与移植珊瑚礁生态系统的目的。

此外，珊瑚礁、海草床、红树林保护与恢复工程需体现系统性和完整性，除了其中的关键技术外，还应包括海洋生态调查、退化诊断与分析、目标确定、生态恢复措施、生态恢复监测、成效评估等整个过程，以此提高生态恢复工程长期效果与效益的预测能力，达到生态系统的良好态势。

第三章 世界海洋生态保护工程发展现状与趋势

一、世界海洋生态工程发展现状的主要特点

（一）严格实施保护区制度，保护珍稀物种和生境

1972 年，联合国环境计划署创建了地区海洋计划项目，保护生命资源免受污染和过度开发的影响。1975 年，国际自然保护联盟（International Union for Conservation of Nature，IUCN）在东京召开第一届会议，呼吁关注人类对海洋环境的不断增长的压力，并主张建立代表世界海洋生态系统的海洋保护区系统。1980 年，IUCN、世界野生生物基金（World Wildlife Fund）和联合国环境计划署（UNEP）联合发布了《世界保护战略》，强调海洋环境及其生态系统的保护对维持可持续发展整体目标的重要性。1982 年，第三届世界国家公园大会，促进海洋和海岸带保护区的创建和管理，并出版了《海洋保护区指南》。1994 年，《联合国海洋法公约》（United Nations Convention on the Law of the Sea，UNCLOS）和《国际生物多样性公约》（Convention on Biological Diversity，CBD）正式生效，明确了各国为了保护海洋环境而创建海洋保护区的权利和义务。2003 年，第五届世界国家公园大会呼吁建立全球范围的海洋保护区网络系统。截至 2003 年，世界范围内包括海岸带在内的海洋保护区总数已从 1970 年全球 27 个国家的 118 个达到 3 858 个，目前还有很多正在筹建中。

世界上许多国家都有实施保护区方面的制度，建立了禁渔区、海岛保护区、自然保护区等。例如，日本政府采用法律的形式，禁止捕猎海豹和海狗；对于捕鲸问题也有一系列国际规约。这些都是为了保护稀有的海洋生物种类。

1. 美国

美国是世界上最早建立国家自然保护区的国家，自 1872 年美国建立黄石国家公园——世界上第一个自然保护区以来，世界各种类型保护区的建设已经过 100 多年的发展历程。美国的海洋保护区大致可分为两大类，即与海域相连的海岸带保护区（以保护陆地区域为主）和纯粹的海洋保护区（以保护海域为主）。其中多数为海岸带保护区，包括潮间带或潮下带海域，如滨海的国家公园（National Parks）、国家海滨公园（National Seashores）、国家纪念地（National Mounments）等；只有少数为纯粹的海洋保护区，如国家海洋禁捕区（National Marine Sanctuaries）、国家河口研究保护区（National Estuarine Research Reserves）、国家野生生物安全区（National Wildlife Refuges）等。

美国的海洋保护区建设主要有 4 个方面的目的，即：海洋生物多样性和生境保护、海洋渔业管理、提供海洋生态系统服务和保护海洋文化遗产。除此之外，还有建立全美海洋生态系统代表性海洋保护区网络的目的。由于海洋保护区的建设和管理涉及多个部门，保护区设立的目的、标准和投入也各有不同，造成现有的海洋保护区类型多样化。

2000 年，美国政府针对海洋保护区的建设和管理发布了总统令，由商务部、国家海洋与大气管理局负责协调国家层次的海洋保护区认定和管理，并加强和扩展了国家海洋保护区系统（包括国家海洋禁捕区、国家河口湾研究保护区等），鼓励国家海洋保护区管理部门和机构加强合作来提升现有的保护区管理，并建议和创建新的保护区。2000 年 5 月，在国家海洋与大气管理局建立了国家海洋保护区中心，负责管理国家海洋保护区、制定政策，提供信息、技术、管理工具以及协调海洋保护区科学研究等。

在海洋保护区的认定和管理上，美国还没有一个专门法律对所有类型的海洋保护区进行认定和管理，只有一些单项法规对不同的海洋保护区类型进行指导和规范，包括《国家海洋禁捕区法》、《渔业保全和管理法》、《国家公园服务组织法》、《海岸带管理法》，以及《国家野生生物保护系统》和《国家原生地保全系统》相关法律规定等，分别对国家海洋禁捕区、海洋渔业管理区、国家公园、国家河口研究保护区、野生生物保护区和原生地保护区的认定和管理进行指导、规范。

2. 澳大利亚

澳大利亚的海域由联邦政府、州和地方政府共同管理，其中沿海岸基线 3 海里以内的海域管理责任在州和地方政府。与其他国家不同的是，不同海域建立的海洋保护区因海域管辖权的不同归属联邦、州和地方政府管理。所有 3 海里以内的海洋保护区的建立和管理由州和地方政府负责，而联邦政府的责任只在 3 海里以外联邦水域建立的海洋保护区和大堡礁海洋公园以及 3 海里内由联邦立法宣布的历史沉船保护区。

在联邦水域，除了大堡礁海洋公园有独立的立法《大堡礁海洋公园法》（1975）外，其他海洋保护区建设和管理的主要法律依据是 1975 年的《国家公园和野生生物保护法》、1976 年的《历史沉船保护法》。自 2000 年开始，《环境保护和生物多样性保全法》（1999）及相关的《环境保护和生物多样性保全规制》（2000）开始替代《国家公园和野生生物保护法》成为指导海洋保护区的主要法律依据，对海洋保护区建立和管理的法律要求、管理机构的权限和责任以及保护区内各种活动的控制进行了规范，一些娱乐、捕捞和矿产开发活动被禁止，但各保护区根据不同的管理目标采取了不同的限制措施。澳大利亚现有大约 305 个保护区满足海洋保护区的定义，以海域保护管理为主要目标的有 246 个，其他主要是有部分潮间带的陆地保护区。其中，由联邦政府管理的包括大堡礁海洋公园在内的 14 个位于联邦水域的海洋保护区，其他的由州和地方政府负责管理。

（二）以自然恢复为主，辅以人工恢复，恢复生态系统结构与功能

对已经遭到破坏的海岸带及近岸海域生态系统，发达国家普遍采用了以自然恢复为主、辅以人工恢复的方式，本质上是尊重自然的表现，结合保护区的某些管理措施，限制人为干扰，使得自然生态系统得以休养生息，恢复其结构与功能。目前国际海洋生态恢复工程主要集中于盐沼湿地、红树林湿地、海草床、珊瑚礁等典型海洋生态系统。盐沼湿地是全球开展较早的生态恢复的海洋生态系统类型之一，尤其在美国全国各地普遍开展了大量的盐沼湿地恢复工程。红树林恢复工程在美洲、大洋洲、亚洲等地区都已开展了红树林恢复的试验与理论研究，而珊瑚礁恢复主要集中于美国、大洋洲和东南亚等一些国家。如美国制定了水下植被计划（Submerged Aquatic Vetetation，SAV），并在切萨皮克湾、坦帕湾的海草床保护与恢复工作已取得了成果。其中海草床生态恢复工程规模最大、影响范围最广的当属美国国家海洋与大气管理局管理下的美国切萨皮克湾海草场大规模恢复计划（Chesapeake Bay Program，切萨皮克湾计划）。切萨皮克湾是世界上最大的河口海湾之一，该计划自 2003 年开始启动以来至 2008 年，构建海草场的速率很快，大大促进了海草场人工恢复新技术和新设备的开发和应用。此外，国内外还开展了海岛恢复、沉水植物恢复、牡蛎礁恢复等类型的海洋生态工程。2002 年美国制定了"海岸和河口生境恢复的国家规划"（A National Strategy to Restore Coastal and Estuarine Habitat），加利福尼亚的南部海湾、佛罗里达、切萨皮克湾、路易斯安那州等均开展了区域性的生态恢复项目。

（三）以管理为抓手，辅以规章制度硬约束

1. 美国

20 世纪 90 年代以前，美国海洋生态恢复主要是以单个项目形式进行的。90 年代以后，生态恢复的实践从特定物种或单个生态系统或小尺度的生态恢复工程逐渐扩大到向大尺度的生态恢复项目转变，2002 年，在国家层面由恢复美国河口和 NOAA 相关组织机构制定了"海岸和河口生境恢复国家战略"，认为国家战略可提高生态恢复成效，并确保急需恢复的生态系统优先得到恢复，制定了相关指导手册，如"旧金山湾潮滩湿地恢复设计指南"、"长岛湾生境恢复行动"等。在美国 EPA 战略规划（FY 2011 – 2015）"EPA Strategic Plan"中将美国重点河口海湾生态恢复项目提高到了国家战略高度，制定了相关目标和指标，如切萨皮克湾、墨西哥湾、长岛海峡、普吉特海湾等（表 2 – 2 – 4）。

表 2 – 2 – 4　美国"EPA 战略规划（FY 2011—2015）"中河口海湾恢复目标

子目标	战略指标	具体目标
保护与恢复流域与水生生态系统	维护切萨皮克湾生态系统的健康	到 2015 年，866.91 平方千米（18.5 万英亩）的水生植物中的 50%（433.46 平方千米即 9.25 万英亩）必须达到切萨皮克湾水质标准
	恢复与保护墨西哥湾	到 2015 年，减少密西西比河流域的富营养化，从而使墨西哥湾流域含氧量低的区域面积减少到 5 000 平方千米以下，该面积数据是流域含氧量低的区域 5 年流动的平均数

续表

子目标	战略指标	具体目标
保护与恢复流域与水生生态系统	恢复与保护长岛海峡	到 2015 年，从长岛海峡最大低氧区域平均最大日负荷总量 538.72 平方千米（208 平方英里）中减少 15%，其中日负荷最大总量指的是区域面积的 5 年流动平均数
	恢复与保护普吉特海湾	到 2015 年，改善水质及减少普吉特海湾对 17.4 平方千米（4 300 英亩）贝床的影响，使其收获量有所提升
	维护美国－墨西哥边境环境健康	到 2015 年，在美国与墨西哥交界地区，提供安全饮水和充足的废水排污设施
	改善海岸与海洋水域	到 2015 年，通过国家海岸状况报告中的"良好/尚可/较差"等级的测量，维护地区海岸水生生态系统的健康
		到 2015 年，取 3 年的平均数，95% 的现行疏浚海洋倾倒网点，将达到环境所允许的状态
		到 2015 年，新增保护及恢复 2 428 平方千米（60 万英亩）的栖息地，这些栖息地在国家河口计划中的 28 个河口研究范围内
	增加湿地	到 2015 年，实现全国范围内湿地的净增长，并特别强调海岸湿地，生物功能措施及湿地条件的评估

2. 荷兰

"低洼之国"的荷兰，近代以来以围海造地闻名于世，人工岛的面积已占国土面积的20%。近20年来，荷兰更加注重资源环境生态平衡，制定了《自然政策计划》，准备用30年时间实现"恢复沿海滩涂的自然面貌"目标，将现有的24万公顷农田恢复成原来的湿地，保护受围海造田影响而急剧减少的动植物，并努力使过去的自然景观重新复原。

3. 加拿大

加拿大制定了海洋水质标准和海洋环境污染界限标准，采取严格措施防止石油及有害物质流入海洋。作为渔业大国，加拿大对捕鱼活动也有严格限制，禁止捕猎鲍鱼等珍稀鱼种，对本国渔业公司实行配额制。为保护鳕鱼、大马哈鱼等珍贵的鱼种和鲸等海洋动物，政府更是投巨资建立了各种研究所和保护设施。

4. 菲律宾

菲律宾政府为制止渔民采用炸药捕鱼等非法手段捕捉鱼类和滥采珊瑚礁，于1984年在阿波岛附近海域建立了海洋保护区。几年后，这些资源逐步得到恢复。目前，渔业捕捞量已增长了3倍，70%遭到严重破坏的珊瑚礁已得到有效保护。

二、国外经验教训（典型案例分析） ▶

（一）美国旧金山湾盐沼湿地恢复案例

美国国家科研委员会（National Research Council，NRC）已确定海岸湿地的恢复是全国生态保护项目的重点。疏浚泥用于湿地生态修复项目的研究目前已比较深入，主要方向包括修复湿地水文水动力条件、湿地植被选择和种群恢复、潮间带生物恢复以及疏浚泥用于生态工程对生态系统造成的损害等。美国政府从20世纪50年代开始先后在特拉华湾（Delaware Bay）、墨西哥湾（Gulf of Mexico）、旧金山湾（San Francisco Bay）等典型的河口海湾地区成立专项课题，同时建立了相应的示范地。

旧金山海湾位于太平洋西海岸，是太平洋海岸最大的河口，也是太平洋西海岸最具生物价值的一个港湾，由索诺玛海湾（图2-2-17）、北湾区、中心湾区和南湾区4个子湾区组成。1850年，旧金山海湾沿岸滩涂几乎都分布有潮汐盐沼湿地，然而，在过去的100多年里，90%的潮汐湿地遭到破坏，不仅改变了90%的湿地景观，而且破坏了危害海湾湿地生境的过程。1972年旧金山湾开展了第一个湿地恢复项目，从20世纪70年代开始，在该海湾开展的盐沼生态恢复项目至少有45个，恢复面积达到1 130平方千米。早期，多数恢复项目属于"缓解"项目，直到1990年初，美国保护湿地法律"零净损失"确立为国家目标，至90年代末，重点转移至大尺度的潮汐湿地的恢复。通过多种角度进行盐沼湿地的恢复，包括物理过程的恢复（打开海堤、填充淤泥等），盐沼植被恢复（引入适当物种等），生态恢复监测（湿地跟踪、项目监测、专项研究、信息系统），成效评估等。

（二）澳大利亚大堡礁的生态环境保护

澳大利亚因其是世界上最大的岛屿国家，同时，澳大利亚也是世界上

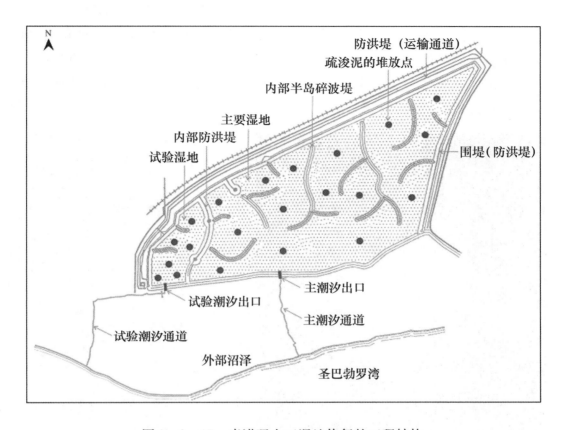

图 2 - 2 - 17 索诺玛人工湿地修复的工程结构

资料来源：黄华梅，高杨，王银霞等．2012. 疏浚泥用于滨海湿地生态工程现状及在我国应用潜力．

海洋保护区总面积最大、数量最多的国家，并且具有世界上最为宏大的建立国家级海洋保护区系统（NRSMPA）的计划。环绕澳大利亚大陆和塔斯马尼亚岛的海洋保护区，按照地理方位和特殊地名，分为珊瑚海保护区、气候温和的东部网络、东南网络、西南网络、西北网络、北部网络。其中，珊瑚海保护区是面临海洋产业发展与海洋环境保护冲突最激烈的海岸带，全球著名的大堡礁海洋公园就自北向南纵贯这一保护区。

澳大利亚拥有世界上最大和最著名的海洋保护区——大堡礁海洋公园（图 2 - 2 - 18），公园面积达 34.5 万平方千米。大堡礁沿昆士兰州海岸线绵延 2 300 千米，它拥有世界上最大、最健康的珊瑚礁生态系统，有着复杂的深海地貌和丰富的动植物资源，包括大小 900 多个岛屿，超过 2 900 个礁体，2 000 平方千米的红树林，6 000 平方千米的海草床。大堡礁育有 400 多种珊瑚，其中硬质珊瑚359种，生活着1 500多种鱼类，3 000多种海贝类，还有珍贵的儒艮群和大型海龟，更是上百种鸟类和各种海洋动物如鲸、海豚、鲨鱼等重要的栖息和繁衍地。1981年，大堡礁以其自然生态的多样性和完整性列入世界遗产名录，同时，它也是一个世界闻名的旅游胜地，每年吸引超过200万游客（图2-2-19）。

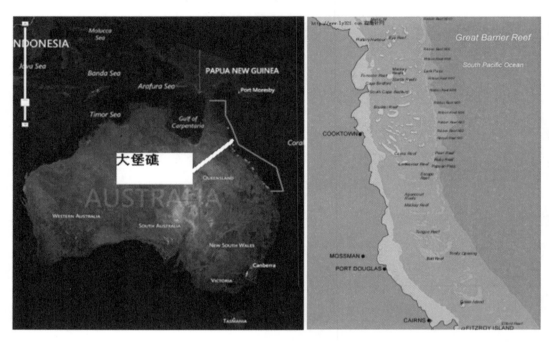

图2-2-18　大堡礁区位

图2-2-19　大堡礁生态系统

令人担忧的是，不断加剧的气候变暖正破坏着大堡礁的生态环境，厄尔尼诺现象及二氧化碳排放造成的升温使珊瑚惨遭漂白。自然恶变之外，人为因素更加剧了问题的严重性。由于土地过度使用或管理不良，导致这一带的红树林被破坏；大量营养物质流入海中，海水悬浮沉积物增多，打破了大堡礁生态系统的平衡，陆源污染、活鱼贸易及过度开采矿产资源等活动导致大堡礁生物资源锐减，珊瑚礁退化严重，一些极具生态价值的物种，如儒艮（俗称美人鱼）、海龟、海鸟和一些鲨鱼的种群数量均出现了显著下降。

为保护大堡礁独特的生态系统，早在1975年澳大利亚就制定了《1975年大堡礁海洋公园法》，该法案对大堡礁海洋公园管理机构的设立，责任和权力，管理机构章程和会议，与大堡礁海洋公园及其周围区域有关的犯罪的处罚措施，环境管理费用征收，管理方案，行政机构，财政及报告要求，强制引航，执行以及其他事项等予以了明确规定。此后，针对大堡礁海洋公园的环境管理费用、公园分区规划、水产养殖等，陆续出台了《1983年大堡礁海洋公园条例》和《2003年大堡礁海洋公园分区规划》等多部法案和条例。昆士兰州政府制定的《1995年海岸保护和管理法》和《2004年海洋公园法》以及澳大利亚联邦政府制定的《1999年环境保护和多样性保护法》等相关法律，也是大堡礁海洋公园管理的法律依据。2004年发布的《世界珊瑚礁状况报告》称，全球2/3以上的珊瑚礁正遭到严重破坏或处于进一步恶化的困境，而在2003年全球各地珊瑚礁破坏状况排名中，澳大利亚和太平洋岛屿的珊瑚礁破坏最轻。

此外，澳大利亚政府建立大堡礁海洋公园管理局（Great Barrier Reef Marine Park Authority，简称GBRMPA），代表澳洲政府管理大堡礁地区。管理局的主要责任是管理与保护大堡礁地区的生态资源不受破坏，保存大堡礁的世界遗产价值，保证地区资源的可持续发展。管理局的职能包括区划管理、许可审批、研究教育、管理规划、生态认证参与等，管理内容涵盖各项规章的监督落实、濒危物种和气候变化监测、地区设施和自然文化资源保护、原住民社区关系等。

1. 分区管理

大堡礁海洋公园是一个多用途区域并按区域划分管理（图2-2-20），在严格保证地区生态健康的同时，多种人类活动也得到支持与发展，包括商业旅游、渔业、科学研究、原住民传统活动和国防训练等。现行的区划管理模式明确界定了特定区域允许的特定活动，以此分隔开有潜在冲突的活动，从而保证大堡礁地区独有的海洋生物和其栖息地的完整，尤其是对濒危动植物和环境敏感地带的特别保护。这一管理模式始于2004年，实践证明它是保证34.5万平方千米的大堡礁地区健康与活力的有效手段。

图 2 – 2 – 20　大堡礁分区管理示意图
资料来源：赖鹏智．2013．澳洲大堡礁分区管理．

　　整个海洋公园划分为 8 个不同类型的区域，每个区域的保护力度取决于该区域的环境敏感性和生态价值的重要性。每个区域有不同的规章规定哪些活动允许开展，哪些活动被禁止，哪些活动需要特别许可，还有哪些活动需要遵守特别规定。不论是作为旅游者还是当地居民或企业，都需要大致了解这些区域划分以及可以进行的活动和相关规定。保护最为严格的地区，不到总面积的1%，个人在没有书面许可的情况下不能进入该区域。任何开发、捕捞的活动都被禁止，包括研究活动也需要得到许可。绿色的区域不能带走任何东西，占总面积的33%，捕鱼和采集等活动都需要得到许可，任何人都可以进入并进行划船、游泳、潜水、帆船航行等活动。橙色的科学研究区域主要位于科学研究机构和设施附近，以科学研究为主要目的，通常不对公众开放，不到总面积的1%。橄榄绿的缓冲区主要是对自然原生态的保护，允许公众进入，除垂钓外的其他捕捞方式都被禁止，占总面积的3%左右。黄色的保护区允许捕捞活动的适度开展，垂钓、叉鱼、捕蟹、打捞牡蛎、鱼饵等都被允许。深蓝色的栖息地保护区主要是保护敏感的栖息地不受任何破坏性活动影响，拖网捕鱼被禁止，占总面积的28%。浅蓝色的普遍使用区是限制最少的区域，基本所有活动都可以开展。管理局与昆士兰政府合作。研究结果证明，区划管理的效果是明显的，例如在绿色的国家海洋公园内珊瑚鳟鱼的数量比其他区域多出1倍，鱼的尺寸也大出许多，这就意味着这里提供了更多的产卵和繁衍机会。

2. 许可制度

通常情况下需要得到管理局许可才可以在大堡礁地区进行的活动包括大多数的商业活动、码头、海上浮台、水产养殖等工程的建设和维修、污水排放入海、敏感区域的科学研究等。申请者有责任提供申请项目的详细情况及环境影响评估报告，并缴纳相应的申请费用，管理局在综合考虑项目对当地生态影响和公众利益的基础上做出决定。

3. 排污政策

管理局在1991年就制定了污水排放入海的管理政策以减少污水排放对环境造成的潜在影响。这些影响包括沿岸水域的富营养化、重金属等有毒物质的沉淀、海洋生物物种由于污染承受力不同造成的物种失衡、环境敏感地区的环境退化等。修建入海的排水口必须得到管理局的许可，前提是已经充分考虑过其他现存的污水处理设施能否替代，而且能够证明新修排水口的使用和维护是最谨慎和可行的选择。在授予许可后，必须保证建设和操作最大程度地降低对海洋公园水域生态系统的潜在负面影响，鼓励采用能有效减少污水排放中营养物含量的技术，支持在排放前使用非化学消毒剂对污水进行处理，遵守昆士兰州污水再循环战略和循环水安全使用指导原则。

4. 其他重要措施

除了上述手段，还包括其他重要措施，如扩大禁渔保护区范围，加大排污削减力度，积极应对气候变化，强化船舶航行的污染防治工作，将环保理念融入旅游的方方面面等。可以看出，大堡礁海洋公园尽管接纳了大规模的游客进入，昆士兰沿海地区也承受着人口持续增长的压力，但仍能最大程度保证地区的海洋生态环境免受破坏，使它能够继续拥有这片世界上最大、最健康的珊瑚礁生态系统。从澳大利亚海洋保护的实践来看，取得成功的经验主要包括：充分认识建立大规模海洋保护区的价值，管理区在处理复杂的分区和其他事务方面的丰富经验，强调公众参与过程的重要性，以及将地区发展与国家规划相结合的优势。具体来看，包括健全的法律法规体系、成熟高效的管理体制、严密完整的管理计划、合理的管理手段等。

这些体系计划和合作模式的建立从空间上覆盖了整个遗产区域，并对敏感地带和关键地点给予更细致和特别的管理；在时间上，除重视日常管理外，还注重战略管理，使大堡礁的保护和资源利用具有可持续性，保持了政策的延续性、有效性和稳定性。在全国范围内建立了一个全面、适当和具有代表性的海洋保护区系统，保护澳大利亚各个层次的生物多样性。正是这种在国家战略层面自上而下的政策支持，以及多年来对实施这一国家战略计划的坚持，促成了对大堡礁海洋奇观的有效保护。

海洋保护区通常被认为是海洋生态系统管理的最佳工具，与世界其他海洋保护区一样，大堡礁自然保护区的成效可体现在以下4个方面。

（1）保护生态系统的结构、功能和完整性。海洋保护区及其网络的基本目标之一就是保持生态系统的特征及其功能。海洋保护区使自然群落、营养结构及食物链免受人类活动的过多干扰，使原有生态系统的组成和功能得以恢复和维持，保护和恢复了珊瑚礁、红树林、海草床等关键生境；使受威胁的、珍稀的以及濒危的海洋生物得以持续生存。

（2）促进相邻区域的渔业生产。海洋自然保护区有助于邻近已经被商业捕捞和休闲渔业过度开发的鱼类种群资源的恢复。科学家利用DNA技术追踪大堡礁凯培岛珊瑚礁海洋自然保护区内孵化的鳟鱼幼鱼及鲷类幼鱼的迁移路径。研究发现，保护区内幼鱼有相当大的比例迁移到了其他可捕捞的渔场内，使渔场内的鱼类种群数量能够得到有效补充。建立沿海珊瑚礁海洋自然保护区已成为澳大利亚的一项国家战略，事关澳大利亚北部地区数百万人口的食品安全。

（3）增进对海洋生态系统的认识和了解。海洋保护区能够以许多不同方式促进科学研究和教育的发展。在不受多种人类活动影响的海洋保护区，科学家们能够进行更有效的科学实验，增加对海洋环境的了解。同样，科学家们还可以进行保护区与非保护区之间的对比研究，用以阐述各种开发活动对海洋生物资源和海洋生态系统的影响。大堡礁海洋公园还为开展海洋教育提供了一个天然的教室，增进了人类对海洋环境的理解，包括对所有野生生态系统的了解，同时在各式各样的人群当中培育了自然保护道德观。

（4）增加非消耗性资源开发机会。虽然海洋保护区的建立保护了天然的海洋生态系统，使自然生态过程不受人类行为的影响，但是建立保护区的最终目的还是为了满足人类社会、经济和文化的需要。海洋保护区的经济利益不只限于增加海洋的消耗性用途，还有若干其他的方式增加经济、社会及文化效益等非消耗性机会。目前，以海洋为基础的产业与大堡礁生态系统的健康发展紧密相关，其中绝大部分都是由非消耗性资源开发活动产生的，其中大堡礁每年仅旅游就能给澳大利亚带来 58 亿澳元的收入。

（三）美国得克萨斯州 Loyola 海岸带生态恢复工程

1989 年 Kaufer-Hubert 公园扩建后，美国 Loyola 海岸出现了严重的海岸侵蚀问题。为了恢复海岸的 Loyola 生态状况，美国对得克萨斯州 Loyola 海岸带进行了生态恢复工程。此生态恢复工程主要目的是利用生态恢复手段保护 Loyola 海岸，减缓侵蚀过程。该工程有 3 个方面的措施和方法：①设计实施一套生态管理措施。减缓 Loyola 海岸侵蚀，同时使其具有美学价值；②构建一套方法理论。利用地理技术数据和其他参数评估生态海岸侵蚀；③开发一种减缓侵蚀的生态海岸设计模型。

该海岸带恢复工程主要包括海滩养护，向海滩填加填充物并与抛石固定，在岸边坡地种植乡土植物以抵御潮水的冲刷。其中种植在新土壤上的植物可以逐渐增加土壤的有机质和无机质含量，能提高土壤颗粒的凝结力，减缓被侵蚀的速率。天然纤维编织物可以保护原有充填沙免受侵蚀，土工织物则用来固定土壤并可以与抛石护岸相连。该工程分三期施工，一期工程是准备工作，包括在周围建立防护栅栏。二期工程进行现场勘查，获取数据。三期工程建造抛石护岸，重建海岸带，种植乡土植物等。图2-2-21是该生态恢复工程实施6年后的海岸现状，可以明显看出，生态恢复工程成功地遏制了海岸侵蚀。

图2-2-21 生态恢复工程实施6年后的海岸状况

此外美国在大西洋沿岸及墨西哥湾实施了一系列牡蛎礁恢复项目，如1993—2003年，弗吉尼亚州通过"牡蛎遗产"（Oyster heritage）项目共建造了69个牡蛎礁；2001—2004年南卡罗来纳州在东海岸28个地点建造了98个牡蛎礁，使用了大约250吨牡蛎壳；2000—2005年牡蛎恢复协助组在切萨皮克湾的82个点共计投放了超过5亿个牡蛎卵。近10年，美国对牡蛎礁恢复技术的研究也越来越重视，如美国海洋与大气管理局切萨皮克湾办公室对牡蛎礁恢复的资助经费也呈现快速增长的趋势；1995年的资助金额仅为2万美元，2004年用于资助牡蛎礁恢复研究的经费超过400万美元。同时，许多州都成立了专门进行牡蛎礁恢复的组织，他们除了申请联邦政府的财政资助以外，更多地通过宣传活动，使广大民众了解牡蛎礁的生态服务功能与价值，接受社会各界的捐助，组织义务者参与牡蛎礁恢复活动，使社会和公众认识到恢复牡蛎礁的重要性。牡蛎礁恢复已成为改善河口近岸生态环境和提高生态系统健康的重要技术手段。

（四）荷兰围垦区生态重建

荷兰毗邻欧洲北海海域，是典型的低地之国，1/4 的国土在海平面以下。荷兰的历史是与海水抗争的历史，在防御河流洪水与海洋灾害的进程中，兼顾对土地资源的需要实施围海造地工程，在围海造地、港口建设、疏浚、海岸工程、围垦区景观设计、海岸海洋环境保护等方面取得了极大的成就，令世界瞩目。

荷兰的围海造地有 3 个阶段：第一个阶段：16—17 世纪，疏干阿姆斯特丹北部众多湖泊并开垦为农田，利用风车排除湖泊低地的涝灾；第二个阶段：19 世纪，近 180 平方千米的哈尔莱姆湖成为荷兰疏干的最大湖泊，利用蒸汽机驱动的水泵排水；第三个阶段：20 世纪的最大的工程项目是 1932 年完成的须德海 30 千米长海堤，该海堤切断了堤内与北海的直接联系，大大降低了洪水风险。荷兰在 20 世纪下半叶又成功实施了"三角洲计划"（Delta Plan）项目，项目由 16 500 千米的堤防与 300 个洪水防御沟设施，对 13 个河口进行了人工控制，并形成数十平方千米的新土地，而且打造了鹿特丹港港口发展的岸线与空间资源。

荷兰 20 世纪大规模填海工程引发了严重的生态环境问题，主要表现为滨海湿地的大面积减少，水质下降，生物多样性受到破坏；在围垦区内还出现地面沉降、土壤改良投入的成本过大以及内陆河流洪水与海洋风暴潮双向灾害威胁等问题。从 20 世纪 80 年代开始，荷兰的围海造地进入一个严格限制开发的阶段，并与德国、丹麦实施了三方瓦登海保护计划，放弃了原定在须德海大堤内侧围垦的计划，保留了自然的湖泊湿地景观（图 2 - 2 - 22）。在沿海地区实施生态保护，建立起长达 250 千米的"以湿地为中心的生态系地带"。荷兰—德国沿海的瓦登海保护取得极大成功，已成为新的世界自然遗产地，潜在的生态价值和旅游经济价值巨大。此外，在鹿特丹港口北海 20 平方千米围填海工程建设方案中，在邻近海域划出 250 平方千米的生态保护区，在港池的外海侧建设给游人休闲的 35 公顷沙丘海滨，还在邻近海岸带修整了 7.5 平方千米（750 公顷）的休闲自然保护区，有效地补偿了围填海所损失的生态服务功能。

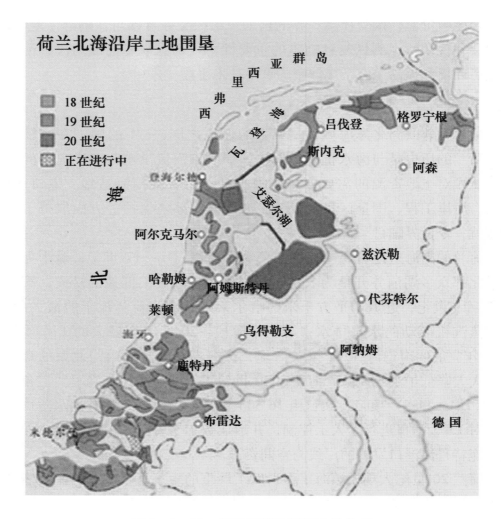

图 2 - 2 - 22 荷兰沿海的围海造地分布

第四章　我国重点海域生态保护工程面临的主要问题

　　我国濒临渤海、黄海、东海、南海及台湾以东海域，跨越温带、亚热带和热带。大陆海岸线北起鸭绿江口，南至北仑河口，长达 1.8 万余千米，岛屿岸线长达 1.4 万余千米。海岸类型多样，大于 10 平方千米的海湾 160 多个，大中河口 10 多个，自然深水岸线 400 余千米。河口海岸等重点海域地处江海接合部，其通江达海的独特区位条件使其拥有外通大洋、内连深广经济腹地的突出优势，也因此成为海洋经济开发的热点和重点区域，在经济快速发展的同时，使得这里的海洋生态问题集中呈现。

　　重点海域包括渤海区域（辽东半岛西部海域、辽河三角洲海域、辽西冀东海域、渤海湾海域、黄河口与山东半岛西北部海域、渤海中部海域）、黄海区域（辽东半岛东部海域、山东半岛东北部海域、山东半岛南部海域、江苏沿岸海域、黄海陆架海域）、东海区域（长江三角洲及舟山群岛海域、浙中南海域、闽东海域、闽中海域、闽南海域、东海陆架海域、台湾海峡海域）、南海海域（粤东海域、珠江三角洲海域、粤西海域、桂东海域、桂西海域、海南岛东北部海域、南海北部海域、南海中部海域、南海南部海域、台湾以东海域）。目前，海洋生态问题表现出显著的系统性、区域性、复合性和长期性的特征，渤海海域、长江口、海南周边海域等重点海域能够反映我国海洋生态环境的发展状况，是我国海洋生态问题的集中体现区域和典型代表，分析重点海域的生态保护和恢复技术与工程水平，对维护我国海洋生态可持续发展具有指导意义。

一、体系完整性和整体性不强，亟待进行适应性管理　▶

　　无论是以海洋保护区网络建设、示范区建设工程为抓手的海洋生态保障工程，还是以盐沼湿地、珊瑚礁、海草床、红树林等生态系统为载体的海洋生态恢复工程，目前，在重点海域中都存在体系完整性和整体性不强的问题。以盐沼湿地、珊瑚礁、海草床、红树林为代表的生态系统恢复工程应包括生态恢复选址、生态调查与资料收集、生态系统退化诊断、生态恢复目标确定、生态恢复措施制定、生态恢复影响分析、生态恢复实施、生态恢复跟踪监测与生态恢复成效评估等多个环节。生态恢复各环节之间并非是按次序进行的，而是基于适应性管理的相互交叉，不断反馈的循环过程。但是，盐沼湿地、珊瑚礁、海草床、红树林等生态系统修复工程在实践过程中存在诸多问题：恢复项目的目标不明确，即使制定了恢复目标，但大多仅是定性描述，在实施过程中，无法评估生态恢复的效果；开展相关的生态恢复工程对生态环境产生一定的影响，跟踪监测和评价工作不能及时开展，从而难以判断生态恢复的过程是否与生态恢复目标相一致。多数项目在工程实施完成后，后续的跟踪监测和成效评估并未得到开展，无法进行有效评估，并对相关技术的开展提供有效指导和经验。此外，我国海洋保护区建设中存在海域权纠纷的情况，若在规划选址时没有划清海域界线，会直接影响到后续管理的实施。

二、相关工程及技术有待提升，亟待加强创新驱动 ▶

重点海域的生态保护工程技术水平及信息化水平离国际先进水平还有很大差距，利用现代科学技术的手段对加强海洋保护区规划管理、提高生态恢复工程建设水平和搭建海洋保护区网络起着不容置疑的巨大作用，目前还没有充分利用 GIS 等高新技术对保护区信息系统和生态监测评估系统等相关内容的管理工作，并按照需要对各项指标和相关规划等信息科学制定管理目标。

很多生态保护工程项目集中在单个项目，且分布零散，人工鱼礁区、国家海洋公园、河口海湾生态与自然遗迹海洋特别保护区等在同一区域名目繁多，亟待将多个项目整合，形成海洋生态工程产业链、建立海洋生态网络合作机制，打造海洋新兴产业聚集区，以科技及理念创新驱动生态保护工程与技术水平。

三、区域及国家层面考虑不足，亟待形成国家配套体系 ▶

当前重点海域的生态保护工程实施在区域及国家层面上考虑不足，这不仅表现在海洋保护区的总体规划上，还表现在以盐沼湿地、珊瑚礁、海草床、红树林等生态系统为载体的海洋生态恢复工程。

由于缺乏从国家层面上综合考虑海洋保护区的总体规划和合理布局，我国海洋保护区整体分布和发展很不均衡，一些生物多样性关键地区还存在大量的空白区域。从级别上来看，国家级的海洋保护区数量少、面积小，远不能代表我国纵跨3个气候带的海洋生物多样性；从保护对象上来看，以红树林、珊瑚礁、河口湿地、海岛生态系中的野生动植物为主要保护对象，且多为陆地保护区向海的自然延伸，具有重要保护价值的区域如海洋自然景观和文化遗产尚未得到有效保护，保护范围和覆盖度有待进一步提高；从地域上来看，南方海洋自然保护区的数量要多于北方，以广东、福建、海南居多。

对于海洋生态恢复工程，目前主要集中在以单个项目形式为主，对区域及国家层面的考虑不足。与国际发达国家相比，美国恢复工程的管理，其实践工程已从特定物种或单个生态系统或小尺度的生态恢复工程逐渐扩大到向《恢复海岸及河口生境的国家战略》（A National Strategy to Restore Coastal and Estuarine Habitat，2002）大尺度（如北部大西洋区、中部大西洋区、南部大西洋区、墨西哥湾区域、太平洋沿岸区域、五大湖区）的生态恢复项目转变，并设定了相关恢复目标及配套措施。从这个角度来讲，我国目前缺乏类似的国家战略或计划，为河口海湾等重点海域明确目标及可测量的指标，基于生态系统的完整性，提供指导框架。

四、管理水平和体制不够全面，亟待开展全方位联动机制 ▶

重点海域的生态保护工程的有效实施，离不开合理的管理体制保障，涉及工程实施目标、发展观念、公众参与、管理权属及方法和资金投入、多途径融资渠道等方面考虑。但是，目前许多保护工程存在管理水平和体制不够全面的问题，亟待开展全方位联动机制：①未能将"在发展中保护，在保护中发展"和"在恢复中保护，在保护中恢复"的理念有效渗透到实践中，有些保护工程单纯为了保护盐沼湿地、红树林、珊瑚礁等生态系统及其生物多样性而建立，管理只是为了生态需要；或者侧重考虑了社会和经济目标，没有兼顾当地居民的切身利益；②目前经费投入不足，生态工程建设项目主动性未能得到充分发挥，资金来源主要由国家及地方财政支出，生态旅游和环境教育并没有成为重要的融资渠道，对国内外基金、团体、个人捐助等多渠道来源开展较少，需要拓展多途径资金渠道，如由全球环境基金资助、联合国粮农组织执行、国家海洋局具体实施的中国典型河口生物多样性保护恢复和保护区网络化建设示范项目已于 2013 年进入全面实施阶段；③未充分发挥公众及社区参与在重点海域生态保护工程及管理中的作用。公众参与是发达国家环境法的一项基本原则，是指在环境保护领域，公民有权平等地参与环境立法、决策、执法、司法等与其环境权益相关的一切活动。然而，我国公众海洋意识较为淡薄，而多数海洋保护区、生态恢复工程在建设和管理中都缺乏公众参与机制，甚至与当地社区发生冲突，这在很大程度上影响了海洋生态保护工程的有效实施。

第五章　我国海洋重点海域生态工程与科技发展的战略定位、目标与重点

一、战略定位和发展思路

（一）战略定位

围绕"建设海洋强国""大力推进生态文明建设"的国家发展战略部署，坚持"陆海统筹、超前部署、创新驱动、生态优先"的原则，通过海洋环境和生态工程建设与相关产业发展，提高我国海洋环境和生态保护水平，促进"在保护中发展、在发展中保护"方针的落实，支撑我国社会经济的协调可持续发展，为建设海洋生态文明、建设美丽中国，实现海洋强国提供生态安全保障。

（二）战略原则

1. 在保护中恢复，在恢复中保护原则

海洋生态保护与恢复工程强调尊重自然规律，优先考虑自然恢复，边恢复边保护，最终实现海洋生态系统健康。

2. 系统性和完整性原则

注重保护与恢复工程的系统性和完整性，应包括海洋生态调查、退化诊断与分析、目标确定、生态恢复措施、生态恢复监测、成效评估等整个过程。

3. 多尺度多途径多载体原则

注重单个项目、区域层面、国家宏观战略层面多尺度恢复；注重被动恢复途径和主动恢复途径结合；注重滨海湿地、珊瑚礁、红树林、海草床、河口海湾多载体恢复。

4. 预防风险原则

生态恢复的成功有很大的不确定性，如风暴潮、全球变暖等可能对生态恢复造成影响，要注重预防风险，积极采取防范措施。

5. 可持续原则

当达到保护与恢复工程期望值后，需要持续管理来抵制外来种的入侵，合理控制人类活动、气候变化和其他不可预测时间的影响，以维持恢复生态系统处于较好的状态。

（三）战略目标

1. 总体目标

立足"十二五"、瞄准"十三五"、面向2030年，从构建现代生态保护与恢复产业工程体系和科技支撑体系两个方面，围绕建设海洋强国的目标，基于建立生态系统健康的海洋环境管理体系，大力推进重点河口、海域环境综合整治工程、生态保护与恢复工程，基本遏制重点海域生态恶化的趋势。海洋生态环境要大有改善，海洋生物多样性丰度不致下降并有所增加，受保护海岸长度占全国海岸总长度的40%左右；建立适合我国国情的海洋及海岸带生态保护与恢复技术体系，为保障国家安全、缓解资源环境压力、海洋生态管理和应对全球气候变化提供科学的决策支持，最终实现海洋生态系统健康，保护海洋资源可持续利用。

2. 阶段目标

2020年

（1）到2020年，建成我国海洋保护区网络，改善海洋生态环境，扩大海洋保护区面积。重点污染海域环境质量得到改善，局部海域海洋生态恶化趋势得到遏制，部分受损海洋生态系统得到初步恢复。至2020年，海洋保护区总面积达到我国管辖海域面积的5%以上，近岸海域海洋保护区面积占到11%以上。科学规划和管理海岸带资源，提高近海环境要素和生态灾害的预测预报准确度和精度，初步开展中国近海生态系统的数字化建设。

（2）到2020年，高度重视海岸湿地及近海特别是滩涂、红树林、珊瑚礁以及生物多样性等保护，近海生态系统健康状况和生态服务功能保持稳定，提高生态系统健康比例增到20%左右。

（3）到 2020 年，发展近岸海域生态环境实时监测网络，继续对海洋生态监控区的河口、海湾、滩涂湿地、红树林、珊瑚礁和海草床生态系统开展监测，扩大监控区总面积达 7 万平方千米。确保能够覆盖所有重点保护区域和典型海洋区域，基本形成区域海洋生态系统监测预报体系。

（4）到 2020 年，进行重点海域典型生态系统恢复工程，开展生态系统示范区建设，建成 15～20 个海洋生态文明示范区。

2030 年

（1）到 2030 年，建成完善的海洋保护区网络，初步实现中国海洋生态数字化，生态恢复技术的应用和生态灾害的预报预警能力的提高，使重点海域的发展更加健康、和谐。

（2）到 2030 年，海洋生态保护工程技术水平达到国际先进水平，海洋生态系统健康状况有所好转，重点海域退化的海洋生态系统主要服务功能基本得以恢复。

（3）到 2030 年，海洋生态环境监测达到国际先进水平，重点海域生态监控区的河口、海湾、滩涂湿地、红树林、珊瑚礁和海草床生态系统健康比例增到 50% 左右，基本建成可持续海洋生态系统管理模式。

（4）到 2030 年，继续开展重点海域典型生态系统恢复工程，建成 30～40 个海洋生态文明示范区。

2050 年

形成完整的海洋生态保护工程体系，重点海域受损生态系统得以恢复；环境质量全面改善，生态系统结构稳定，生物多样性及健康状况良好；重要科学问题和关键科学技术取得重大突破；建立高效率、专业化、多样化、共享化、现代化的重点海域海洋资源、环境、灾害和管理信息系统。建立重点海域良好的生态保护与恢复管理模式，海洋生态系统健康状况保持良好，海洋生态系统服务功能得以全面恢复，最终实现海洋生态的可持续利用。

二、战略任务

（一）总体任务

以建设海洋生态文明为指导，以现代产业工程和科技为支撑，坚持陆海统筹、河海兼顾，以影响中国海洋可持续发展的重点河口海岸带、重点海洋生态安全问题为切入点，借鉴国际优秀管理经验，合理划定海洋保护生态红线，发挥保护区网络建设和典型生态保护工程的示范带动效应，打造海洋生态健康发展模式，实现海洋经济效益、环境效益、社会效益三者统一，实现海洋资源可持续发展。

（二）重点任务

1. 科技与管理双核驱动，稳步推进保护区网络建设

近岸海域分布着大量典型性和代表性的海洋生态系统，拥有两万多个海洋生物物种和一系列珍贵的海洋自然遗迹，为我国开展海洋保护区建设提供了条件。海洋自然保护区是国家为保护海洋环境和海洋资源而划出界限加以特殊保护的自然地带，是保护海洋生物多样性，防止海洋生态环境恶化的措施之一。海洋保护区的建设使自然群落、营养结构及食物链免受人类活动的过多干扰，使原有生态系统的组成和功能得以恢复和维持，保护珊瑚礁、红树林、海草床等关键生态系统，使受威胁的、珍稀的以及濒危的海洋生物得以生存，保护物种多样性，从而促进地方经济繁荣和国家生态建设与经济可持续发展。保护区网络建设旨在保全有代表性的海洋生态地理区域和生态系统、保护关键生境类型、保全生物多样性特点、保持基因多样性与保护珍稀濒危物种及其生境。加大海洋保护区选划力度，保护重要而敏感的海洋生态区域，构建类型多样、布局合理、功能完善的海洋保护区网络体系。在保护区内，充分发挥海洋高科技的作用，利用先进的海洋技术对海洋环境和资源进行评价与优化，制定科学合理的开发保护规划，辅以当地特色的区域保护管理模式，从科技与管理角度双核驱动保护区网络建设。

2. 分区分策、严格监管，合理划定生态红线

划定生态红线实行永久保护，是党中央、国务院站在对历史和人民负责的高度，对生态环境保护工作提出的新的更高要求，是落实"在发展中保护、在保护中发展"战略方针的重要举措，对维护海洋生态安全，促进经济社会可持续发展，推进海洋生态文明建设具有十分重要的意义。要将海洋保护区、重要滨海湿地、重要河口、特殊保护海岛和沙源保护海域、重要砂质岸线、自然景观与文化历史遗迹、重要旅游区和重要渔业海域等区域划定为海洋生态红线区，并进一步细分为禁止开发区和限制开发区，

依据生态特点和管理需求，分区分类制定红线管控措施，严格实施红线区开发活动分区分类管理政策。基于近岸海域生态调查结果，提出对生态敏感区、珍稀物种、资源及其生境等的保护要求。在近岸海域重要生态功能区和敏感区划定生态红线，防止对产卵场、索饵场、越冬场和洄游通道等重要生物栖息繁衍场所的破坏。建立围填海红线制度，确定海岸带/海洋生态敏感区、脆弱区和景观生态安全节点，提出要优先保护的区域。划定严格的海岸带生态红线、黄线控制区，使重点开发区与生态红线区不重叠，与生态黄线区的管控目标不冲突。加强陆海生态过渡带建设，增加自然海湾和岸线保护比例，合理利用岸线资源；控制项目开发规模和强度。加强围填海工程环境影响技术体系研究，加强对围填海工程的空间规划与设计技术体系研究，完善必要的行业规范。有效推进红线区生态保护工程，严格监管红线区污染排放和监督执法能力建设。

3. 因地制宜，实施重点河口、海湾、海岛生态保护工程

加大辽宁辽东湾、山东胶州湾、浙江舟山、福建沿海等区域重点河口、海湾生态保护力度，开展河口、海湾生态环境综合治理，发挥区域示范效应。积极恢复已经破坏的海岸带湿地，发挥海岸带湿地对污染物的截留、净化功能。实施海湾生态恢复与建设工程，恢复鸟类栖息地、河口产卵场等重要自然生境；在围填海工程较为集中的渤海湾、江苏沿海、珠江三角洲、北部湾等区域，建设生态恢复工程。

加强重要海岛生态系统保护与修复，重要海岛包括长山列岛、庙岛群岛、舟山群岛、台山列岛和西沙群岛。建立废物管理体系，根据海岛海洋功能区要求，合理布局产业，加强自然保护区建设，合理开发海岛自然资源，贯彻海洋保护与开发并举、保护优先的方针。

4. 实施重点生态系统保护工程

珊瑚礁、海草床、红树林等生态系统是重要的生态屏障，须加强保护。组织开展珊瑚礁、海草床、红树林、河口、滨海湿地等海洋生态系统的调查与研究，开展受损生态系统的修复与恢复工作。以自然恢复为主，辅以人工恢复，恢复生态系统结构与功能。采用人工育苗的方式，扩大其种群数量，或采用本土引种，进行异地保护；对珊瑚礁、红树林、渔业资源及濒危物种实施保护，开展海岸带整治、增殖放流、伏季休渔、陆源污染物

监控治理等海洋环境保护工程。

三、发展路线图 ▶

　　贯彻"在保护中恢复，在恢复中保护"理念，通过"三个带动"，即由重点海域带动至整个海域、由示范工程带动先导效应、由国家战略带动区域管理，打造可持续发展的海洋生态管理模式，从而最终实现海洋生态资源可持续发展（图2-2-23）。

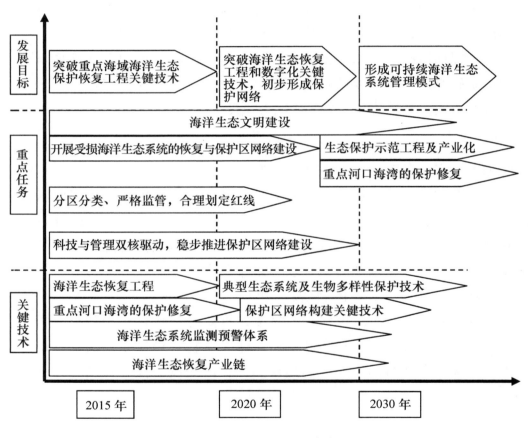

图2-2-23　发展路线

　　由重点海域带动至整个海域：率先在重点河口、海湾、海岛实施生态保护工程，通过区分管理优先权，分类分区合理推进我国河口海湾生态恢复计划，最终实现全国范围的海域保护。

　　由示范工程带动先导效应：发挥滨海湿地、珊瑚礁、红树林、海草床、河口海湾典型生态系统保护工程的示范效应，注重保护与恢复工程的系统性和完整性，开展河口海岸适应性管理。

由国家战略带动区域管理：注重单个项目、区域层面、国家宏观战略层面多尺度恢复，发挥国家宏观战略的引导作用，明确重点海域管理目标及可测量的指标，基于生态系统的完整性，提供指导框架，开展自上而下的管理模式。

总体上，重点海域的环境管理与保护恢复工程发展水平与世界先进水平的差距较大，如海洋生态恢复工程与美国、荷兰这样的发达国家相比，相当于1992年水平；而海洋保护区建设工程与美国、澳大利亚这样的发达国家相比，相当于2000年水平。具体评价指标包括：工程科技化管理水平、保护区建设面积、保护区建设数量、湿地滩涂保护工程、红树林保护工程、珊瑚礁保护工程、海草床保护工程、渔业资源保护工程、敏感生物受体保护工程、溢油生态和物种入侵等生态类型保护工程共11项，我国在保护区建设数量上相对其他指标较好，剩余指标均有待提高（图2-2-24）。

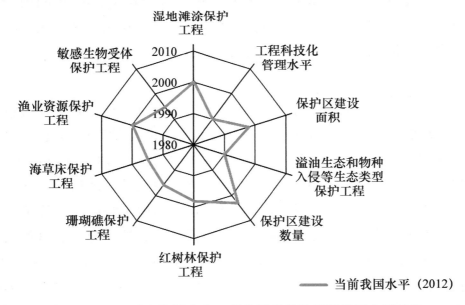

图2-2-24　重点海域生态工程发展现状及国际发展水平趋势

四、保障措施 ▶

（一）提升执法能力，加强海洋综合管理

严格行政执法，提高海洋公益服务水平。坚持不断完善保护海洋的规章制度，加强对海洋环境的监测、监视和执法管理，重点监控陆源污染物排海，实行污染物总量控制；坚持强化海洋环境突发事件应急机制，实施生态环境分类管理制度，对各类典型珍稀的海洋生态区域实行严格的生态保护，对脆弱敏感的海洋生态环境实施生态建设，对全海域的生态环境实行综合管理、协调开发。既重视污染防治，又重视生态建设，由资源消耗型、污染防治型向污染防治与生态建设并重型转变，推动海洋开发的可持续发展。全面提升海洋维权执法能力建设，提高人员素质和装备技术水平。

（二）加强跨学科的交叉性研究，重视海洋数字化

突破单一学科研究的局限性，从多个视角认识海洋，认识海洋与陆地、海洋与大气、海洋与人类的相互关系，才能制定更加科学合理的海洋管理策略，才能满足社会需求，解决人类社会面临的诸多海洋危机和威胁。海洋跨学科研究有利于不同学科思想的交流，有利于海洋科学的进步。跨学科海洋综合研究要求广泛的联合和协作，建立利益相关者的研究伙伴关系，实现海洋科学数据共享。只有这样，海洋研究领域才能不断扩展，海洋科学各学科才能取得突破，才能有所创新。

（三）加强生态示范工程，提高引领带动作用

应积极支持保护区的生态保护工作，科学规划、稳步扩大珊瑚礁、海草床、红树林等各类自然保护区的规模，提高自然保护区的科技支撑能力，并与保护区共同制定措施以加强保护区的生态保护。加大政府投入力度，加强海岸带及海洋生态保护、海洋污染防治，加强滨海区域生态防护工程建设。加强市县海岸带生态环境监测能力建设，逐步完善海洋环境监测网构建，提升自然保护区日常管理水平，实行自然保护区分类管理制度，参照国际一流标准加大对自然保护区的支持。积极实施海洋生态恢复工程，恢复典型海洋生态系统的结构和功能。加大对沿海湿地、滩涂和海岛等重要生态系统的保护与管理力度，维护特殊海洋生态系统服务功能，近岸海域环境质量保持优良状态。通过发展深海养殖业、外海和远洋捕捞业、保护区外围旅游服务业等措施，使保护区建设成为人们的自觉行动。

（四）加强国际交流与合作，提升保护恢复能力

随着经济全球化发展，我国环境保护国际协助需要进一步加强。因此，必须加强海洋环境保护国际合作。积极参与国际大型海洋研究计划，加强

双边和多边国际合作，广泛借鉴国际上的海洋生态保护新理论、新技术，不断拓宽视野、创新理念、把握趋势，形成多领域、跨学科的综合研究机制；建立国家、公众、企业协同的海洋生态保护与开发的行为机制，发挥政府、公众的主体地位和企业的重要作用。吸纳发展中海洋国家参加中国政府海洋奖学金计划，积极为发展中国家提高基础能力提供资金支持，培养海洋人才。同时，积极争取境外、国际上对海洋环境保护事业的专项基金、经济技术援助、优惠贷款和赠款，增加资金来源。与有关国家、国际组织在海洋资源开发、生态环境保护、科技研发、防灾减灾等领域开展交流与合作。

（五）加强海洋意识宣传与建立公众参与制度

培育海洋生态文明意识，树立海洋生态文明理念。深入开展海洋生态文明宣传教育活动，建设海洋生态环境科普教育基地，提高公民的海洋环保意识与参与意识，对保护海洋生态环境至关重要。充分利用报刊、广播、影视等渠道，加强海洋科普宣传，提高公众的海洋环境保护意识和素养，使人们意识到海洋环境和海洋资源是人类赖以生存的重要条件，尤其是在人口不断增长、陆地资源日益枯竭的情况下，如何合理利用海洋资源、保护海洋生态环境关系到每个人的切身利益，以及子孙后代的长远利益；建立有效的公众参与的综合决策机制，完善公众举报、听证、环境影响评价、公众参与制度，通过建立环保信箱，成立非政府环境保护组织等，将决策过程置于公众监督之下，广泛听取社会各界意见，增加决策过程的透明度，通过公众参与方式提高公民的海洋环境保护意识；建立公众环境教育基地，加快普及环境教育。围绕资源节约型和环境友好型社会建设，有意识维护海洋生态安全，实现人与海洋的和谐相处，增强全民海洋生态文明意识，推动建设海洋生态文明。

第六章 重大海洋重点海域生态保护 工程与科技建议

一、海洋保护区网络构建及优化 ▶

（一）必要性分析

过去 60 年，特别是最近 20 年，我国海洋保护区及特别保护区的数量和面积发展迅速，已远远超出预期。然而，就目前我国各类海洋保护区总体情况来看，还存在一些不合理的方面和弊端。①空间布局不合理。目前，我国自然保护区晋升机制主要是"自下而上"的申报形式，即地方政府或业务主管部门申报，国家组织评审和审批，由于缺乏空间布局的宏观指导，造成一些区域自然保护区过于密集，而一些区域无论是生物多样性保护还是渔业资源保护均非常重要，确实需要通过建立国家级自然保护区予以保护的区域，却由于地方或部门没有申报而没有建立，成为自然保护的空缺区域。②建设目的不明确。由于缺乏科学规划指导，一些地方曾主动积极申报国家级自然保护区，然而，随着一些保护区周边区域社会经济发展需求的变化，保护与发展的矛盾逐渐激化，往往提出调整自然保护区范围和功能的要求，由于缺乏国家级自然保护区统一的科学规划，针对某一申请调整的自然保护区在国家生物多样性和渔业资源保护中的战略地位、在国家生态安全格局中的战略位置和功能不清，保护区面积是否合适、功能区划怎样调整等问题存在严重的技术"瓶颈"，给国家自然保护区审批与调整带来诸多的技术难题，甚至影响地方自然保护区建设和管理成果。③界限划分不科学。由于缺乏国家级自然保护空间布局的科学规划，使得目前国家级保护区基本上是按照行政区界划建的，没有包含整个生态区域，或者将不适合划归保护区范围的地段也包含了进来，从而没有真正发挥自然保护区的保护功效。

（二）总体目标

针对我国海洋自然保护区空间布局合理性与重要生态系统和关键物种保护成效问题，在识别和筛选海洋生物多样性与渔业资源保护热点区域的基础上，开展我国海洋自然保护区的空缺分析技术研究，集成研究海洋保护区保护网络构建技术，构建海洋自然保护区空间网络体系，提出空间优化方案，为指导我国海洋自然保护区发展规划编制与晋级申报及调整审批提供重要技术支撑。

（三）重点任务

1. 海洋自然保护区网络构建与优化技术方法研究

在收集、整理、分析国内外已有的自然保护区网络构建与优化技术的基础上，结合我国自然保护区实际情况，探讨我国海洋生物洄游保护的设计技术方法，提出我国海洋自然保护区网络布局技术方案。

2. 海洋自然保护区网络构建

在我国自然保护热点区域的筛选以及国家级自然保护区空缺分析结果的基础上，开展我国海洋自然保护区网络构建研究，提出我国海洋自然保护区网络建设方案。

3. 海洋自然保护区网络优化

通过我国当前海洋自然保护区空间布局特征分析，基于我国海洋自然保护区网络布局技术方案，对已构建的海洋自然保护区网络进行优化，提出我国海洋自然保护区网络空间优化方案。

二、实施重点河口和海湾生态保护工程 ▶

（一）必要性分析

河口、海湾都是最重要的海洋生态系统之一，也是海洋生产力最高、生物多样性最丰富、开发利用强度最大的区域。我国沿海有 1 800 多条河流入海，对丰富海洋生态系统和海洋生物多样性起到了重要作用。经济的快速发展导致人类活动的加剧，所产生的环境影响不仅限于陆域，从河流、大气以及滨海地区的径流将大量污染物输送进入近岸海域，也导致我国大陆海岸带的相当一部分生境退化或遭受根本性的破坏。而河口是流域汇入海洋的通道，处于生态交错区，咸淡水体在此混合，使河口的理化过程、生物过程更为复杂，表现出与河流和海洋不同的生态特征，由河口进入海洋的过程影响到海洋乃至全球的物质循环与平衡，对河口和近海的环境与生态产生了深刻的影响，导致河口及毗邻区出现生态系统平衡被破坏、生态系统服务功能退化，各类环境问题和生态灾害不断凸显，如海水入侵、海岸侵蚀、河口湿地萎缩、生物资源退化、近海富营养化、有害藻类暴发等，已经对沿海地区的经济社会发展及海洋生态环境安全构成了严峻的威胁与挑战。因此，亟待以河口区域为切入点，一方面推进陆海统筹的污染控制，减轻海洋环境压力；另一方面，在河口区采取针对性的保护措施，恢复河口生态环境，支撑河口地区社会经济可持续发展。

(二) 总体目标

通过诊断河口海湾不同水体破坏的程度，确定损害的原因，预测不同生态资源的压力、管理和保护的敏感程度，进而采取总量容量控制计划等相应的措施和手段；筛选确定一批优先试点河口，制定和实施有针对性的管理措施和保护与修复工程，恢复河口生态环境，维护河口生态系统健康，减轻海洋环境压力，支撑河口地区社会经济可持续发展。

(三) 重点任务

加大河口、海湾生态保护力度，开展河口、海湾生态环境综合治理。积极修复已经破坏的海岸带湿地，发挥海岸带湿地对污染物的截留、净化功能。实施海湾生态修复与建设工程，修复鸟类栖息地、河口产卵场等重要自然生境。实施环境基底评估、标准制定、长期监测及保育计划；同时，引进适应性管理、保护区网络建设、生态系统管理、海岸带综合管理等国际先进理念和经验，探索有效保护河口生物多样性和恢复受损生态系统的方法途径，提升中国主要河口海湾生态系统生物多样性保护的成效。

1. 重点河口海岸生态综合整治工程

实施辽河、大辽河、黄河口等河口水生态综合整治工程，辽宁、河北、天津、山东独流入海河流及其典型支流水生态修复与生态治理工程，以辽河流域双台子河口、海河流域滦河河口、黄河流域黄河口滨海湿地为重点，实施环渤海沿海地区湿地保护与恢复工程，加强秦皇岛、营口等沙质海岸林带建设，保护沙滩、沙丘，防治海岸带侵蚀。建立渤海海域渔业资源保护区与恢复增殖区、建立渤海珍稀物种保护区、渤海渔业资源保护区以及重要渔业资源禁渔期，实施增殖工程、人工鱼礁建设工程、水产养殖示范建设工程，有效保护珍稀物种资源、增强生物资源自然补充能力。

在长江口—杭州湾海域，加强长江口沿海防护林建设，积极推进林带建设与保护，加强湿地生态修复和保护，维护生物多样性，加大外来生物入侵防治力度，提高滨海地区整体生态功能；杭州湾海域，实施杭州湾南岸潮间带滩涂荒漠化治理和滩涂生态修复工程，改善和恢复滩涂区域海洋生态功能；建立滩涂湿地生态特别保护区；建立杭州湾鳗苗、海蜇、贝类等天然苗种繁育特别保护区，养护海洋生物场所。

2. 重点河口及毗邻海域生态系统保护与修复工程

在围填海工程较为集中的渤海湾、江苏沿海、珠江三角洲、北部湾等区域，率先开展生态保护与修复工程。

（1）珠江口应对重要敏感生态系统予以全面保护，重点保护各类海洋珍稀濒危物种、红树林湿地生态系统和重要水生生物产卵场；加强自然保护区建设，进一步完善海洋海岸自然保护区的法规体系；依法严格控制围海、填海面积，逐步完善围海、填海的规范管理。

（2）厦门湾海域：实施区域化管理，建立生态监控区、生态修复和恢复区、开发与保护示范区；加强海洋生物多样性保护，重点加强国家级厦门珍稀海洋物种自然保护区和九龙江口红树林生态系统自然保护区的建设；严格控制围填海项目及九龙江口矿砂资源的开采。

（3）北部湾海域：建立防城港湾、钦州湾、铁山港湾等重点港湾陆源污染物排海总量控制制度；建立北部湾生态监控区，开展北部湾海洋资源，环境质量调查与监测；制定和完善北部湾海域使用规划，海洋开发利用规划、海洋生态环境保护规划等海洋专项规划。加强北仑河口和山口红树林海洋海岸自然保护区、合浦儒艮、钦州茅尾海红树林自然保护区的建设与管理；新建一批海洋海岸自然保护区、海洋特别保护区及生态监控区，扩大北部湾生态保护与修复海域范围，开展红树林、海草床、珊瑚礁等典型生境修复，建立生态修复示范区。

（4）海南岛海域：建立海口、三亚、主要沿海工业区等重点区域的污染物排海总量控制制度，制定和完善近岸海域环境功能区划、海洋功能区划、海洋环境保护规划，开展入海河流、直排污染源和南海海域环境监测。

全面推进南渡江、万泉河、昌化江等入海河流的环境综合整治,加强珊瑚礁、海草床、潟湖、海岛等海洋生态系统的保护与修复,科学选划海洋海岸自然保护区和特别保护区,开展珊瑚礁、海草移植计划。开展典型热带生态系统保护示范基地建设,加强生态监测、科学研究等能力建设,推广热带生态系统的保护与管理技术,带动全国热带生态系统的保护工作。

三、实施重点生态系统保护示范工程 ▶

(一) 必要性分析

当前全球海洋学研究面临的突出问题大体可以分为两类:气候问题和环境问题。占地球表面近3/4的海洋在全球气候变化中所扮演的角色和所起的重要作用是毋庸置疑的,由其引发的问题已经给人类的生存和社会的发展带来了严峻的挑战。此外,废水排放、大坝建设、调水工程、土地利用变化等人为活动影响不断加大,使得红树林生态系统,草场生态系统,藻场生态系统,珊瑚礁生态系统等海岸带重要生境不断遭受破坏,甚至濒临消失。

(二) 总体目标

围绕"以自然恢复为主,辅以人工恢复"思路,筛选确定一批优先试点区域,开展生态系统保护示范工程;借鉴国际先进的生态保护工程理念与方法,形成不断优化改进的管理模式,恢复生态系统结构与功能,维护海岸带生态系统健康,发挥这些生态示范恢复技术在海洋可持续发展中的引领作用,最终有助于实现海洋生态文明建设。

(三) 重点任务

重点保护珊瑚礁生态系统、红树林生态系统,沿海潟湖,以及各类湿地系统。海洋生态恢复与建设工程包括人工鱼礁试验、重点开发红树林、海草床、珊瑚礁、滨海湿地、海岛等典型生态恢复和恢复技术。不同的海域,受损原因不同,采取的对策与恢复技术也不同,大力开展这些针对性的示范恢复技术研究,推动带头引领作用。

(1) 滨海湿地生态系统。滨海湿地生态系统保护与恢复必须特别关注生物与生态变化的过程,积极开展对海岸带湿地生态系统保护与恢复数据库,开展单个滨海湿地恢复工程和区域滨海湿地恢复工程,从被动恢复

（自然恢复）和主动恢复（人工恢复）两种途径出发，优先考虑采取被动恢复途径。建立完善的湿地自然保护区网络，包括机构、基础设施、保护管理、科研监测和宣传教育等体系；开展水资源调配与管理工程，适当增加关键区域生态用水比例，逐步恢复原有的湿地生境，开展在生物多样性丰富的地区和退化区以及被改造的滩涂区实施恢复与重建工程。

（2）珊瑚礁生态系统。借鉴国外珊瑚礁保护经验，提高对珊瑚礁结构和生态学的认识，更加深入地认识自然过程、恢复能力和珊瑚礁病害；进一步识别陆地污染源和局地条件变化对珊瑚的影响，确定沉积物、营养物和污染物的影响，研究这些刺激因素与珊瑚礁生态系统健康之间的关系。珊瑚礁生态保护和管理是对整体珊瑚礁生态系统进行全面管理，是一种多目标管理。通过科学的珊瑚礁生态保护和管理，维持珊瑚礁的结构和生物群落的多样性，以及与之相关的多样种群，保证生态系统健康发展，提高珊瑚礁恢复技术，达到生态效益、社会和经济效益统一。

（3）红树林生态系统。红树林具有重大的生态、经济和文化价值，是中国东南沿海的关键生态系统之一，对维护近海生态安全和当地社会经济的可持续发展具有不可替代的作用。必须加强科学研究，强化科技支撑，切实发挥科学技术在红树林和滨海湿地保护和恢复中的关键作用；尽快建立红树林资源监测评价体系、湿地功能和效益评价体系、湿地野生动植物监测体系，应采取的对策包括减少人类干扰、水污染治理、病虫害防治、外来入侵种的清除等手段。

（4）海草床生态系统。中国对海草的科学研究工作比较薄弱，应加强我国海草场的生态研究，对全国范围内的海草场进行大规模生态普查，对我国特定近岸海洋环境下海草场生态功能、影响海草场生态环境因素进行深入研究并形成全面而系统的分析和评价机制，为建立我国海草场生态系统信息库和进行海草场保护以及海草场生态系统的人工生态恢复提供依据。将海草行动计划纳入生物物种保护协调机制，尽快采取有效的措施，建立比较完善的海草保护区，减缓海草退化，避免海草及其生态系统遭到进一步的破坏，并使海草及其生态系统遭到破坏的现状得到减轻或扭转。

主要参考文献

陈彬,俞炜炜.2012.海洋生态恢复理论与实践[M].北京:海洋出版社.

丁峰元,严利平,李圣法,等.2006.水母暴发的主要影响因素[J].海洋科学,30(9):79－83

国家海洋局.2008年中国海洋环境状况公报.

国家海洋局.2009年东海区海洋环境质量公报.

国家海洋局.2010年海洋灾害公报.

国家海洋局.2011年海洋灾害公报.

国家海洋局.2011年中国海洋经济统计公报.

国家海洋局.2012年海洋灾害公报.

国家海洋局.2012年中国海洋环境状况公报.

国家海洋局.国家海洋事业发展"十二五"规划.

国家海洋局.全国海洋功能区划(2011—2020年).

国家海洋局.中国海洋发展报告(2011).

褐潮来袭:危害大待破解 http://news.sciencenet.cn/htmlnews/2012/7/267336.shtm.

黄华梅,高杨,王银霞,等.2012.疏浚泥用于滨海湿地生态工程现状及在我国应用潜力[J].生态学报,(8):2 571－2 580.

姜欢欢,温国义,周艳荣,等.2013.我国海洋生态恢复现状、存在的问题及展望[J].海洋开发与管理,(1):35－39.

柯昶,曹桂艳,张继承,等.2013.环渤海经济圈的海洋生态环境安全问题探讨[J].太平洋学报,21(4):71－80.

赖鹏智.2013.澳洲大堡礁分区管理[J].人与生物圈,(3):28－32.

廖建英,胡春燕,张志林.2010.长江口口门湿地的演变分析[J].人民长江,41(7):38－42.

林鹏,张宜辉,杨志伟.2005.厦门海岸红树林的保护与生态恢复[J].厦门大学学报(自然科学版),(6):1－6.

刘芳明,缪锦来,郑洲,等,2007.中国外来海洋生物入侵的现状、危害及其防治对策[J].海岸工程,26(4):49－57.

陆健健.2012.长江河口生态系统的演变趋势与生态建设的战略目标及关键措施//中国海洋工程与科技发展战略论坛报告.青岛.

梅宏,薛志勇.2011.中国红树林保护区管理与立法研究[J].中国海洋学评论,(1):219－227.

梅宏,薛志勇.中国红树林保护区管理与立法研究//中国海洋法学评论,2011会议论文.

齐雨藻.2004.中国沿海赤潮[M].北京:科学出版社.

史建波,江桂斌.2012.我国海洋环境化学污染的总体趋势∥中国海洋工程与科技发展战略论坛报告.青岛.

苏纪兰.2012.中国海洋可持续发展的政策建议∥中国海洋工程与科技发展战略论坛报告.青岛.

孙松.2012.水母暴发研究所面临的挑战[J].地球科学进展,27(3):257-261.

威海.建设小石岛海洋生态保护区海洋牧场工程,http://www.sd.xinhuanet.com/lh/2011-12/05/content_24270675.htm.

杨顶田,单秀娟,刘素敏,等.2013.三亚湾近10年pH的时空变化特征及对珊瑚礁石影响分析[J].南方水产科学,9(1):1-7.

杨作升,丁平兴.2012.我国大规模围填海的生态环境影响和政策研究∥中国海洋工程与科技发展战略论坛报告.青岛.

俞志明.2011.长江口水域富营养化[M].北京:科学出版社.

张莹,刘元进,张英,等.2012.莱州湾多毛类底栖动物生态特征及其对环境变化的响应[J].生态学杂志,31(4):888-895.

郑丙辉.2013.海河口区营养盐基准确定方法研究——以长江口为例[M].北京:科学出版社.

郑凤英,邱广龙,范航清.2013.中国海草的多样性、分布及保护[J].生物多样性,21(5):517-526.

中国环境与发展国际合作委员会.2010.生态系统管理与绿色发展[M].北京:中国环境科学出版社.

中国科学院海洋领域战略研究组.2009.中国至2050年海洋科技发展路线图[M].北京:科学出版社.

朱艳.2009.我国海洋保护区建设与管理研究[D].厦门:厦门大学.

Armstorng M W,Gudes S B. 2002. A national strategy to restore coastal and estuarine habitat. Restore America's Estuaries, National Oceanic and Atmospheric Administration.

Fiscal Year 2011—2015 EPA Strategic Plan. U. S. Environmental Protection Agency,2010.

http://www.stei.org/research-ecr.shtml.

Long Island Sound Study, U. S Enviromental Protection Agency. 2003. The long island sound habitat restoration initivative:technical support for coastal habitat restoration. U. S. Environemntal Protection Agency, Long Island Sound Office.

Shafer D J,Bergstrom P. 2008. Large-scale submerged aquatic vegetation restoration in Chesapeake Bay. ERDC/EL TR-08-20. Vicksburg,MS:U. S. Army Engineer Research and Development Center.

Shafer D J, Bergstrom P. 2010. An introduction to a special issue on large-scale submerged aquatic vegetation restoration research in the Chesapeake Bay: 2003—2008. Restoration Ecology, 18(4) : 481 – 489.

Williams P. & Associates. Ltd, Faber P. M. Design guidelines for tidal wetland restoration in San Francisco Bay. The Bay Institute and California State Coastal Conservancy, Oakland CA. 2004.

主要执笔人

丁德文　国家海洋局第一海洋研究所　中国工程院院士

舒俭民　中国环境科学研究院　研究员

李新正　中国科学院海洋研究所　研究员

高会旺　中国海洋大学　教　授

韩保新　环保部华南环境科学研究所　研究员

温　泉　国家海洋环境监测中心　研究员

刘录三　中国环境科学研究院　副研究员

徐惠民　辽宁师范大学　副教授

刘　静　中国环境科学研究院　助理研究员

余云军　环境保护部华南研究所　副研究员

专业领域三：重大涉海工程的生态和环境保护发展战略

第一章 重大涉海工程环境保护现状及战略需求

一、海洋油气田开发工程

世界石油产量中约30%来自海洋石油。2010年，全球海上石油生产总量约12亿吨，中国海上石油年产量达5 000万吨左右。世界海上石油产量的增长速度是世界石油生产总量增长速度的3倍多，预计今后几年海上石油生产将以更高的速率增长。

我国海洋石油勘探始于20世纪60年代，1975年渤海第一座海上试验采油平台投产，揭开了中国海洋石油开发的序幕。我国海洋原油产量占全国原油产量的比重，从1990年的1.05%提高到2010年的26%。以渤海为例，仅已探明的就有90亿吨，总储量达205亿吨，渤海油气产量从2000年的653.5万吨猛增到2010年的3 000万吨以上，年均增加16.7%。据统计，随着全球海洋石油大规模开发和石油海运的迅速发展，每年在开采、贮运和使用过程中进入海洋环境的石油及其制品达到1 000万~1 500万吨，约占世界石油年产量的5%，其中由近海石油生产和船舶运输导致的泄漏占46.7%，石油平台勘探与生产活动对周围海洋环境的影响越来越值得关注。中国海域每年约有10多万吨石油入海，渤海和东海石油污染比较严重，分别占石油排放入海量的34%和33%，南海占19%，黄海占14%。沿海石油污染面积约12万平方千米，渤海石油污染面积约为4万平方千米，黄海的石油污染面积为2.6万平方千米，东海石油污染面积约3.4万平方千米，南海石油污染面积约为1.7万平方千米。

海洋环境和生态的恶化，加剧了海洋环境灾害发生的频度，直接威胁海洋资源的可持续利用，还对人民的身体健康构成严重的潜在威胁。因此，提高海洋油气资源在勘探、开采及贮运过程中的环境污染防治技术及风险控制水平，已成为今后海洋环境科学技术面临的艰巨任务。

二、沿海地区重化产业

石化和化学工业是国民经济重要的支柱产业和基础产业，其资源、资金、技术密集，产业关联度高，经济总量大，产品应用范围广，在国民经济中占有十分重要的地位。改革开放以来，我国沿海地区由于其有力的经济、社会基础和独特的区位优势，不仅率先成为全国经济发展的先行地区，而且也开始成为重化工业的重要基地。截止到 2010 年，我国已形成了长江三角洲、珠江三角洲、环渤海地区三大石化化工集聚区及 22 个炼化一体化基地，建成 20 座千万吨级炼厂，汽柴油产量达 2.53 亿吨，75% 以上的产能分布在沿海区域。上海、南京、宁波、惠州、茂名、泉州等化工园区基地已达到国际先进水平。

重化工业沿海布局有助于摆脱原有的以利用本国自然资源为主的发展模式，是转向依赖全球市场配置资源、进一步直接靠近消费市场的必然选择。但是，我国沿海重化工布局产生了一系列负面影响，呈现出结构趋同、布局分散、产能过剩、资源环境超载、风险事故频发的状态，一旦失去控制，海岸线就有可能成为"工业污染线"。在污染控制方面，我国加工吨油平均处理污水高达 1.84 立方米，是国外的 12.27 倍，导致我国石化的污水处理装置的规模远远大于国外同类装置，而且超负荷运行，处理效果得不到保证，既污染环境，又难以回用，同时又具有较高的环境风险。我国在降低资源消耗，提高废水排放标准方面仍有很大潜力。探索沿海重化工产业的环境保护策略，是实现工业发展与环境保护和谐发展的必然选择，是实现生态文明的内在需求，是建设美丽海洋的重要抓手。

三、海岸带围填海工程

围填海工程是人类利用海洋空间资源，向海洋拓展生存空间和生产空间的一种重要手段。纵观中外沿海国家和地区发展的历史，围填海工程在促进沿海国家和地区的社会经济发展中起到十分重要的作用。港口建设与临港工业发展进程中围填海工程是重要前提条件；人类对滩涂资源实施围垦，新形成的土地资源能满足沿海大规模种植业、养殖业以及盐业及相关产业发展的需要；沿海城市扩张过程中，围填海工程可以满足城市化发展对空间资源的需要，同时，围填海工程又具有防御海岸海洋风暴潮灾害的功能，因此，围填海工程得到世界沿海国家和地区的高度重视。

我国沿海地区在 20 世纪 80 年代实施对外开放以来，沿海地区经济快速发展，城市化进程加快，沿海城镇发展的空间约束越来越突出，建设用地资源量日益紧张。当前新一轮的沿海开发已经成为国家发展战略，辽宁沿海经济带、山东蓝色海洋经济区、浙江海洋经济发展示范区等的建设与发展势头日新月异，围填海工程中存在的诸多相关利益者之间的矛盾日益升级。自 2002 年实施《中华人民共和国海域使用管理法》以来，国家海洋局和沿海省、市、自治区也加强了对围填海的管理、论证、审批工作，使无序用海的状况得到了较有效的遏制。但是，由于国家对土地严格控制和地方利益的驱动，围海造地成为沿海地区的热点问题。现代化的施工技术和设备使得围填海容易进行，加之对海洋生态系统的服务功能价值与海洋开发利用之间的关系认识不充分，沿海不少地方填海造地实际上出现了无度的状况。在缺乏科学围填海规划和科学评估前提下，不少海湾和河口沿岸已进行大规模围填海活动，出现了一些值得关注的生态环境问题。

据不完全统计，我国滨海滩涂湿地面积已减少约一半。由于围填海使近海生态环境日趋恶化，海洋生物多样性锐减，纳污能力下降，经济鱼类的早期栖息地丧失，渔业资源严重衰退，多处岸线、海岛及自然景观遭到破坏，区域沉积动力、泥沙冲淤发生变化，近海生态系统受到严重影响，因此急需开展系统深入的科学研究，解决围填海工程发展与海岸带及海洋生态环境保护之间的突出问题。

四、核电开发工程

核安全事关核能与核技术利用事业的发展，事关环境安全，事关公众利益。我国政府历来高度重视核安全工作。半个多世纪以来，我国核能与核技术利用事业稳步发展，目前，我国已经形成较为完整的核工业体系，核能在优化能源结构、保障能源安全、促进污染减排和应对气候变化等方面发挥了重要作用。核安全是核能与核技术利用事业发展的生命线。但是，我国核安全形势不容乐观。我国核电多种堆型、多种技术、多类标准并存的局面给安全管理带来一定难度，运行和在建核电厂预防和缓解严重事故的能力仍需进一步提高。部分研究堆和核燃料循环设施抵御外部事件能力较弱。早期核设施退役进程尚待进一步加快，历史遗留放射性废物需要妥善处置。铀矿冶炼开发过程中环境问题依然存在。

我国核能与核技术利用始终坚持"安全第一、质量第一"的根本方针，贯彻纵深防御等安全理念，采取有效措施，核安全基本得到保障。近年来，我国核能与核技术利用事业加速发展，核电开发利用的速度、规模已步入世界前列，保障核安全的任务更加艰巨。

日本福岛核事故的经验教训十分深刻，进一步提高对核安全的极端重要性和基本规律的认识，提升核安全文化素养和水平，进一步提高核安全标准要求和设施固有安全水平，进一步完善事故应急响应机制，提升应急响应能力，进一步增强运营单位自身的管理、技术能力及资源支撑能力，进一步提升核安全监管部门的独立性、权威性、有效性，进一步加强核安全技术研发，依靠科技创新推动核安全水平持续提高和进步，进一步加强核安全经验和能力共享，进一步强化公共宣传和信息公开，成为沿海核电开发必须面对的课题。

第二章　我国重大涉海工程及环境保护发展现状

一、海洋油气田开发工程　▶

（一）工程发展现状

据全国第三次石油资源评价初步结果，目前全国海洋石油资源量为 246 亿吨，占石油资源总量的 22.9%；海洋天然气资源量为 15.79 万亿立方米，占天然气资源总量的 29.0%。我国的海上油气开采平台分布见图 2-3-1。总体来看，我国的海洋油气开采具有以下最明显的 3 个特点。

（1）海洋油气开采过度集中在近海。2010 年，海上石油开采达到 5 178 万吨，相当于大庆油田的全年产量，占到我国当年石油年产量 1.89 亿吨的 1/4 以上。但这 5 178 万吨的产量全部集中在中国近海海域：渤海、珠江口、南海北部、北部湾。其中，仅渤海油田就奉献了 3 000 余万吨，占到了其总量的 60%。而在中国的深远海——南海，国外的油井林立，却几乎没有我国油气开采企业的身影。

（2）高强度开发现象较为突出。由于历史的原因，PSC 模式（产品分成合同）成为我国海上石油开发的主要模式，由外国石油公司担任初期作业者，负责日常作业。据中海油 2010 年报，中海油在中国海域共有与 22 个合作伙伴的 30 个 PSC 正在执行。而正是由于 PSC 模式，国外企业为提高采油效率而采用短视的开采手段，高强度开发现象严重。

（3）海上油气开采的生态环境风险较高。在近海分布的海上采油勘探钻井、采油平台、海底油气管线、油码头等设施逐年增多，且随着部分设备老化，海上溢油事故发生风险有所提高。石油一旦进入洋体，会随着浪潮迅速扩散，吸收海水中大量的溶解氧，形成油膜效应。油膜覆盖于水面，使海水与大气隔离，造成海水缺氧，导致海洋生物死亡。在石油污染的海水中孵化出来的幼鱼鱼体扭曲并且无生命力，油膜和油块能粘住大量的鱼

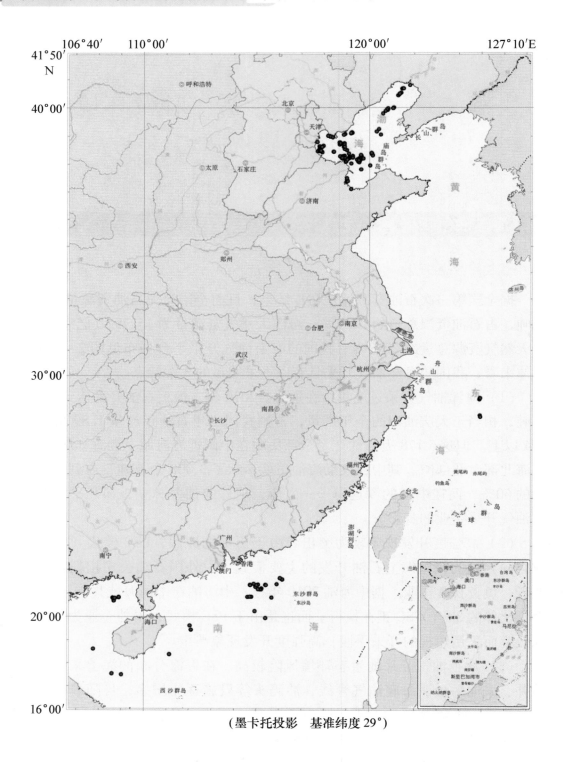

（墨卡托投影　基准纬度29°）

图2-3-1　我国海洋石油开采平台分布示意图

卵和幼鱼使其死亡。油污使经济鱼类、贝类等海产品产生油臭味，成年鱼类、贝类长期生活在被污染的海水中，其体内蓄积了某些有害物质，当进入市场被人食用后危害人类健康。

（二）海洋油田开发工程的生态环境影响

随着海洋油气资源勘探规模和区域的不断扩大，其对海洋环境和生态的影响也日益严重，海洋石油开发的各个环节包括海底油气勘探、油气开采、油气集输等都存在环境生态破坏危险。

在石油勘探过程中，采用地震法所使用的地下爆破震源、噪声都会对周围的生态环境产生影响；采用电磁法等勘探技术同样会对所在海域的海洋生物产生影响。在油气开采过程中，主要污染源是钻井设备和施工现场，钻井过程中会产生大量的废弃泥浆，这些泥浆中包含了各种油和烃类，以及各种钻采的废渣，这些泥浆如果处置不当，泄漏进入周边的海域，将对周围的环境产生毒害作用。同时，在油气开采平台或者导管架安装以及钻采过程中会产生巨大的振动噪声，影响周边环境。在油气运输过程中，由于海洋油气平台一般远离大陆，故一般采用油轮或者管道运输，也有采用浮式储油装置FPSO收集后运输的办法，在油气运输过程中，由于自然因素或者人为操作的因素会产生油气泄漏的风险，一旦泄漏会产生巨大的环境影响。油气田开采主要的产污环节如下。

（1）生产废水：主要是随原油、天然气一起从地下开采出来的生产水，其量的大小取决于生产规模和各油井含水率或注水量。这些生产水不但含油量大，且排放时间长，成为油田污染的最大污染源，生产水中除主要成分石油烃外，还含有一些非烃类有机物（大部分为羧酸盐）和溶解性芳香烃类，以及氨氮等无机物。

（2）泥浆钻屑：泥浆钻屑成分视其种类、性质、处理剂的使用各有不同，主要的污染物是石油类、盐类、可溶性金属元素、有机硫化物和有机磷化物等。一旦排海，部分沉降到钻井平台邻近海床，对局部海床会造成一定的污染，部分会随海流漂移扩散，造成水体悬浮物增加的同时释出的污染物还会污染水体。

（3）落地原油：主要是在采油作业中未入平台大罐或集输管线而落入海的原油，产生于试油试采时、井下作业起下钻杆、抽出油杆/管时或管线阀门泄漏等事故。处理方法一般采用机械回收或化学消油剂处理。

（4）生活污水：主要是钻井开采船舶和平台上的清洗水、粪便水等，主要污染物有石油、大肠杆菌、生化需氧量、化学需氧量、悬浮物、氮、磷等，一般平台都有生活污水处理设备，经处理后均能满足船舶排污标准。

海洋石油在钻探、开采、集输等过程中都会对环境造成影响，其中尤以石油污染为主，石油进入海洋后，除部分低分子量烃易逃逸蒸发到大气外，绝大部分石油会进入水体，发生乳化溶解、扩散、沉淀作用，污染水体、海床的同时影响到鱼类及其他海洋生物的生存环境。

依据《2011 中国海洋状况公报》，全国海上石油平台生产水排海量约为12 859 万立方米，比上年增加 5.7%，钻井泥浆和钻屑排海量分别约为47 709 立方米和 40 926 立方米，比上年分别下降 9.7% 和 10.4%。2012 年对 30 个海洋油气区（群）及邻近海域环境状况的监测结果显示，蓬莱 19 - 3 油田溢油事故对所在油气区及周边海域环境状况产生影响，其他油气区水质要素中石油类和化学需氧量基本符合第一类海水水质标准，沉积物质量均符合第一类海洋沉积物质量标准。总体上，除蓬莱 19 -3 油田以外，2012年所监测的其他海洋油气区环境质量状况均基本符合海洋油气区的环境保护要求，未发现海洋油气开发活动对周边海域环境产生明显影响。但随着海洋油气田开采规模的扩大，我国海上油气田生态环境状况依然不容乐观。

（三）我国海洋油田开发的生态环境保护措施

《中华人民共和国海洋环境保护法》（1982 年 8 月颁布）规定，海岸工程、海洋石油开发项目在编报计划任务书前，必须对海洋环境进行科学调查，并按照国家有关规定编报海洋环境影响报告书，包括防止污染损害海洋环境的有效措施，上报国家有关部门审批。海洋石油开发环境影响评价技术工作开始于 1987 年，通过学习、研究国内外先进评价技术，并结合海洋石油开发建设项目的工程特点，形成了包含工程分析、影响预测、风险评价、清洁生产等独具特色的海洋石油开发项目环境影响评价技术体系。

为加强石油天然气污染防治技术引导，我国环境保护部于 2012 年发布了《石油天然气开采业污染防治技术政策》（环境保护部公告 2012 年第 18号），但这一技术政策主要针对陆域及海岸滩涂区的污染防治技术，目前还没有关于海洋油气田开发的污染防治技术政策。2006 年 11 月 1 日，《防治海洋工程建设项目污染损害海洋环境管理条例》正式实施，从管理层面对海洋油气田开发提出了要求，生态环境保护相关内容主要有以下几方面。

（1）海洋油气矿产资源勘探开发作业中应当配备油水分离设施、含油污水处理设备、排油监控装置、残油和废油回收设施、垃圾粉碎设备。

（2）海洋油气矿产资源勘探开发作业中所使用的固定式平台、移动式平台、浮式储油装置、输油管线及其他辅助设施，应当符合防渗、防漏、防腐蚀的要求；作业单位应当经常检查，防止发生漏油事故。

（3）海洋油气矿产资源勘探开发作业中产生的污染物的处置，应当遵守下列规定：①含油污水不得直接或者经稀释排放入海，应当经处理符合国家有关排放标准后再排放；②塑料制品、残油、废油、油基泥浆、含油垃圾和其他有毒有害残液残渣，不得直接排放或者弃置入海，应当集中储存在专门容器中，运回陆地处理。

（4）建设单位在海洋工程试运行或者正式投入运行后，应当如实记录污染物排放设施、处理设备的运转情况及其污染物的排放、处置情况，并按照国家海洋主管部门的规定，定期向原核准该工程环境影响报告书的海洋主管部门报告。

（5）海洋油气矿产资源勘探开发作业中应当安装污染物流量自动监控仪器，对生产污水、机舱污水和生活污水的排放进行计量。

（6）禁止向海域排放油类、酸液、碱液和剧毒废液。

（7）建设单位应当在海洋工程正式投入运行前制定防治海洋工程污染损害海洋环境的应急预案，报原核准该工程环境影响报告书的海洋主管部门和有关主管部门备案。

（8）防治海洋工程污染损害海洋环境的应急预案应当包括以下内容：①工程及其相邻海域的环境、资源状况；②污染事故风险分析；③应急设施的配备；④污染事故的处理方案。

二、沿海地区重化产业

（一）产业发展现状

我国沿海地区，包括辽宁、天津、河北、山东、江苏、上海、浙江、福建、广东、广西、海南 11 个省、自治区和直辖市，全部布局有重化工产业。山东是全国炼油能力最大的省份，原油加工能力达 7 600 万吨/年，其次为辽宁和广东。在广东，惠州—广州—珠海—茂名—湛江一线以临港开发区为载体的沿海石化产业带已经形成；华东、华中临港重化工业规模正在扩大；从南京到上海的长江沿岸，已经产生 8 个大型的临港化工区；杭州湾也正向石化工业区的目标大胆迈进；在北方的环渤海地区，倚仗老工业基地的优势，天津、大连等地的临港工业发展十分迅速。石化和化学工业项目不仅会大幅拉动本地区 GDP 的增长，对地方财政的贡献度也很高，因此沿海地区的许多省、市、自治区政府不约而同地选择重化产业作为本地区经济发展的推手。伴随着经济的增长，也产生了一些负面影响，产业结构与布局的逆向调整、资源环境的压力日益加大（表 2 – 3 – 1）。

表 2 – 3 – 1　2012 年沿海各省（市、自治区）原油加工量

排名	地区	企业数/个	加工量/百万吨	占全国加工量比例/%
1	山东省	39	7 021.51	15.01
2	辽宁省	27	6 603.28	14.11
3	广东省	5	4 310.71	9.21
4	浙江省	5	2 904.80	6.21
5	江苏省	13	2 799.08	5.98
6	上海市	2	2 207.69	4.72
7	广西壮族自治区	5	1 550.66	3.31
8	天津市	2	1 515.46	3.24
9	河北省	6	1 432.36	3.06
10	福建省	1	1 104.45	2.36
11	海南省	2	928.94	1.99
	合计	107	32 378.94	69.20

（1）加剧产业布局分散，加大产业结构趋同化，加重产能过剩。进入 21 世纪以来，我国石化产业保持快速增长，产业规模不断扩大，综合实力逐步提高。国家为了振兴石化，调整产业结构，提出逐步建设宁波、上海、南京、大连年加工能力超过 3 000 万吨以及茂名、广州、惠州、泉州、天津、曹妃甸年加工能力超过 2 000 万吨的十大炼油基地。但是我国石化化工产业存在区域布局分散，一体化、规模化、集约化水平偏低，产业内容雷同、特色不突出等问题。从沿海各地区规划可以看出，沿海地区均已将石化产业作为本地区的支柱产业，这些地区产业发展规划在功能定位和发展方向上高度趋同，导致重复建设、无序竞争。在国家批准立项规划项目外，

沿海不少地区不顾资源和产业条件，没有充分考虑自然条件和产业基础，竞相快速增加重化工项目，甚至有些地区在没有完成环境评估的背景下，就开始建设重化工项目。大规模的重复建设还带来了产能过剩，加重了我国经济结构调整的负担。

（2）加重资源环境负荷。重化工业在运输和生产过程中排放的"三废"较多，是造成环境污染较大的工业部门，而且还是能源和原材料消费大户。我国沿海大部分地区属于淡水短缺、电力供应紧张的区域，如果盲目开发重化工业很可能出现水、电供应不足的局面，并且重化工业一旦投入很难退出，假如投资决策失误，将会出现大量设备闲置和资源浪费。此外，我国沿海重化产业基地位置处于人口密集、经济较发达的省市，一旦突发环境污染事故将会造成重大影响。

（二）沿海重化产业生态环境影响

由于我国石油缺口加大，新建石化项目多采用进口石油，这就决定了多数新建石化项目布设在沿海港口附近或沿江港口。现代石化项目投资少则几十亿，多则几百亿，占地以平方千米计，除生产主装置以外，还要建设发电、供热、储运设施，以及输油管道、专用铁路、码头等，是多种工业生产的集成，外排污染物涉及废水、废气、固体废物（其中危险固废比例较大）、光、热等多方面，污染物数量较大，所处区域往往是环境敏感区域，对海岸带环境和生态系统产生直接压力。我国沿海重化工产业对生态环境的影响体现在如下几个方面。

（1）化工产业类型齐全，污染物多样。沿海化工主要有无机化工原料、有机化工原料、石油化工、化学肥料、农药、高分子聚合物、精细化工和医药化工等，企业类型众多，特征污染物不同。化工生产排出的污水，一般富含石油类、氮、磷、化学需氧量等污染物，具有有害性、好氧性、酸碱性、富营养性、油覆盖性、高温等特点；一般的化工废气，含有氯化氢、苯等有毒有害气体，具有易燃易爆、有毒性、刺激性、腐蚀性、含尘等特点；化工生产过程中的废渣以及持久性有机污染物（POPs）对沿海区域的环境有着长期、潜在的影响。化工生产的这些特点，对区域水环境都会产生极大的影响，从而影响到人和其他生物的生活与生存。

（2）排污处理工艺简单，污染物危害大。化工企业排放的污染物种类较多，危害性极大，造成污染治理难度较大，尤其是有毒有机废水的长期排放，对海域生态系统构成的健康安全风险难以预测。有研究曾采用鱼和大型蚤对各种工业废水和市政废水进行急性毒性试验，结果表明：以化工和石油化工废水的生态毒性最大，化工废水中所含的苯系物、酚类和脂类等有机污染物有一定的生物积累性和内分泌系统干扰毒性，是海洋生物的隐形杀手。因多数化工企业间歇式地向污水处理厂排放废水，水量、水质波动大，仅以传统的化学污染物检测法不足以有效控制组分复杂且有毒的工业废水；而污水处理厂处理手段以生化为主，工艺相对简单，缺乏针对特征污染物的强化物化预处理手段，生化系统抗污染负荷冲击能力和脱氮除磷能力差，对海洋环境的生态风险令人担忧。

（3）化工事故频发，环境安全风险大。化工行业生产过程中使用大量易燃、易爆、有毒及强腐蚀性材料，在其生产、使用、储存、运输、经营及废弃处置等过程中易发生火灾、爆炸、中毒、放射等事故。沿海地区靠近人口聚居区，经济较为发达，一旦发生重大环境事故，势必造成严重的生态影响，对海洋生态环境带来不可恢复的破坏。

（4）管理监督不够，应急系统不完善。为规范突发环境事件应急预案管理，完善环境应急预案体系，增强环境应急预案的科学性、实效性和可操作性，环境保护部于2010年9月制定了《突发环境事件应急预案管理暂行办法》。该管理办法提出环境保护部对全国环境应急预案管理工作实施统一监督管理，县级以上地方人民政府环境保护主管部门负责本行政区域内环境应急预案的监督管理工作。但在具体实施中，管理监督力度依然不够，大部分区域缺乏必要的应急预案演练制度，事故发生后，应急系统不协调。

（三）环境保护措施

（1）石化废水中含有机物、烃类、石油类、重金属等有毒有害物质，成分复杂，难于生物降解，并且对微生物代谢产生抑制和毒害作用。为提高石化行业污水处理效率和水平，我国颁布实施《石油化工污水处理设计规范》（GB 50747 - 2012），行业内发布了事故状态下的处置要求，包括《水体污染事故风险预防与控制措施运行管理要求》（中国石油企业标准 Q/SY 1310 - 2010）、《事故状态下水体污染的预防与控制技术要求》（中国石油企业标准 Q/SY 1190 - 2013）等。目前推荐工艺的投资和运行费用大大降低，具有良好的经济效益，为石化行业的可持续发展打下了良好的基础。

在石化行业，废水深度处理技术水平比较先进，但是多数装置处理后的污水只能达到排放标准，能够真正用于生产性回用的则不多见。这主要是由于我国石化行业面临着原油来源不稳定的状况，原油生产加工过程受市场影响大，导致我国石化业废水排放量大，废水水质不稳定，而深度处理装置抗冲击能力不强，不能够适应经常变动的工况。这些原因，导致我国废水深度处理的应用水平无法与科研水平相匹配，在实际工程的运用当中比发达国家石油化工行业落后约 10 年左右。不仅如此，目前清洁生产在企业内尚未得到应有的重视，单纯末端处理造成沉重的经济负担。今后应加强清洁生产和全过程控制，为降低污染、减轻企业经济负担奠定基础。

（2）石化行业工业有害固体废物处理处置，与发达国家相比仍处于起步阶段。石化行业有害固体废物包括各种固体状态的废物、半固态、高浓度的固液混合物、黏稠液体废物和废有机溶剂等。石化行业排放的固体废物的特点是种类多、数量大、成分复杂、有些毒性较大。《国家危险废物名录》中所列的 47 种危险废物与化学工业密切相关的就达 36 种。固体废物对环境的危害具有即时性和潜在性，可通过土壤、水体、大气等各种途径污染环境。石化企业的工业有害固体废物主要有综合利用、焚烧、填埋等处理处置方式。据统计，石化行业固体废物中粉煤灰、炉渣占 52%，利用率为 33.5%；化工废渣为 16%，利用率达 81%，其他工业垃圾等为 32%，利用率为 40.2%。综合利用是石化行业固体废物处理的主要途径，其中部分做到了资源化，但仍有部分没有得到很好的控制。焚烧普遍缺乏尾气处理系统、热能回收系统，能耗高，利用率低。

（3）石化行业是重大和特别重大安全生产事故的高发区，应急预案至关重要。环境保护部于 2010 年印发了《石油化工企业环境应急预案编制指南》，要求切实增强预案的针对性和可操作性。

三、海岸带围填海工程

（一）围填海工程现状

我国早在汉代就开始围填海活动。新中国成立到现在已先后经历了 4 次围填海高潮：新中国成立初期的围海晒盐；20 世纪 60 年代中期至 70 年代的农业围垦；80 年代中后期到 90 年代的围海养殖；最近 10 多年来以满足城建、港口、工业建设需要的围海造地高潮，呈现出工程规模大、速度快的特点，完全改变了海域自然属性，破坏了海岸带和海洋生态系统的服务功能，对海岸带及近海的可持续利用影响深远。

2002 年《中华人民共和国海域法》颁布前，我国确权围海造地仅为 358.49 平方千米，2002—2011 年确权围填海共 2 446.81 平方千米，10 年总增加面积相当于 2002 年以前 6.8 倍，速度快，数量大。沿海各地都有大规模围填海计划，速度加快。到 2020 年的未来 10 年中，沿海各地围填海规划达 5 780 平方千米，年均增加 578 平方千米，比 1990—2008 年的年均 285 平方千米增加 1 倍以上。大型围填海工程多，动辄上百平方千米，如曹妃甸工业园计划 2020 年填海 240 平方千米，黄骅港规划围填海 121.62 平方千米，天津滨海新区批准填海 200 平方千米，上海临港新城规划填海 133 平方千米。较小者也有数十平方千米，如江苏省大丰市王竹垦区围填 48 平方千米，福建省罗源湾围垦 71.96 平方千米。据不完全统计，"十一五"期间，沿海 11 个省、市、自治区规划围填海面积超过 5 000 平方千米，平均每年 1 000 平方千米（2005 年全国新增建设用地指标只有 2 800 平方千米）。当前新一轮的沿海开发已经成为国家发展战略，围填海规模逐年增加。2002 年前后沿海各省、市、自治区填海面积见表 2-3-2。

表 2-3-2　全国沿海各省、市、自治区镇海面积统计　　　　公顷

沿海各省、市、自治区	2002 年之前填海面积	2002 年之后填海面积	填海面积
辽宁省	178.33	4 729.85	4 908.18
河北省	2 117.19	1 231.66	3 348.85
天津市	75.08	8 029.19	8 104.27
山东省	8 511.41	3 294.73	11 806.14
江苏省	902.41	8 042.96	98 283.96
上海市	—	14 832.19	14 832.19
浙江省	—	2 043.41	2 043.41
福建省	62 611.43	9 757.82	72 369.25
海南省	319.08	722.37	1 041.45
广西壮族自治区	470.01	1 911.54	2 381.55
广东省	1 030.55	2 354.22	3 384.77
合计	165 554.08	56 949.94	222 504.02

（二）我国海岸带围填海工程的生态环境影响

我国围填海工程规模大、速度快、技术粗放，围填海工程与海洋生态环境保护之间的矛盾日益升级。

（1）滨海湿地大幅度减少、湿地生态服务价值显著降低。滨海湿地面积锐减，湿地自然属性急剧改变，滩涂生态服务功能削弱，生物多样性降低，群落结构改变，种群数量减少，甚至濒临灭绝。围填海对底栖生物的影响特别大，可能是永久性的。湿地重要的生态系统严重退化，使生态服务功能大幅度衰减。围填海导致的生态服务价值损失每年1 888亿元，约相当于目前国家海洋生产总值的6%。

（2）鸟类栖息地和觅食地消失，湿地鸟类受到严重影响。湿地减少使得大量鸟类无处栖息和觅食，数量和种类显著下降。

（3）海洋和滨海湿地碳储存功能减弱，影响全球气候变化。全球湿地占陆地生态系统碳储存总量的12%～24%，围填海将滨海湿地转为工农业用途，导致湿地失去碳汇功能，转变为碳源。用作工业或城镇建设用地则完全丧失了其碳汇功能。

（4）海岸带景观多样性受到破坏。人工景观取代自然景观，降低了自然景观美学价值，很多景观资源被破坏，其海岸原始景观在很长时期内难以恢复，严重弱化了海洋休闲娱乐的功能。

（5）鱼类生境遭到破坏，渔业资源锐减，影响渔业资源延续。区域水文特征改变，破坏鱼群洄游路线、栖息环境、产卵场、仔稚鱼肥育场和索饵场，很多鱼类生存的关键生态环境破坏，导致渔业资源锐减，渔业资源可持续发展影响严重。

（6）陆源污染物增加，水体净化功能降低，海域环境污染加剧。产生大量工程垃圾，加剧了海洋的污染；海岸水动力系统和环境容量急剧变化，减弱了海洋环境的承载力，加重了海洋环境污染。形成土地后的开发利用又产生大量陆源排污，水质更加恶化、海水富营养化，赤潮发生概率也大大增加。

（7）改变水动力条件，引发海岸带淤积或侵蚀。周边海洋水动力条件变化破坏岸滩和河口区冲淤动态平衡，发生淤积或侵蚀，对航道、港湾和海堤等造成严重威胁。宜港资源衰退，许多深水港口需重新选址或依靠大规模清淤维持。

（8）重要海湾萎缩甚至消失，生态服务功能减弱。一些重要海湾面积大幅度萎缩，重要景观消失。纳潮量减少，水交换能力变差，水环境容量下降，净化纳污能力削弱，湾内水富营养化。围填海后污水不断排入，湾内水质进一步恶化。

（9）地面沉降风险加大，海岸防灾减灾能力降低。围填海加剧沿海地区地面沉降，湿地丧失使其调节径流和风暴潮缓冲功能显著下降，海洋灾害破坏程度加剧。

（三）我国海岸带围填海工程的生态环境保护措施

我国在 20 世纪 80 年代后期就关注海洋开发与海岸带管理问题，但主要是从法律层面、政策层面和管理层面，虽然跟踪和仿效发达国家的"海岸带综合管理"制度，但对这种制度的科学基础——海洋生态系统却没有给以应有的重视。

大规模、快速的围填海工程涉及影响的主要问题是滨海湿地生态系统的稳定性、可持续利用等。目前，大量的围填海工程可行性论证或者海域使用论证，其关注的是工程本身的重要性、必要性与可行性。而关于围填海工程对区域海洋生态环境影响的论证评估，则主要涉及潮流场的变化，泥沙冲淤变化与工程安全有关的问题等，对围填海工程对生态系统的影响论证研究相当薄弱，而对围填海工程对生态系统的持续影响的分析更付阙如；虽然有学者对不同区域的海洋生态服务价值进行了理论层面的分析研究，但没有在海洋管理中融入海洋生态补偿管理的内容。

国家海洋局负责全国围填海活动的监督管理，并下辖中国海监总队及北海、东海、南海分局和实施海域使用的监督检查和执法监察，其职责在近岸海域与省（自治区、直辖市）、县（市）海洋管理部门的海域管理内容重叠。在省（自治区、直辖市）层面上，海洋管理部门作为地方政府的一个行政部门，地方政府的意志和实施围填海的决策对海洋管理部门形成巨大的压力。在沿海县市层面上，填海造地大多是以地方政府为主导的海洋开发活动，地方海洋行政主管部门和执法监察的管理、执法很难到位，有时甚至会转变成积极促进围海造地工程。

四、核电开发工程

（一）核电开发工程现状

　　核电是清洁、安全、经济的能源，是当今最现实的能大规模发展的替代能源。我国第一座核电厂秦山核电厂 1991 年投入运行。截至 2011 年年底，我国核电运行机组 15 台，装机容量 1 250 万千瓦；在建机组 26 台，装机容量 2 780 万千瓦。2010 年，我国核电发电量占总发电量的 1.77%。我国核电站分布见图 2-3-2。

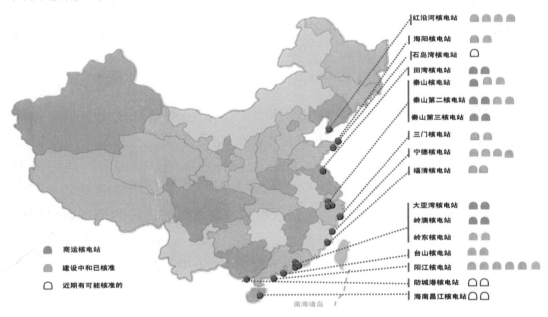

图 2-3-2　我国核电站分布
注：图块个数表示机组数量

（二）我国核电开发的生态环境影响

　　核电的影响主要是辐射和温排水问题。

1. 核辐射

　　关于放射性流出物对公众影响的电离辐射防护问题，国际放射防护委员会（ICRP）、联合国原子辐射效应委员会（UNSCEAR）和国际原子能机构（IAEA）已有科学的评估结论和建议。ICRP 的建议书作为 IAEA《电离辐射防护与辐射源安全基本标准》的基础，并被成员国广泛采纳。根据 2005 年前中国大陆核电运行所致公众剂量进行分析和评价结果，中国大陆核电厂压水堆核电厂运行所致的集体有效剂量为 0.2 人·希沃特/吉瓦年，约为 UNSCEAR2000 年报告的全球所有反应堆归一化集体有效剂量（0.43 人·希沃特/吉瓦年）的 46.5%。秦山核电基地放射性流出物年平均释放所致公众（成人）的个人有效剂量为 1.69×10^{-6} 希沃特，几乎全部来自重水堆机组释放的剂量，约为 UNSCEAR2000 年报告的典型场址重水堆年平均个人有效剂量（10×10^{-6} 希沃特）的 16%。大亚湾核电基地放射性流出物年平均释放所致公众（成人）的个人有效剂量为 1.4×10^{-6} 希沃特，约为 UN-SCEAR2000 年报告的典型场址压水堆年平均个人有效剂量（5×10^{-6} 希沃特）的 28.0%。

2. 温排水

随着能源科技和工业生产的迅速发展，热污染问题已成为一个日益严重的环境问题。热污染的主要来源是电力工业冷却水，尤其是采用直流冷却方式的火、核电厂。现代大型核电厂的热排放问题，就经常性的环境影响而言，远较放射性排放为严重。

一台 1 000 兆瓦的核电机组（轻水堆）有 2 000 兆瓦吨的热量散失到环境中。常规火电厂的废热量相对较小，且有 10%~15% 废热从烟囱排入大气，实际传给环境水体的热量为轻水堆核电厂的 70% 左右。滨海火、核电站如果采用直流冷却方式，绝大部分的热能由循环冷却水携带而进入自然水体。一般情况下，在局部海区，如果有比该海区正常水温高 4℃ 以上的热废水常年注入时，就会产生热污染的问题。滨海火/核电站温排水的温度一般高于环境受纳水体温度 6~11℃。大量的温排水入海，局部海域会产生热污染。

（三）我国核电开发的生态环境保护措施

我国核安全保证体系日趋完善。在深入总结国内外经验和教训的基础上，借鉴国际原子能机构和核能先进国家有关安全标准，我国已基本建立了覆盖各类核设施和核活动的核安全法规标准体系。2003 年以来，先后颁布并实施了《中华人民共和国放射性污染防治法》、《放射性同位素与射线装置安全和防护条例》、《民用核安全设施监督管理条例》、《放射性物品运输安全管理条例》和《放射性废物安全管理条例》，制定了一系列部门规章、导则和标准等文件，为保障核安全奠定了良好的基础。初步形成了以运营单位、集团公司、行业主管部门和核安全监督部门为主的核安全管理体系，以及由国家、省（自治区、直辖市）、运营单位构成的核电厂核事故应急三级管理体系。

核安全文化建设不断深入，专业人才队伍配置逐渐齐全，质量保证体系不断完善。核安全监管部门审评和监督能力逐步提高，运行核电厂及周围环境辐射监测网络基本建成。在汶川地震等重特大灾害应急抢险中，我国政府决策果断、行动高效，有效化解了次生自然灾害带来的核安全风险，核安全保障体系发挥了重大作用。

我国核安全水平不断提高。我国核电厂采用国际通行标准，按照纵深防御的理念进行设计、建造和运营，具有较高的安全水平。截至 2011 年 12 月，我国大陆地区运行的 15 台核电站机组安全业绩良好，未发生国际核事故分级表 2 级及以上事件和事故。气态和液态流出物排放远低于国家标准限制。在建的 26 台核电机组质量保证体系运转有效，工程建造技术水平与国际保持同步。大型先进压水堆和高温气冷堆核电站科技重大专项工作有序推进。2011 年实施的核设施综合安全检查结果表明，我国运行和在建核电机组基本满足我国现行核安全法规和国际原子能机构最新标准的要求。研究堆安全整改活动持续开展，现有研究堆处于安全运行或安全停闭状态。核燃料生产、加工、贮存和后处理设施保持安全运行，未发生过影响环境或公众健康的核临界事故和运输安全事故。核材料管制体系有效。放射源实施全过程管控。

我国放射性污染防治稳步推进。近年来，国家不断加大放射性污染防治力度，早期核设施退役和历史遗留放射性废物治理稳步推进。多个微堆及放化实验室的退役已经完成。一批中、低放废物处理设施已建成。完成一批铀矿地质勘探、矿冶设施的退役及环境治理项目，尾矿库垮坝事故风险降低，污染得到控制，环境质量得到改善。国家废放射源集中贮存库及各省、市、自治区放射性废物暂存库基本建成。我国辐射环境质量良好，辐射水平保持在天然本底涨落范围；从业人员平均辐射剂量远低于国家限制。

第三章　世界重大涉海工程及环境保护发展现状与趋势

一、世界重大涉海工程发展现状与主要特点　▶

（一）海洋油气田开发工程

1. 发展现状

国际海洋深水勘探技术进步迅速，勘查成果显著。深海油气钻探始于1965年，早期钻探深度大多限于水深600米以内，先后探明了一批具有相当储量规模的油、气田，包括墨西哥湾地区的布理文科尔、莱纳油田，加利福尼亚地区的派因特阿古洛、佩斯卡多油田，巴西坎波斯盆地的科维纳等油田，挪威的特罗尔的大型气田。这些油气田的发现表明深海油气有巨大的资源前景。20世纪80年代中期，深海油气开发主要集中在200～600米的中深海区，代表性的为美国的墨西哥湾和加利福尼亚湾（400～450米）。Sohio公司（现归属BP公司）掌握先进的深海油气开发技术，每日每桶生产能力的投资为1.5万美元，每桶油的技术开采成本可以控制在5.0美元，但需要有不打瞎井、集中开采和快速开采的有利条件做保障。一般情况下，开采一个5 000万桶石油的油田，每日每桶生产能力的投资估算达2万～2.5万美元。在更深的海区（400～600米，甚至800米），投资会更高，北海Conoco公司的油田每日每桶生产能力的投资达3.0万美元。但是中深海区开发石油的成本和投资随环境的不同而变化很大。到80年代末期钻井水深已经突破2 300米，海底完井工作水深接近500米。90年代以来，深海钻探和开采深度进一步增加，海底完井水深1991年达到752米，1997年达到1 614米，1999年巴西在近海安装的采油树已经达到1 853米。海底完井工作将很快突破2 000米，目前，可用于2 500米的半潜式钻井综合平台已经研制成功，这意味着在大部分陆坡上都可以进行油气的勘探开发。

据预测，未来 20 年内将有工作水深 4 000 ~ 5 000 米的半潜式平台出现。埃克森美孚公司 2000 年获得的墨西哥湾深水区块，水深从 3 000 ~ 8 000 米。

　　海洋工业强国在深海石油开发技术上已经处于世界领先的地位，并利用深水开采技术到海外寻找市场。美国的深水油气勘探开发进展迅速。1997 年，位于墨西哥湾的门萨油气田开始投产，海底完井水深达 1 625 米，而该海域水深大于 300 米的已投产油气田达到 30 多个。巴西把开发深海石油当做石油开发的重点，巴西国家石油公司不断刷新世界深海油气勘探开发的水深纪录。到 2000 年年底，巴西石油公司在海上有固定的大型钻井平台 13 个，大型浮动钻井平台 21 个。法国海洋工业的长期目标是发展水深达 3 000 米的海底勘探和生产油气能力，法国各石油公司的海洋石油勘探区分布于 13 个国家，总面积达 230 万平方千米，而且不遗余力追加海洋投入，大力发展海底石油开采工程，开发深水开采工艺技术，提高油田采收率。法国海洋潜水技术公司的潜水作业占世界深潜作业量的 30% ~ 50%，其中 90% 左右是海底矿产资源调查和深海油气层调查。

2. 环境保护

　　美国、法国、英国、荷兰、俄罗斯、巴西等国家油气开发的环境保护工作，无论在环境管理体系方面还是在污染治理措施方面都比较完善和成熟。美国在海洋环境保护领域处于领先地位，在环境保护立法中对油气资源开采生产过程中的环保措施也多有明确规定。如在《安全饮用水法》中对采油废水回注和回灌处理提出了明确的要求。《环境反应、补偿与责任综合法》对石油工业和化学工业征税，并广泛提高联邦政府权力，对可能危害公众健康和环境的危险废物的排放或可能排放直接做出反应。1986 年，《资源保护和回收法》的修正案着手解决由储存石油和其他危险物质的地下储槽引起的环境问题。1990 年出台的《石油污染法》加强了对灾难性的石油泄漏的预防和反应能力。同时美国环保执法力度非常严格，一旦违反了环境法律的要求，赔偿罚款数额非常巨大，严重者会使公司破产倒闭。

　　虽然美国石油储量丰富，但为了保护近海生态环境，1981 年，美国政府颁布行政禁令，除墨西哥湾中部和西部及阿拉斯加沿岸部分水域外，占全美近海水域 85% 的大西洋、太平洋和墨西哥湾东部水域均不允许近海石油开采。2008 年 9 月 16 日，美国众议院通过取消近海石油开采禁令法案，该法案给予各州在距离海岸线 80. 45 ~ 160. 9 千米之间开采石油的选择权利，距离海岸线 160.9 千米以外的区域则将对勘探和开采完全放开。据估计，美国近海 180 亿桶石油储量中，约 88% 位于距岸 80.45 千米的范围以内，按众议院的法案，这一区域的石油依然被禁止开采。

海上石油运输业的发展也招致了一些大规模的海上石油污染事故。在惨痛的教训面前，国际社会开始注意海洋环境的利益诉求。区域海洋项目在全球范围的合作全面铺开。《联合国海洋法公约》为海洋开展的一切活动确立了法律框架。《联合国海洋法公约》第十一部分（第一四五条）规定国家在国际海底区域活动时应该保护海洋环境。第十二部分（第一九二条至第二三三条）专章规定了海洋环境的保护，各国有保护和保全海洋环境的一般义务，采取防止、减少和控制海洋污染的活动，进行环境影响评价和监测，并为此目的制定有关的国际规则和国内立法，以及进行全球和区域性的合作。第十四部分（第二六六条）规定为开发海洋资源和保护海洋环境，各国应该直接或者通过主管的国际组织，按照其能力进行合作，积极促进在公平合理的条款和条件上发展和转让海洋科学和海洋技术。

（二）沿海地区重化产业

1. 发展现状

重化工业布局于沿海是全球性的产业发展规律。如美国重化工业主要集中在南部的墨西哥湾和旧金山湾地区，日本的重化工业主要集中在关西地区和东部地区。

美国的重化工主要集中在得克萨斯州、加利福尼亚州和路易斯安那州，其石油加工能力综合占全美产能的 55%。根据美国能源部统计，墨西哥湾区石油产量为 150 万桶/日（相当于 7 500 万吨/年），是美国重要的石油产地之一，在得克萨斯州、路易斯安纳州和密西西比州靠近墨西哥湾的地区集中着数十家跨国石油公司的大型炼油厂。如得克萨斯州墨西哥沿岸共有 17 座炼油厂，其中休斯敦地区有 10 个炼油厂，日炼油能力为 230 万桶原油，占全美总炼油能力的 13%。在博蒙特和阿瑟港地区有 4 个炼油厂，日处理原油能力为 110 万桶，占全美总炼油能力的 7%。科博斯克里斯蒂有 3 个炼油厂，日加工原油能力为 58.6 万桶，占全美总炼制能力的 3%。美国南部地区墨西哥湾区不论在原油产量还是在炼油厂数量和加工能力等方面均在美国能源市场上占有相当大的份额，对国内乃至国际石油价格也有一定影响。出于环境保护的压力,大量环境保护法律和产品质量法规的出台要求炼油厂投入大量资金来调整其生产工艺。20世纪90年代,美国炼油厂共投资300亿美元来适应环保要求的变化,其中1995年一年就花费了55亿美元。这是90年代美国炼油厂成本增加、利润降低的主要原因之一。在某些情况下,炼油厂不得不关闭一些装置以更加经济的运行。

日本太平洋沿岸工业带也称太平洋带状经济区,是指日本太平洋沿岸从鹿岛滩经东京湾、伊势湾、大阪湾、濑户内海直至北九州一线,长达1 000多千米的沿太平洋分布的狭长带状区。这里是日本,同时也是世界最发达的工业地区之一。日本太平洋沿岸工业带工业分布非常密集,其土地面积大约占到日本全国总量的24%,但拥有日本全国工业产值的75%,工厂数量的60%,大型钢铁联合企业设备能力的95%,以及重化工业产值的90%以上。

欧洲西北部沿海经济带,以法国巴黎为中心,沿塞纳河、莱茵河规划发展,覆盖了法国的巴黎,荷兰的阿姆斯特丹、鹿特丹、海牙,比利时的安特卫普、布鲁塞尔以及德国的科隆等广大地区,集聚了4个国家40座10万以上人口城市,总面积14.5万平方千米,总人口4 600万,内含法国的巴黎-鲁昂-阿费尔工业圈、德国的莱茵-鲁尔工业圈圈、荷兰的兰斯塔德工业圈以及比利时的安特卫普工业圈。

韩国沿海经济带从1962年开始建设,利用仁川港、釜山港的港口优势,在周边沿海地区重点发展重化工业等十大工业行业。2009年,韩国政府发表了"5+2广域经济圈"方案,将16个市、道改编为首都圈(首尔、仁川、京哉)、忠清圈(大田、忠南北)、湖南圈(光州、全南北)、大庆圈(大邱、庆北)和东南圈(釜山,蔚山,庆南)的5个广域经济圈和江原、济州的两个特别广域经济圈。

2. 环境保护

从全球重化产业发展看,随着发达国家市场逐步成熟和产业技术进步,为了提高污染治理水平,本着节能减排的原则,世界重化产业正进行新一轮的产业结构调整,高新技术与产业转移成为重化行业未来发展的主要方向。主要呈现以下特点。

(1)重化产业在兼并重组中走向集约化。①集约化使得上下游一体化,使资源得到充分利用;②集约化能够采用大型、先进的装置,大大降低能耗；③集约化有利于污染的集中治理，降低治理成本。国际大型化工企业加快在全球范围内调整布局，形成了以埃克森美孚、BP 等为代表的综合性石油石化公司，以巴斯夫、亨茨曼为代表的专用化学品公司，以及杜邦、拜耳、孟山都等从基础化学品转向现代生物技术化学品的三类跨国集团公司，在相应领域中占据绝对竞争优势。

（2）重化产业发展模式呈现大型化、基地化和一体化趋势。随着工艺技术、工程技术和设备制造技术的不断进步，全球重化产业装置加速向大型化和规模化方向发展。同时，炼化一体化技术日趋成熟，产业链条不断延伸，基地化建设成为必然，重化工园区成为产业发展的主要模式。

（3）国际产业向市场潜力大的亚太和资源丰富的中东地区加快转移。世界重化产业重心逐步东移，中国、印度等亚太地区国家成为大型跨国公司生产力转移的重点。中东地区由于油气资源丰富，生产成本低，将成为重要的大宗石化产品生产和输出地区。

（4）化学工业原料来源逐步多元化。目前，石油化工仍是现代化工的主导产业，但随着石油价格的上涨和关键技术的不断突破，以煤、生物质资源为原料的替代路线在成本上具有竞争力，原料多元化成为化工产业发展的新趋势。原料结构的调整有利于产品的升级改造，有利于污染物质的去除，保障海洋生态环境安全。

（5）采用清洁技术，生产清洁油品，减少三废排放。面向 21 世纪，重化产业不再使用有毒、有害、有碍人体健康的酸碱等辅助原材料，更重要的是减少汽油的硫、烯烃、芳烃含量及柴油的硫、芳烃含量，生产清洁汽油和清洁柴油。目前已经成熟和正在开发的技术有：生产清洁汽油的选择性加氢技术，生产清洁汽油的吸附脱硫技术，生产清洁柴油的深度加氢技术，生产清洁航空煤油的临氢脱硫醇技术，生产清洁汽油的固体酸烷基化技术，生产清洁汽油、航空煤油、清洁柴油的加氢裂化技术等。

（6）采用生物技术，生产清洁油品，降低生产成本。开发和利用生物技术，生产清洁油品，始于 20 世纪 80 年代。到目前为止，已经和正在进行的技术开发工作包括生物脱硫、生物脱氮、生物脱重金属、生物减粘、生物制氢等。其中，柴油生物脱硫技术开发工作进展最快。柴油生物脱硫与加氢脱硫相比，最大的优点是在装置加工能力相同的情况下，投资节省50%，操作费用节省 20%。在技术上，柴油生物脱硫用于催化轻循环油脱硫时的优势在于，催化轻柴油中的二苯并噻吩（DBT）化合物难以加氢脱除，而且消耗大量氢气，而生物脱硫不仅容易脱除（特别是 4，6－二甲基二苯并噻吩），且不消耗氢气。合成油最重要的优点是不含硫、氮、镍、钒杂质和芳烃等非理想组分，属于清洁燃料，完全符合现代发动机的严格要求。天然气转化生产合成燃料的技术开发工作，1997 年取得了突破性进展，能在国际市场与天然石油相竞争。

（三）海岸带围填海工程

1. 国际围填海工程发展现状

填海造地是沿海地区缓解土地供求矛盾、扩大社会生存和发展空间的有效手段，具有巨大的社会和经济效益。因此，许多沿海国家和地区，特别是人多地少问题突出的城市和地区，都对围填海工程非常重视。

以荷兰、德国、英国为代表的围填海工程经历了从滩涂围垦到保护滩涂生态系统的发展历程。在中世纪早期的围填海工程，利用当地资源修筑木质栅栏，实施小规模的促淤与围海造地，主要的目的是防止来自北海的风暴潮侵袭，受人口增加、饥荒教训的影响，对沿海围垦区进行土地整理与改良，逐步发展农业用地。部分建成的垦区在后期因为缺乏对圩堤的维护和修缮，大部分被后期的风暴潮摧毁，这些围垦区多成为废弃的垦区，至今保持了自然的潮滩景观，并得到保护。以新加坡、香港为代表的围填海工程主要是满足城市与港口建设的需要而实施的围垦，围填海工程多结合大型建设项目开展，直接目的是满足项目的空间需要。新加坡樟宜国际机场、香港新机场以及日本大阪的关西机场建设，围填海面积数平方千米到十多平方千米，建设周期一般在 10 年之内。欧洲沿海的意大利、英国、法国、西班牙、希腊等国家的沿海城市都有类似的发展历程。世界经济的发展使沿海各种工业园区、人工岛、旅游胜地、填砂护滩以及海岸防护工程日益增多。过去 100 多年来，世界海岸侵蚀问题引起广泛的关注，为了防治海岸侵蚀，沿海城市的海岸防护工程 20 世纪 60 年代开始从"硬"工程向"软"工程转变，欧洲、美国等沿海国家在更大范围内实施沿海地区大规模海滩养护工程，打造金色海滩，也应属于围填海工程的范畴，海滩养护工程极大促进了城市旅游业的发展，带动了海滩经济的发展。伴随世界经济与物流需求的增长，港口与海上运输业快速发展，对航道港口的开挖或者疏浚是必然的选择。欧美沿海国家最早将疏浚物用于填海造陆，如荷兰综合整治三角洲过程中，疏浚物被用于港口货场、海堤、河岸防护工程的建设。

2. 生态环境保护

现阶段的围填海规划与建设有向中低滩和浅海方向推进的趋势。中、低滩围海造陆具有动力强、围堤高、技术难度大、投资力度强的特点，难度将远远超过前50年。虽然难度存在，但近年来的实践表明，通过工程促淤和生物促淤可加速造陆的过程。如英国在1880—1940年大量生物促淤工程。我国在长江口九段沙所做的种青促淤引鸟生态工程，一年淤高30厘米，而且迅速扩大了绿滩面积，所以低滩围海在技术上是完全可能的。未来的围海造地须与生态环境相结合，科学管理、综合利用、因地制宜的营运。例如天然湿地转化人工湿地以后，通过合理规划，仍然可以使部分人工湿地发挥天然湿地功能。对于某些淤泥质海岸，围涂也起到一定的促淤作用，使天然湿地逐渐恢复。同时，已围垦土地中的开发利用应适度，留有相应的绿化面积，改善环境条件。实施围填海工程的进程中要尽可能地保护重要海洋生物栖息地，采用移植生物、相邻区域异地再造环境或者实施生态补偿的管理措施，弥补围填海技术进步带来的海洋生态影响。事实上，一些围垦区的建设不仅没有造成区域环境压力，反而保证了区域社会经济的可持续发展。

近20年来，由于对海洋生态系统重要性的科学认识不断加强，对海洋空间的多用途性日益重视，发达国家对海洋空间资源的管理日益加强，围填海活动受到严格控制。联合国环境与发展大会（UNCED）1992年召开后，沿海地区围填海工程的环境影响评价受到政府、学术界和公众的关注，并纳入"海岸带综合管理"（ICAM）的范畴；随着人们对环境资源开发利用与生态系统服务功能之间密切关系的深入认识，2002年世界可持续发展峰会（WSSD）之后，形成了"生态系统水平的海洋管理"（EBM）的概念。目前，"海洋空间计划编制"（MSP）的动态管理过程已成为国际上普遍落实EBM的途径，围填海工程管理也纳入了此框架。从主要发达国家与地区围填海工程的历史进程可以看出，海岸带围填海管理呈现出新的发展趋势。

（1）国际海岸海洋管理理念已从部门管理向跨部门、跨区域的海岸海洋综合管理方向发展，向基于生态系统的海岸海洋空间规划与管理方向发展。近40年来海岸海洋管理的理念不断演进，以美国为核心的海岸带综合管理理念与经验得到联合国的认可并推广，各个沿海国家（地区）根据自身的特点制定海岸带综合管理对策。在《联合国海洋法公约》的框架下，海岸海洋管理的空间从海岸的狭窄的水陆交互带（含滨海陆地如湿地、沙丘等）带向近海延伸。

（2）基于生态系统保护的合理的海洋空间规划与海洋空间管理正成为一种新的理念得到推崇。海洋空间的多用途性以及生态系统保护得到当前学术界的高度认可，欧、美国家在20世纪80年代之后面临海岸带与海洋开发的诸多矛盾，积极开展跨部门的海岸海洋管理成为一种共识。与此同时，相邻的不同沿海国家之间的合作在加强，例如欧洲瓦登海计划，即是荷兰、德国、丹麦之间的合作，无论在科学研究层面，还是在治理措施等方面都取得了巨大成功。目前沿海地区大部分的滨海湿地、离岸沙丘被划定为自然保护区，海岸海洋生态系统得以保护和恢复，成为海滩徒步旅行者的向往之地，也是鸟类、海洋生物的天堂。

（四）核电开发工程

1. 国际核电开发工程发展现状

截至2011年3月，全世界正在运行的核电机组共442台，总装机容量为3.7亿千瓦，其中压水堆占60%，沸水堆占21%，压管式重水堆占9%，气冷堆7%，其他堆型占3%。核电年发电量占世界总量的16%，为三大电力之一。主要国家核电机组数和发电量比重（2010年12月）分别为：美国（104）19%，法国（59）78%，日本（54）30%，俄罗斯（31）16%，韩国（20）39%，英国（19）18%，加拿大（18）16%，德国（17）32%。目前全世界正在运行的核电站，绝大部分属于"第二代"核电站。30多年来积累了超过12 086堆年的安全运行经验，负荷因子高，非计划停堆次数下降，已经发展成为一种成熟可靠的技术，具有可接受的安全性和较好的经济性。近年来对"二代"机组的寿命研究证明还有相当的改进潜力，可利用率从70%左右提高到90%，寿命由40年延长到60年。美国20世纪90年代开始实施"二代"机组的增效延寿，成效显著，仅提高可利用率就相当于新建了25台百万千瓦机组。在提高安全性方面，增设严重事故预防和缓解措施（稳压器卸压排放，增设非能动氢复合器，设置堆芯扑集器）；采用 PSA 技术，评估核电站安全性并指导维修，制订严重事故管理规程及状态导向操作规程。

2. 生态环境保护

核电是各种能源中温室气体排放量最小的发电方式。国际原子能机构（IAEA）1998 年公布的从 1992 年会同其他 8 个国际组织一起进行的各种发电能源比较研究项目对不同能源做了包括发电厂上游和下游在内能源链的温室气体排放量估计，核电的二氧化碳当量排放量只有现行化石燃料发电的 1/100 ~ 1/40。

1979 年美国发生三里岛核电站事故及 1986 年苏联发生切尔诺贝利核电站事故以后，公众要求进一步提高核电的安全性。1990 年，美国电力研究协会（EPRI）根据主要电力公司意见出版了"电力公司要求文件（URD）"（共三卷）。1994 年欧洲联盟同样出版了"欧洲电力公司要求（EUR）"（共四卷）。文件对未来压水堆和沸水堆核电站提出了明确和完整的要求，更高的安全要求和经济要求，涉及各个技术和经济领域。在此背景下，"三代"机组因其更高的安全目标、更好的经济性及更先进的技术，开始逐渐进入批量建设阶段，主要技术为 EPA 和 AP1000。目前第三代核电站已建首堆工程，尚未批量推广，在建 8 台，其中芬兰 1 台 EPR，法国 1 台 EPR，中国 6 台（其中两台 EPR，4 台 AP1000）。

2000 年，美国发起了由 9 个国家参与的"第四代核能国际论坛"（GIF），并于 2002 年提出了第四代核电的 6 种研究开发的堆型和研究开发"路线图"。2001 年在俄罗斯的推动下，国际原子能机构（IAEA）发起了"创新型核反应堆和燃料循环国际合作项目"（INPRO），2006 年 6 月前完成了第一阶段工作，出版了有关评价指南和方法学等的 IAEA 技术文件。GIF 和 INPRO 两个计划，提供了良好的国际合作平台。我国从一开始就是 IN-PRO 项目的成员国；2006 年 7 月，我国草签了参加 GIF 的协议，并参与快堆和高温气冷堆的合作项目。基于防核扩散的目的，美国于 2006 年 2 月发出"全球核能合作伙伴"（GNEP）倡议，发展具有防扩散功能的快堆核电站和闭合核燃料循环技术，中国是首批五大参与国之一。

二、世界重大涉海工程发展趋势

（一）海洋油气田开发工程

21 世纪是发展海洋经济的时代，浩瀚的海洋是资源和能源的宝库，也是人类实现可持续性发展的重要基地。当今世界人类正面临着日趋严峻的能源危机，世界各国都把经济进一步发展的希望寄托在占地球表面积 70.8% 的海洋上，越来越多的国家都把合理有序地开发利用海洋能源，以及保护海洋环境作为求生存、求发展的基本国策。海洋经济已成为世界经济发展新的增长点，成为我们这个时代的特征。

全球海洋石油资源量约 1 350 亿吨，天然气资源约 140 万亿立方米，均占全球石油、天然气资源总量的 1/3 左右。海洋油气资源主要分布在大陆架，约占全球海洋油气资源的 60%，深水、超深水域油气资源约占 40%。据《世界深水报告》资料，未来的 44% 油气储量在深水中，而现在仅占 3%，其潜力巨大。目前全球已有 100 多个国家在进行海上石油勘探，其中进行深海勘探的有 50 多个国家。

世界海洋平均深度约为 3 730 米，水深 0 ~ 200 米仅占海洋总面积的 7.79%，水深在 6 000 米以上仅占海洋总面积的 1.38%，90% 以上的水深在 200 ~ 6 000 米之间，大量海域面积等待人类开发，海洋勘查开发技术的发展是未来海洋油气资源勘查开发的关键。

1. 实施海洋油气资源开发与保护并举是促进海洋持续利用的前提条件

海洋油气资源潜力巨大，勘查与开发活动如火如荼，随着海洋石油钻探和开采技术及其装备的迅速发展，海洋勘查开发深度不断增加，海洋石油勘查开发成本不断降低，海洋石油产量不断增加。在过去的 10 年中，全球几乎一半的新增油气储量都来自深海，一些专家预计，这种局面有望持续 20 ~ 30 年，甚至更长时间。

各国不断加强海洋勘查投入，《全球深水市场报告 2008—2012》分析称，海洋油气生产年度开支由 2006 年的 2 190 亿美元上升到 2011 年的 2 750 亿美元；全球深水油气勘探开发投资从 2003 年的 127 亿美元增至 2007 年的 215 亿美元；未来 5 年，全球深水油气勘探开发投资额将超过 1 085 亿美元，其中 2012 年将达到 246 亿美元。

海洋油气的无序、无度开发，导致海洋环境资源破坏严重，海洋生态环境保护形势严峻，成为海洋经济发展的"瓶颈"。在未来海洋油气资源开发利用过程中，各国都把海洋生态环境影响评价提至重要位置。美国的生态环境影响评价以自然生态系统作为评价对象，主要研究油气开发活动对物种和生境的影响，为此，美国制定了很多与生态环境相关的联邦法律，其中对环境影响评价过程影响最大的是1978年的《濒灭物种法案（EAs）修正案》。

2. 大力发展深海油气资源勘查与开发技术及装备成为主流趋势

深水是低温高压环境，向海底钻进过程中钻井泥浆中易形成天然气水合物，水蒸气或天然气也会形成冰状颗粒堵塞管线和井口，给钻井和采油造成极大困难。高压对海底设备提出了极高要求，高压会引起各种无法预期的问题，甚至灾难。近30年，国际社会攻克一系列的技术难题，深水勘探技术进步迅速、勘查成果显著。

跨国公司竞争深海盆地，引发深海油气勘探开发热。非洲、北美和南美是深水投资热点，未来5年总的深水投资将占全球同期深水投资的84%，其中墨西哥湾占32%，巴西占30%。此外，北大西洋两岸、地中海沿岸、东非沿岸及亚太地区都在积极开展深水油气勘探活动。

3. 加强区域、国家间的合作与研究是实现海洋可持续发展的基础

《联合国海洋法公约》明确规定，国际海底区域及其资源属于"全人类的共同继承财产"。需要各国达成妥协，协商制定完善的法规，最大限度地确保全人类共同的利益。海洋油气勘探开发受地质、气候、生物、政治、军事等多种因素的影响，有必要建立国际海洋油气开发协调机制，促进对海洋资源环境要素分布及变化规律的认识，是海洋资源开发利用、海洋科学研究、海洋工程技术、海洋环境保护的基础工作。

近几年，国际间的合作越来越紧密，几项重要的国际合作研究项目和世界主要国家的研究为海洋油气田的开发做出了巨大贡献：深海钻探计划、大洋钻探计划调查世界海洋天然气水合物的分布，阿拉斯加天然气水合物研究项目研究一个地区天然气水合物的可能成因模式、埋藏深度、厚度、区域分布及资源量等，为今后的进一步勘探开发做了大量前期工作。

区域、国家间的合作机制能够有效克服各国技术上的"瓶颈"，推动海

洋油气田开发工程的发展，保障海洋生态环境安全。

（二）沿海地区重化产业

石油等能源在为全球经济做出巨大贡献的同时，也带来了空气污染、水污染酸雨、臭氧层变薄、地球气候变暖等环境问题。当今，各种环境问题已成为世人关注的焦点，重化工产业的环境保护迎来了重要的机遇期。

1. 对生产装置及生产工艺不断改进更新

炼油企业分级控制普遍应用，各车间外排废水经简单隔油处理后，再排入污水池。在石油的分离和蒸馏过程中，逐渐提高装置的有效性，并在生产过程中应用信息技术，提高催化剂的效率，及时监控，提高产率。在废物的处理上，结合现在的生物技术，利用生物分解，提高分解酶的含量，提高分解率，降低污染。

2. 废水处理技术及综合利用水平不断提高

充分利用资源，减少或降低各装置污水排放量的措施有：①建立健全科学的用水排水制度，增强节水意识；②严格管理，杜绝跑、冒、滴、漏现象；③优选工艺流程，选择加氢工艺，减少以至取消碱洗和水洗；④优化工艺操作，降低蒸汽、软化水用量、加强凝结水的回收和利用；⑤优选换热流程，取消直流冷却水，提高循环水利用率；⑥打扫卫生采取节水措施，禁止用水冲洗土地。为了提高污染治理效果，实现污染全过程控制，通过采用"清洁生产"工艺、增设污染预处理设施等手段，从源头及不同地方控制污染，以减轻末端治理负荷。

（三）海岸带围填海工程

权衡利弊之后，国外许多围垦大国都采取相应的措施，如荷兰制定"退耕还海"方案，并计划用 30 年的时间实施与自然和谐的海洋工程，即挖开堤坝，把全国现有农田 10% 的 2 400 平方千米土地，再度变成沼泽、湖泊和海洋，以恢复海洋生态健康。总的来说，国外对围填海的总趋势是回落的，如荷兰、日本等早期填海国家在其填海行为逐步减少、甚至退填还海的转化工程中，伴随的是对滨海湿地生态价值的肯定。

通过对以上国外围填海现状的分析与研究，总结围填海工程发展趋势有以下几方面。

（1）进一步加强对围海、填海造地的科学论证，论证内容除"海域使用论证报告书编写大纲"规定内容外,还应就下列内容予以补充或提高分量。①论证海底和海岸地形地貌变化,定量分析海底蚀淤变化及其导致的海洋动力条件变化;定量分析和预测工程所在区域上、下岸段及浅海区泥沙演化规律,计算海岸蚀淤变化趋势,提出海岸侵蚀和淤积的最大极限。②对于淤泥质平原海岸,应加强对未来海平面变化、地面沉降等基本数据的分析,论证波浪增水,缓冲区域减少,海潮的变化以及抵御灾害的能力。③论证工程区潮流(潮向及潮流量的变化)、沿岸流、水体及底质等环境质量、毗邻海域生物栖息地的演化以及生物量的损失等。④在河口和航道附近海域实施围填海活动,应加大对行洪安全和航行安全的定量分析,应论证具体的行洪方案以及航道淤浅对海上航行和锚泊地的影响。⑤填海造地是永久性工程,应调查和研究海底不稳定构造分布,进行海底地质构造和地层稳定性分析与评价。

(2)实行湿地经济损益综合分析,包括湿地潜在资源价值评价,湿地经济损益分析,动植物及鸟类迁徙等生态环境评价。

(3)禁止在自然保护区、河口行洪区、海上通道等重要资源敏感区填海造地,严格控制在这些敏感区毗邻海域填海造地,严格控制在岛坨附近围填海造地,禁止炸岛挖坨。要优先保护好重要的资源密集区域、海洋珍稀濒危物种及典型海洋生态系统、有代表性的海洋自然景观和具有重要科研价值的海洋自然历史遗迹等。

(4)围海造地应进行多方案比选,与海洋共发展,与海洋生命系统和谐共处,采用环境资源最优化方案,保证海洋资源永续利用。

(5)建立围填海造地后评估制度,分析工程实施后对毗邻资源环境的影响,包括对毗邻区海洋产业的影响,及时发现、总结围海造地的经验和教训,引导围海造地走健康、可持续发展之路。

(6)加强规划、计划调控。根据海洋功能区划和毗邻陆域的土地利用规划,制定海域使用总体规划,统筹考虑各个海区围填海容量,科学合理地制定围海造地计划,清理不合理的围海造地项目。结合各地区海域条件和社会经济发展需求,合理确定不同地区围海造地年度控制数,实行围海造地年度总量控制制度。

(7)完善经济调控手段。逐步提高围海造地海域使用金征收标准,建立围海造地招标拍卖市场运作机制,通过价格杠杆调控围海造地活动,保障国有海域资源性资产收益的最大化。

（8）严格对填海造地项目论证的评审制度，对论证报告同时采取会议评审和报告不署名函审方式，实行一票否决，切实保证论证的科学性。

（9）严格履行申请审批程序。建立公众和社会参与制度，走入乡镇村、社会团体和机关事业单位广泛听取意见，必要时进行公示和听证。

（10）进一步加大对围填海造地等改变海域属性的用海项目论证技术与方法的研发工作。例如，如何采用 3D 技术模拟海底地形地貌变化，如何采用定量模式进行海岸稳定性分析与预测，如何对行洪和航行安全进行模拟与评价，如何定量计算湿地经济损益分析等。

（四）核电开发工程

三里岛、切尔诺贝利，甚至是福岛核电事故后，核电发展受到严重挫折。但是，由于石油、天然气资源储量不断减少和环境保护日益受到世界各国的关注，为了满足不断增长的电力需求，核能作为一种清洁能源仍然受到重视。因此，世界各国一直没有放松核电技术的发展，始终在多方面探索使核电摆脱缓慢发展状况从而为经济发展作出重大贡献的途径。不仅探索发展快中子堆、高温气冷堆、裂变聚变混合堆、聚变堆等下一代堆型，也加大对改善压水堆、沸水堆、重水堆等现在广泛采用的堆型的研究。开发先进核电站就是在这种形势下提出来的，对消除公众对核电安全性、经济性、可靠性和核废物处理处置方面的疑虑，促进核电进一步发展十分关键。

美国在核科技研究领域与开发方面始终保持着世界主导地位。预计 21 世纪美国的电力将大幅提高。能源信息局的预测表明，2030 年美国的发电装机容量将在目前的 0.97 亿千瓦的基础上新增 0.35 亿千瓦以上。核电如果在 2030 年仍保持 20% 的份额，必须新增 0.6 亿千瓦的核电装机容量，即 60 台百万千瓦级核电机组。美国“全球核能伙伴”计划有四大目标：①减少美国对国外化石能源资源的依赖；②采用新的防核扩散技术，获得更多的能源，产生更少的废物；③鼓励全世界发展洁净能源；④采用新技术，降低全球核扩散风险，其中心是发展核能和防止核扩散。世界核电发展趋势呈现如下特点。

1. 核电仍是全球最为重要的电力来源之一

2011 年，受日本福岛核电站事故的影响，以德国、意大利、瑞士为主的几个国家暂停或终止了本国的核电发展计划，各国核电规划及建设也陷入短暂停滞。但到 2011 年下半年后，各国发展核电的意愿有所回暖，纷纷重启了核电项目的建设，具体包括：①美国核安全管理委员会近期已正式决定向两台 AP1000 机组颁发建造运行联合许可证；②法国继续推动两个EPR 项目的建设并投资新核电技术的开发以及加强核安全；③俄罗斯近期拟建核电站 Baltic 通过监管机构审批；④英国表示将继续发展核电；⑤芬兰、立陶宛、越南、波兰、孟加拉国、白俄罗斯的新核电站项目均开始启动。

2. 三代核电技术成为主流之选

核电技术经过多年发展，已经由 20 世纪以压水堆（PWR）、沸水堆（BWR）和重水堆（PHWR）为代表的第二代核电技术，发展到以 AP1000、欧洲压水堆（EPR）和先进沸水堆（ABWR）为代表的第三代核电技术。目前，世界上具有代表性的第三代核电技术主要有先进沸水堆、经济简化沸水堆、欧洲压水堆、韩国先进压水堆、先进非能动压水堆、先进压水堆、俄罗斯先进压水堆等堆型。中国也在积极研发第三代核电技术，主要有CAP1400、ACPR1000、ACPR1000 +、ACP1000 等堆型。日本福岛事故后，许多国家都对投标方提供的反应堆技术提出了更高的核安全要求，因此在堆型选择方面更倾向于选择第三代技术。据统计，全球在建 65 台机组中，属于第三代核电技术的共有 24 台，我国在建第三代机组为 6 台（4 台AP1000，2 台 EPR），占全球在建第三代总数的 25%。

3. 第四代核能技术将成为未来的发展趋势

近年来，第四代核能技术迅速发展，成为核能系统的未来发展趋势。2000 年，"第四代国际核能论坛"确定了 6 种进一步研究开发堆型：超高温堆、超临界水冷堆、钠冷快堆、气冷快堆、铅冷快堆和熔盐堆，其开发的目标是要在 2030 年左右创新地开发出新一代核能系统，使其在安全性、经济性、可持续发展性、防核扩散、防恐怖袭击等方面都有显著的先进性和竞争能力。因此，未来堆型研究方向主要集中在第四代技术和模块化小型堆等方向，核聚变技术是更远期的发展方向。

三、经验教训（典型案例分析）　▶

（一）雪佛龙公司原油泄漏事故

巴西作为海洋石油勘探开采技术领先的国家，占据了海洋采油的主要份额。自从 1998 年中期巴西勘探开发市场开放以来，坎普斯、塞尔希培（Sergipe-Algoas）、桑托斯（Santos）和圣埃斯皮里图（Espirito Santo）四大盆地的新发现增加了 39.85 亿桶石油储量和 14.8 万亿立方英尺（4 188 亿立方米）天然气储量。而且巴西一直在深海勘探开发技术中处于领先地位。1997 年，巴西创造了在 1 709 米水深作业的世界纪录。在 2003 年，巴西的探井和开发井都达到了 3 000 米水深以上。巴西大多数的深水和超深水油田都处在坎普斯盆地。其中 3 个超深水巨型油田 MarIim，Albacora 和 Roncador 预计可采储量将超过 80 亿桶。因此由于巴西具有先进的深海勘探开发技术和经验，在将来巴西仍将是一个非常重要的深海油气产区。

1981 年 8 月 31 日，巴西颁布了具有里程碑意义的《国家环境政策法》。这部基本法确定了环境保护的基本框架，规定了环境违法行为的行政、民事和刑事责任，确立了环境损害赔偿的严格责任等，检察机构不但可以代表环境公共利益介入民事诉讼，而且还可以提起民事诉讼。1988 年，巴西《宪法》用了 3 个条文，即第 127 条、第 128 条和第 129 条来规定检察机构的职责、权限。此后几年间，巴西陆续颁布了一系列有关公共利益的立法，并授权检察机构进行保护。在巴西，检察院被称为独立于立法、行政和司法的"第四部门"，具有强势地位。宪法第 129 条列举了检察机构的 9 项职能，除了传统的检控犯罪的职能外，还有通过民事调查和公益诉讼，保护公共和社会遗产、环境和其他公共利益的职能。1998 年，巴西制定了《环境犯罪法》，该法对当时立法中有关环境违法的刑事和行政制裁条款进行了编纂，大大加强了检察机构追究环境犯罪法律责任的力度。

2011 年，美国石油巨头雪佛龙公司在巴西海域的油井发生原油泄漏事故 13 天后，被处以 2 750 万美元罚金。巴西发生漏油事故后，除了环保部门外，检察机构也立即强势介入，此外巴西联邦警察也宣布就此次漏油事件展开调查，责任人或将承担刑事责任。根据巴西法律规定的双罚制，个人和法人都可能受到刑事制裁。

（二）荷兰临港石化生态产业园

荷兰是一个自然资源贫乏的国家，80% 的原料依赖进口，荷兰化工采取的是临港工业模式，充分利用港口优势，在港口附近建立石化生态产业园。荷兰重化工业大力推进先进生产工艺，追求清洁生产，并在此基础上与其他相关产业形成工业代谢循环，促进废物利用，发挥集群效应。因此，荷兰依托港口资源或依托与港口相关优势而发展起来的工业存在很大优势。

荷兰的第一大港——鹿特丹，它很好地贯彻了"城以港兴，港为城用"的思想，发展了大规模的石化工业，为世界三大炼油基地之一，世界跨国石油垄断公司如 shell（壳牌）、BP（英国石油）、ESSO、海湾石油等在鹿特丹都建有炼油基地。石油精炼和石油化工是鹿特丹临港工业的主导产业。港区拥有 4 个世界级的精炼厂、40 多家石油化工企业、4 家煤气制造企业和 13 家罐装贮存和配送企业。临港工业区内的化工厂原材料主要依靠炼油厂提供。鹿特丹的地理位置使其成为欧洲的主要化学品港口，每年大约有 1 亿多吨原油海运至鹿特丹，一部分供给炼油厂，其余的通过海运、空运、管道输往欧洲其他地区。20 世纪以来，随着荷兰工业化、城镇化、现代化进程的加快，以石油化工为主导的工业增长给荷兰沿海环境造成很大的污染。荷兰临港工业带在带动经济发展的同时，也重视环境保护，为了缓解环境压力、协调好经济、贸易与环境的关系，荷兰采取的环境保护措施主要有：①设立中央控制的污水排放系统。从 1985 年起，鹿特丹市政工程处便开始了对泵站的实时监控，2005 年开始，他们管理起一个复杂的城市排水系统即中央控制系统。该系统由 30 个集水区组成，收集了来自 30 个抽水站排放的污水，排放到 5 个污水处理厂（相当于 110 万总人口排放的污水量）。市政工程处对所有这些泵站进行集中管理控制。该中央控制系统可以进行实时监控，对整个鹿特丹的污水进行定量计算并进行统筹规划。②征收环境税。环境税在荷兰已经实施多年，卢森堡、英国、法国、意大利、奥地利和德国环境税也得到相应推广并取得了很好的效果。荷兰针对居民的废物回收费和污水处理费也在很大程度上鼓励了公众节约用水和减少废物产生，同时又增加了环境保护投资的来源。另外，荷兰还采用了对环境保护项目的贷款补助、环境损害保险、抵押金制度等多种经济手段，都取得了较好的效果。

（三）日本临港钢铁工业发展

日本的重化工业发展十分成功。20世纪60年代初，在《国民收入倍增计划》的鼓舞下，日本开始实施"第三次钢铁合理化"。日本企业家和日本政府，审时度势，把设备的"规模化"和厂址的"临海化"作为主要目标。仅用十几年的时间，就在太平洋沿岸建成了内容体积以4 000~5 000立方米大型高炉为主体的钢铁产业体系，形成了沿着"三湾一海"——东京湾、伊势湾、大阪湾和濑户内海的"太平洋带状工业区"，在这1 200千米的狭长地带里聚集着世界顶级的钢铁大王、石化大王、造船大王、汽车大王和电器大王。

日本政府在坚持"环境立国"战略的前提下，采用强化管理，制定环境基本法体系，制定科学、严密的环境质量标准，将重点放在"防"上，而不是"治"。日本政府为管理和支持钢铁工业的节能减排，提出与各钢铁企业签订公害防止协议，倡导绿色采购，推行第三方环境评价、现场检查以及融资支援制度。另外，日本还十分重视环境保护科学技术的发展，在加强本国环境保护技术研究的同时，注意引进国外技术，在短时间内不仅降低了工业污染程度，而且研发了低成本、高效益的新型污染治理技术，创造了节约能源和其他资源的全新生产工艺流程。取得明显成效的环境政策主要包括：环境影响评价制度、环境污染公害的健康受害补偿制度和总量控制制度。日本以合资控股的形式，引入环保协作单位，结成利益共同体，充分利用其技术实力，消化企业产生的污染物和废弃物，转化为经济效益。这样，不仅环保协作企业可以不断研发出适合企业可持续发展的节能减排技术，而且生产企业可以降低研发成本，提高利润率，从而实现互利双赢。现在，日本每生产1吨钢仅需0.6吨煤炭，比欧、美等发达工业国还低，而我国每生产1吨钢则要消耗1.5吨煤炭。

（四）美国沿海炼油产业

美国是世界上石油和化工产品的生产和消费大国，也是较早出现炼化一体化建设模式的国家，目前至少有6家公司在其经营的8个地区实现了这种结合。美国95%以上的乙烯装置布置在墨西哥湾沿岸，水上运输条件便利。2007年，美国有炼油厂131座，炼油能力87 236万吨/年、乙烯生产能力2 879万吨/年，乙烯生产能力为炼油能力的3.3%。美国共有乙烯装置

41 套，分属 16 家石油公司，主要分布在得克萨斯州和路易斯安那州，与炼油能力的分布相比，乙烯生产能力的布局更为集中。

从 20 世纪 70 年代开始，美国颁布了《水质改进法》、《环境质量改进法》、《空气洁净法》等，以防止污染与环境质量退化。1970—1971 年间，联邦政府建立了几个环保机构，包括作为总统咨询机构的环境质量委员会、执行联邦反污染计划的环境保护署、防止石油溢漏等海洋污染的国家海洋与大气管理局等。1972 年颁布了《沿海地区管理法》、《海洋哺乳动物保护法》、《海洋保护研究和禁猎法》、《防止水源污染法》。此外政府还颁布许可和相关规定要求汽油、柴油中硫含量的进一步降低。同时炼油厂还需根据联邦标准、州政府标准和地方政府标准要求生产标准各异的汽油和柴油，以及耗费时日去申请更为繁复的政府许可等。美国有关统计显示，过去 10 年以来，美国的炼油行业已经投入了大约 470 亿美元巨资用于环境保护项目，主要是用于生产更为有利于环境保护的低硫无铅汽油。在此内外环境制约下，不少石油炼制企业高投入、低产出，一些炼油厂则因无法适应日益激烈的行业竞争被迫关闭。

（五）长江口围填海工程

长江河口地区的围垦工程多遵循河口（三角洲）向海淤涨推移的规律，主要通过对河（海）岸和江心滩涂和水下浅滩实施工程而实现成陆，使该地域的自然属性的资源得到开发和利用，保证了长江三角洲的社会经济发展必需的空间资源。长江河口地区的滩涂围垦（促淤圈围）工程涵盖广泛且出发点和实施目标不一，其中主要包括：长江河口的潮滩促淤围垦、深水航道建设、码头与海港建设等方面的内容。

在长江河口的滩涂促淤围垦活动中，有许多的经验可以借鉴和推广。如在浦东国际机场的建设过程中，围垦滩涂 18.8 平方千米，为了减少工程建设及以后的机场运行对候鸟与当地生态系统的负面影响，在距机场 10 余千米的河口沙洲九段沙上实施种青促淤引鸟生态工程，补偿由于机场围垦对候鸟栖息地等的影响，近 10 年来效果明显。浦东国际机场在建设工程中东移 700 米，节省熟地 7 488 亩，产生直接经济效益 3.6 亿元（按 1997 年价格计算）。为配合浦东国际机场选址东移，在九段沙实施了"浦东国际机场东移和九段沙生态工程"。据记载，该生态工程取得了"一年成活，两年长沸，三年外扩"的效果。同时，引入的芦苇和互花米草能有效黏附泥沙，促进滩涂的淤涨和湿地扩大。1997—2008 年的 10 余年间，九段沙草滩面积扩大了 2.5 倍。

（六）荷兰围填海工程

荷兰毗邻欧洲北海海域，是典型的低地之国，1/4 的国土在海平面以下，最低点位于海平面以下 6.74 米，如果没有先进的堤防设施，荷兰 2/3 的国土将受到海水漫溢与海浪侵蚀的危害。荷兰的历史是与海水抗争的历史，在防御河流洪水与海洋灾害的进程中，兼顾对土地资源的需要实施围海造地工程，在围海造地、港口建设、疏浚、海岸工程、围垦区景观设计、海岸海洋环境保护等方面取得了极大的成就，令世界瞩目。

荷兰的围海造地有 3 个阶段：第一个阶段：16—17 世纪，疏干阿姆斯特丹北部众多湖泊并开垦为农田，利用风车排除湖泊低地的涝灾；第二个阶段：19 世纪，近 180 平方千米的哈尔莱姆湖成为荷兰疏干的最大湖泊，利用蒸汽机驱动的水泵排水；第三个阶段：20 世纪最大的工程项目是 1932 年完成的须德海 30 千米长海堤，该海堤切断了堤内与北海的直接联系，大大降低了洪水风险。在经历了 1953 年淹没 2 000 平方千米的围垦区并造成 1 835 人死亡的风暴潮灾害后，荷兰在 20 世纪下半叶又成功实施了"三角洲计划"（Delta Plan）项目，项目由 16 500 千米的堤防与 300 个洪水防御沟设施，对 13 个河口进行了人工控制，并形成数十平方千米的新土地，而且打造了鹿特丹港港口发展的岸线与空间资源。但在 1995 年面临仅 20 年一遇的洪水时，荷兰及邻近数国遭受了巨大的损失。

荷兰 20 世纪大规模填海工程引发了严重的生态环境问题，引起社会和学术界的广泛关注，主要表现为滨海湿地的大面积减少，水质下降，生物多样性受到破坏；在围垦区内还出现地面沉降、土壤改良投入的成本过大以及内陆河流洪水与海洋风暴潮双向灾害威胁等问题。从 20 世纪 80 年代开始，荷兰的围海造地进入一个严格限制开发的阶段，并与德国、丹麦实施了三方瓦登海保护计划，放弃了原定在须德海大堤内侧围垦的计划，保留了自然的湖泊湿地景观。在沿海地区实施生态保护，建立起长达 250 千米的"以湿地为中心的生态系地带"。荷兰—德国沿海的瓦登海保护取得极大成功，已成为新的世界自然遗产地，潜在的生态价值和旅游经济价值巨大。

为满足 21 世纪中叶前的发展需要，荷兰鹿特丹港口拟向北海实施 20 平方千米的围填海工程，此工程在 20 世纪 90 年代提出方案，工程的生态环境影响评估报告长达 6 000 余页，一直到 2008 年才开始实施，工程建设到 2013 年才发挥作用。建设方案中包括有，在邻近海域划出 250 平方千米的生态保护区，在港池的外海侧建设给游人休闲的 35 公顷沙丘海滨，还在邻近海岸带修整 750 公顷的休闲自然保护区，有效地补偿了围填海所损失的生态服务功能。荷兰围海造地的经验对我国实施围填海工程具有重要的借鉴作用。首先，要统筹规划围海造地工程。从土地的合理利用、防治自然灾害、保护海洋生态环境等要求对工程的实施进行统筹规划。工程的实施要考虑到今后土地利用，预留一定的河道，有利于排灌、运输，也有利于改善区域景观等；堤坝的构筑要考虑风浪、潮汐等自然因素；工程的实施要尽量减少对海洋生态环境的破坏。其次，要科学开展围海造地工程。

（七）日本围填海工程

日本是一个国土面积狭小的国家，围填海主要分布在东京湾、大坂湾、伊势湾以及北九州岛。明治维新前，日本围海造地以农业开发为主的围海屯田；从明治维新到 1945 年，为满足日本近现代工业的发展的需要，日本实施围海造地满足工业、港口、造船业的需要，这一时期围海造地 145 平方千米。1945—1975 年，日本临海工业高速发展，在太平洋沿岸形成重化工业带，该阶段的围填海面积约 1 180 平方千米。日本大规模的围填海造地支撑着临海重化工业的快速发展，但同时导致滨海湿地锐减，再加上大量未经处理的工业废水排入海湾，在 20 世纪 50 年代日本沿海产生了严重的生态灾难与环境恶果。最显著的是规模巨大的日本东京湾围填海工程将原来的天然海岸海洋环境彻底破坏，近岸水域环境恶化，渔业资源锐减；濑户内海沿岸的围填海工程和临港工业发展，在 50—60 年代造成渔业栖息地的破坏，濑户内海的加吉鱼、对虾、章鱼的数量大大减少；海洋生态系统中汞、铅、铜等重金属在海洋鱼类体内富集，在 50 年代九州岛爆发了震惊世界的汞污染引发的水俣病事件。

70 年代之后日本重视海洋环境保护，围填海造地的规模和速度都大大减小，新的围填海项目主要用于沿海旅游业的发展；90 年代后，日本对填海造地造成的海洋生态环境影响日益关注，严格控制或禁止沿海围填海造地工程。目前，日本每年的填海造地面积在 500 公顷左右，除了城市垃圾的填埋，新的填海工作基本上是被禁止的。日本围填海工程的平面设计具有以下特点：在围填海方式上，以人工岛式居多，自岸线向外延伸、平推的极少；在围填海布局上，工程项目内部大多采用水道分割，很少采用整体、大面积连片填海的格局；在岸线形态上，大多采用曲折的岸线走向，极少采取截湾取直的岸线形态。这种围填海工程的平面设计，虽然会增加填海成本，但在提高海洋资源利用效率，提升区域资源、环境和社会协调性方面具有十分明显的优点，既增加了海洋价值、岸线资源，还减少了对环境的影响，减缓了用海矛盾和冲突。

日本围填海的组织实施及成地后的所有权归属分为两种情况：一种是企业和个人获得填海许可，由其组织填海工程，成地后的所有权归企业和个人所有；另一种是由政府获得填海许可，通过融资和工程委托等途径，组织填海，成地后进行市场拍卖，企业和个人拍得土地后获得所有权。无论哪种方式获得土地，都必须按填海许可中规定的用途进行开发。从日本围填海相关法律、围填海管理政策和长期的管理实践来看，日本政府对围填海行为没有明显的政策倾向和行政干预，而是采取"不鼓励、不限制"的中立态度。日本围填海的发展主要是以需求为主导，通过市场规律来调节的，政府的作用就是履行严格的审批手续，主要是对项目的必要性、设计的合理性以及对环境的影响进行严格审查，只要需求和方案合理，就允许进行围填海。

日本围填海的管理经验有许多值得我国借鉴。一是整体规划，体现在3个层次：①从国家全局制定沿海地区发展总体规划，划定一些重点发展地区，并明确整体功能定位；②对重点发展地区有较为系统的总体空间规划；③对基本功能区内的围填海项目进行平面规划，设计项目的布局与形态，在其指导下，选择人工岛或顺岸分离式等围填海方式，进行海岸形态与功能布局设计。二是围填海工程的平面设计呈多样化，以人工岛式居多，自岸线向外延伸，平推的极少。

（八）日本福岛核泄漏事故

福岛核电站（Fukushima Nuclear Power Plant）是目前世界上最大的核电站，由福岛一站、福岛二站组成，共10台机组（一站6台，二站4台），均为沸水堆。福岛一站1号机组于1971年3月投入商业运行，二站1号机组于1982年4月投入商业运行。福岛核电站的核反应堆都是单循环沸水堆，只有一条冷却回路，蒸汽直接从堆芯中产生，推动汽轮机。福岛核电站一号机组已经服役40年，已经出现许多老化的迹象，包括原子炉压力容器的中性子脆化，压力抑制室出现腐蚀，热交换区气体废弃物处理系统出现腐蚀。这一机组原本计划延寿 20 年，正式退役需要到 2031 年。受 2011 年 3 月 11 日东日本东部大地震的影响，福岛第一核电站损毁极为严重，大量放射性物质泄漏到外部。原子能安全保安院认为福岛第一核电站大范围泄漏了对人体健康和环境产生影响的放射性物质，因此将其核泄漏事故等级提高至最严重的 7 级。该机构同时指出，福岛第一核电站释放的放射性物质要比切尔诺贝利核电站少。

福岛第一和第二核电站此前也多次发生事故。1978 年，福岛第一核电站曾经发生临界事故，但是事故一直被隐瞒至 2007 年才公之于众。2005 年 8 月里氏 7.2 级地震导致福岛县两座核电站中存储核废料的池子中部分池水外溢。2006 年，福岛第一核电站 6 号机组曾发生放射性物质泄漏事故。2007 年，东京电力公司承认从 1977 年起在对下属 3 家核电站总计 199 次定期检查中，这家公司曾篡改数据、隐瞒安全隐患。其中，福岛第一核电站 1 号机组反应堆主蒸汽管流量计测得的数据曾在 1979—1998 年间先后 28 次被篡改，原东京电力公司董事长因此辞职。2008 年 6 月，福岛核电站核反应堆 5 加仑少量放射性冷却水泄漏。官员称这没有对环境和人员等造成损害。

2011 年 3 月 11 日，里氏 9.0 级地震导致福岛县两座核电站反应堆发生故障，其中第一核电站中一座反应堆震后发生异常导致核蒸汽泄漏。于 3 月 12 日发生小规模爆炸，或因氢气爆炸所致。有业内人士表示，福岛核电站单层循环沸水堆技术上现在已经不再采用，冷却水直接引入海水，安全性较低。对于日本这一个地震频繁的地区，使用这样的结构非常不合理。3 月 14 日地震后发生爆炸，在爆炸后，辐射性物质进入大气中，通过风传播到中国大陆、台湾、俄罗斯等一些地区。事故发生后，3 月 29 日下午从福岛第一核电站 1 号至 4 号机组排水口南 330 米处所采集海水样品，经检测发现放射性碘 - 131 的浓度达到法定限值的 3 355 倍。同一天在 5 号和 6 号机组排水口北 50 米处采集到的海水样本显示，放射性碘 - 131 的浓度达到法定限值的 1 262 倍。

日本文部科学省 3 月 12 日宣布，从福岛第一核电站附近土壤和植物中首次检测出微量放射性锶 - 89 和锶 - 90。文部科学省 3 月 16—19 日对福岛第一核电站 30 千米外的浪江町和饭馆村等地进行了土壤和植物取样检测。

结果显示，土壤中锶－89 的放射性活度最高为 260 贝克勒尔每千克，锶－90 则最高为 32 贝克勒尔每千克。植物样本检测结果显示，锶－90 的放射性活度最高为 5.9 贝克勒尔每千克。文部科学省表示，由于量极小，这些放射性锶不会对人体健康造成影响。

第四章 重大涉海工程环境保护面临的主要问题

一、海洋油气田监管不力，环境污染事故频发 ▶

海洋石油勘探开发速度迅猛，产能不断扩大，同时海上钻井、海上运输、近海港口建设等都迅速发展，一方面促进了海洋经济；另一方面对海洋环境带来的风险不容忽视。据国土资源部数据显示，"十一五"期间，全国发生41起海洋石油勘探开发溢油污染事故，其中渤海19起，南海22起，虽然海洋石油勘探开发溢油污染所占比例并不大，但由于海上情况复杂，一旦发生溢油污染，消除其危害及影响的成本巨大，风险极高。

近年来的调查表明，我国海上油气田周围海域生态环境状况依然不容乐观。如埕北油田的开采活动导致附近海水中石油浓度上升，沉积物受到铜的污染且油类浓度持续上升，底栖生物环境已属非健康状态；南海北部湾油田开发活动导致平台混合区（半径1 000米范围）环境质量明显劣于平台外围海域，混合区500米范围内明显受油田勘探开发影响，沉积物各项污染物含量相对较高，周围海域底栖生物的生物量和栖息密度分布不均；涠洲油田部分水质已出现石油类等轻微超标，沉积物在平台周边已有较明显的石油累积现象出现，底栖生物出现贝类和鱼类铅超标，尤以贝类为甚。我国目前关于海上油气井勘探开发的环境影响研究仍处于探索阶段，尚未建立起较为完善的理论和成熟的评价体系，亟须建立起一整套完备的油气田海洋生态环境保护措施。

从近年来海上油气田开发及溢油事故的教训来看，我国在海洋油气田开发工程环境监管方面存在以下几个方面的问题：①企业自身环境监管不力，环境责任缺失，存在有法不依的问题；②事故发生后应急处置不力，各部门反应较为滞后，缺乏国家层面的综合协调；③损害赔偿低。这些问题反映出我国在海洋污染事故的管理体系仍不完善，应急响应能力不足。

二、沿海重化工产业遍地开花，环境风险剧增　▶

改革开放以来，我国沿海地区由于其有力的经济、社会基础和独特的区位优势，不仅率先成为全国经济发展的先行地区，而且也开始成为重化产业的重要基地。我国重化工业向沿海的大转移，是摆脱原来主要利用本国自然资源，转向依赖全球市场配置资源，进一步直接靠近消费市场的必然选择。截至 2010 年，我国已形成了长江三角洲、珠江三角洲、环渤海地区三大石化化工集聚区及 22 个炼化一体化基地，建成 20 座千万吨级炼油厂，汽柴油产量达 2.53 亿吨，75% 以上的产能分布在沿海区域。上海、南京、宁波、惠州、茂名、泉州等化工园区或基地已达到国际先进水平。

在炼油发展大好形势下，炼油企业向炼化一体化方向发展，下游化工项目正如火如荼展开布局。以天津市为例，为延伸炼油产业链条，引进了总投资超过 250 亿元的中石化乙烯项目，同时开展与乙烯相对接的 13 个项目。目前沿海重化工产业向沿海推进的趋势十分明显，但目前沿海各地对行业的资源环境效率要求不明确，环境准入门槛不高，对企业的污染控制技术水平缺乏更高的要求，为沿海地区环境安全带来较大隐患。

三、围填海工程粗放发展，缺乏科学规划　▶

我国海洋经济近 10 多年来快速增长，在国民经济和社会发展中的地位日益突出，海洋产业增加值占全国 GDP 的比重从 1998 年的 2% 提高到 2009 年的 5.59%，高于发达国家的水平，比全球 4% 的平均水平略高。近年来，伴随国家对海洋经济的重视，我国沿海地区正在实施新一轮的海洋开发战略，掀起了发展海洋经济的新高潮。由于沿海人多地少，围海造地在海洋开发利用中，成为缓解土地资源紧缺的主要方式。一些地方建成进出港口和新型临港工业园区，推动了社会经济的发展与城市空间的战略转移。围填海工程存在如下两方面问题亟待解决。

1. 围填海工程的管理缺乏海洋生态系统科学的支撑

国内海洋界对海洋生态系统的研究与国际上几乎同步开始，但在有关海洋生态方面的基础工作积累较少。此外，我国海洋生态系统的研究主要集中在近海较深的海域，而对海岸带水域及滨海湿地的关注较少，因此对与国民经济有重要关联的滨海湿地的海洋生态系统，认识相当不足。此外，我国不同海区的海湾、河口和海涂等滨海湿地的自然条件有很大的差异，对这些海域我国目前尚缺乏生态系统层面上的科学认识。

大规模、快速的围填海工程涉及影响的主要问题是滨海湿地生态系统的稳定性和可持续利用等，对于围填海工程对生态系统的影响，论证研究相当薄弱，而对围填海工程对生态系统的持续影响的分析更付阙如；虽然有学者对不同区域的海洋生态服务价值进行理论层面的分析研究，但没有在海洋管理中融入海洋生态补偿管理的内容。生态系统的服务功能一旦受到破坏，整治与恢复的代价往往很大，并且后续的影响很漫长。在科学认识支撑不足的前提下，大规模围填海可能会严重损害海洋生态系统服务功能，带来多方面的负面影响，制约今后沿海地区经济社会的可持续发展。

2. 围填海工程监督检查和执法监察体制有待于进一步完善

自 2002 年《中华人民共和国海域使用管理法》正式实施以来，国务院领导多次指出要从严控制填海造地，国家海洋局和沿海省、市、自治区也加强了对围填海的管理、论证和审批工作，使无序用海的状况得到了较有效的遏制。

近年来，由于国家对土地严格控制和地方利益的驱动，围海造地成为沿海地区的热点问题。现代化的施工技术和设备使得围填海容易进行，加之对海洋生态系统的服务功能价值与海洋开发利用之间的关系认识不充分，沿海不少地方填海造地实际上出现了无度的状况。在缺乏科学围填海规划和科学评估的前提下，不少海湾和河口沿岸已进行大规模围填海活动，出现了一些值得关注的生态环境问题。

四、核电开发跃进式发展，安全形势不乐观 ▶

我国核能与核技术利用始终坚持"安全第一、质量第一"的根本方针，贯彻纵深防御等安全理念，采取有效措施，核安全基本得到保障。近年来，我国核能与核技术利用事业加速发展，核电开发利用的速度、规模已步入世界前列，保障核安全的任务更加艰巨。

1. 安全形势不容乐观

我国核电多种堆型、多种技术、多类标准并存的局面给安全管理带来一定难度，运行和在建核电厂预防和缓解严重事故的能力仍需进一步提高。部分研究堆和核燃料循环设施抵御外部事件能力较弱。早期核设施退役进程尚待进一步加快，历史遗留放射性废物需要妥善处置。铀矿冶开发过程中环境问题依然存在。

2. 科技研发需要加强

核安全科学技术研发缺乏总体规划。现有资源分散、人才匮乏、研发能力不足。法规标准的制（修）订缺乏科技支撑，基础科学和应用技术研究与国际先进水平总体差距仍然较大。

3. 应急体系需要完善

核事故应急管理体系需要进一步完善，核电集团公司在核事故应急工作中的职责需要进一步细化。核电集团公司内部及各核电集团公司之间缺乏有效的应急支援机制，应急资源储备和调配能力不足。地方政府应急指挥、响应、监测和技术支持能力仍需提升。

4. 监管能力需要提升

核安全监管能力与核能发展的规模和速度不相适应。核安全监管缺乏独立的分析评价、校核计算和实验验证手段，现场监督执法装备不足。全国辐射环境监测体系尚不完善，监测能力需大力提升。核安全公众宣传和教育力量薄弱，核安全国际合作、信息公开工作有待加强。

第五章 我国重大涉海工程与科技发展的战略定位、目标与重点

在重大涉海工程建设及运营过程中，以保护海洋及海岸带生态系统完整性为核心目标，坚持"生态工业"设计理念，打破以往"单一处理、单一利用"的传统模式，积极探索清洁生产技术，加强区域、国家间的合作与研究，建立区域海洋污染应急合作机制，完善相关法律法规及技术支撑体系，提高法律法规的执行力及严肃性，协调好经济、社会与环境的关系。

一、建立绿色发展机制，优化产业布局 ▶

（一）设定绿色发展目标，建立绿色发展机制

为保护我国海洋环境质量，沿海地区须转变经济增长方式，实现绿色增长战略，实现在保护中发展，在发展中保护，以最终达到环境保护优化经济发展的双赢局面。走绿色海洋经济发展战略路线，是未来海洋经济发展的大势所趋。它以"绿色"发展为底色，坚持科学合理的可持续发展理念，遵循生态循环经济规律，采用先进的绿色科技技术，创新绿色海洋制度，健康发展海洋经济，从而获得经济、社会与生态三位一体的"绿色"效益。提高海洋经济开发利用的价值，就要在实践中探索海洋经济绿色发展战略的对策。

（二）沿海地区应执行更为严格的环境准入制度

沿海地区以生态环境为基准，执行更为严格的环境准入制度，包括更加严格的排放标准和治理技术要求。按照"分类指导，分阶段实施"的原则，要求沿海地区的资源环境效率达到国内先进水平或者国际先进水平，严格控制企业的污染物排放强度，防止新型污染物、持久性有毒污染物对海洋环境和海洋生态安全的影响，从而倒逼企业转型升级。充分发挥政策杠杆的激励作用，鼓励在技术创新、污染减排及生态保护方面的标杆企业，

为其配备相应的环境资源。实施不达标淘汰制度，对于长期无视生态环境保护的企业要建立退出机制。

（三）沿海地区划定生态红线，正确引导海岸带开发利用活动

基于近岸海域生态调查结果，提出对生态敏感区、珍稀物种、资源及其生境等的保护要求。在近岸海域重要生态功能区和敏感区划定生态红线，防止对产卵场、索饵场、越冬场和洄游通道等重要生物栖息繁衍场所的破坏。开展海岸带环境综合调查评估，制定海岸带利用和保护规划。加强陆海生态过渡带建设，增加自然海湾和岸线保护比例，合理利用岸线资源；控制项目开发规模和强度。规范海岸带采矿采砂活动，避免盲目扩张占用滨海湿地和岸线资源，制止各类破坏芦苇湿地、红树林、珊瑚礁、生态公益林、沿海防护林、挤占海岸线的行为。加强生态示范区建设，探索创立海洋生态经济的发展模式，实现资源开发与养护、生态建设与经济发展相协调。

二、开发清洁生产技术，减轻环境压力 ▶

（一）海洋油气田开发工程

海洋石油开发企业要积极采用清洁生产工艺。清洁生产是从传统的末端污染治理转向清洁生产全过程控制，提高资源能源利用率，从源头上减少污染物的产生量，以减轻末端治理的负担，降低末端失控带来的环境风险。在石油勘探过程中，开发低噪声、低辐射、低扰动的勘探技术，减少使用爆破勘探作业，改用非炸药震源，如电磁脉冲震源、空气枪震源等进行海洋石油勘探，减少对海洋生物及生态系统的影响。在油气开采过程中，开发生产废水及废弃泥浆减量化的清洁生产技术，研究海下"三废"处置技术及装置，提高溢油事故的处置能力；使用环境友好的工艺、设备和材料，如使用先进的钻机，配套完善的固控设备，提高钻井液、钻井泥浆循环利用率和重复利用率；对采油废水进行充分回用（回注等），以节约水资源，采用密闭集输和轻烃回收装置，充分回收天然气，并加以利用；对钻井平台周围的落海原油处理采用机械回收的方式进行回收，少用或不用消油剂处理；对油轮的油舱处理采用细菌清洗方式，减少油轮的压舱水、洗舱水的排放。在油气运输过程中，开发油气泄漏检测预警技术及装置，开

发海洋受损生态系统修复技术。

海洋油气开发企业在制订中长期发展规划和生产经营计划时，均要制订周密可行的海洋环境保护管理和污染治理计划和规划，做到科学规划、分步实施、稳步推进，全面提高企业防治污染能力。海洋油气资源开发企业在开采过程中要把保护环境视为己任。在海洋油气开发企业引入 ISO14001 管理制度，建立 HSE 管理体系。HSE 管理的核心是预防安全环境事故的发生，可以有机地将健康、安全和环境管理纳入一个管理体系之中，可以有效地减少环境事故的发生。

（二）沿海地区重化产业

在沿海重化工产业布局方面，需站在全局高度对我国沿海十几个重化工基地的环境敏感性进行科学系统评估，打破现有沿海重化工遍地开花格局，集中打造亿吨级的重化工园区。开发和利用生物技术及其他清洁生产技术，减少有毒、有害原料的使用量，生产清洁产品。加强陆上重化工项目涉及有毒、有害污染物的预处理技术及原位回用技术研究，提高园区的污水控制水平。加强重化工项目"三级防控体系"研究，保证事故状态下不对海洋生态系统构成威胁。

（三）海岸带围填海工程

建立围填海项目红线制度。划定海域潜力等级，确定生态敏感区、脆弱区和生态安全节点，提出优先保护区域，作为围填海项目红线。以海洋主体功能区划和海洋生态红线为依据，积极探索如何可持续利用海洋空间资源，充分发挥海洋空间的生态价值，并最大限度地减少对生态系统的影响。加强围填海工程环境影响技术体系研究，加强对围填海工程的空间规划与设计技术体系研究，完善必要的行业规范。

（四）核电开发工程

围绕核能与核技术安全利用、核安全设备质量的可靠性、铀矿和伴生矿放射性污染治理、放射性废物处理处置等领域基础科学研究落后、技术保障薄弱的突出问题，全面加强核安全技术研发条件建设，改造或建设一批核安全技术研发中心，提高研发能力。组织开展核安全基础科学研究和关键技术攻关，完成一批重大项目，不断提高核安全科技创新水平。

三、加强环境监管力度，完善海洋环境灾害防控机制 ▶

（一）完善我国海洋生态环境灾害监控预警及应急机制

针对海洋溢油及化学品泄漏等突发性海洋生态环境灾害事故，建立重点风险源、重点船舶运输路线等监控技术体系，完善海洋生态环境灾害监控预警及应急机制，保障海洋生态环境与人体健康安全，保障海洋经济的可持续发展。能力建设方面，建立海洋溢油以及处置物质储备基地，根据海洋溢油风险区、多发区等合理布局溢油物质储备网络体系，合理配置消油剂、围油栏、吸油毡等常备物质。积极研发海洋溢油回收、绿潮海上处置等工程设备，提升海洋环境灾害的现场处置能力。建立由陆岸应急车辆、海洋应急专业船舶和直升机构成的海、陆、空立体快速应急反应体系，提升海洋生态环境应急反应速度。

加强环境污染事故的预防，制订详细的环境污染事故应急计划，石油平台所属海域的沿海渔业资源管理部门要积极参与制订海洋环境污染事故的应急计划。重点落实岗位责任制，培养海洋油气开发企业职工的工作责任心，精心操作、保持钻井平台施工、作业的平稳运行。定期对油气施工、生产装置进行内部环境保护评价，及时采取科学技术防范措施。对已经发生的环境污染事故，要严格执行环境污染事故"三不放过"原则，认真分析环境污染事故产生的原因和规律，吸取教训，制订改进方案和措施。

（二）建立海洋生态环境风险管理信息服务平台

构建海洋生态环境风险管理信息服务平台，主要包括应急监测数据编报系统、海洋环境监测数据库、风险源数据库、应急监测数据管理系统、应急信息产品制作系统、海洋动力动态数值模拟系统、海洋环境应急信息可视化查询系统等，为海洋环境突发事件提供应急处置的相关信息，从而提高应急指挥的实效性和科学性，最大限度地降低突发事件对海洋生态环境造成的不良影响。

（三）进一步明确和强化涉海企业环境责任，增强企业环境风险防范能力

一方面要进一步明确企业的污染防治责任和应对突发性污染事件的责任，以及涉海企业对海洋环境造成污染和生态破坏的所应承担的法律责任，提高企业的社会责任感；建立对企业环保行为的评估制度，并接受公众监

督；制定合理的事故赔付机制；另一方面，加强对企业环保责任方面的教育，发挥企业内部监督作用，加强企业自律。

（四）强化重大涉海工程的项目审批、执行监督与生态补偿

组建专家咨询委员会，对重点建设项目进行评估和审核。重大开发利用项目必须经过专家咨询委员会论证。构建支撑重大海洋工程管理科学的评价技术体系。首先是基础环境评价技术体系，其次是工程环境评价技术体系，对重大海洋工程施工和营运期进行综合损益分析。建立重大海洋工程后效应评估制度。设立重大海洋工程长期海域使用动态监测点，并建立海岸线侵蚀变化影响数据库。强化海上执法，对违法违规行为及时发现和查处。建立海岸带陆域和海洋联合执法机制与执法合力。建立健全重大海洋工程跟踪监测制度，改变重论证轻管理的现状，从过去单一项目监测向区域用海监测转变。加快生态补偿法规及机制的建设，建立生态补偿法规和机制，尽快出台相应法规。大型海洋工程增设生态补偿方案，对生态系统服务功能的损失进行生态补偿，保证项目实施后生态系统服务功能不降低。

第六章　关于重大涉海工程环境保护政策建议

一、实施海洋保护区网络构建及优化专项 ▶

(一) 必要性分析

在过去的 60 年，特别是最近 20 年，我国的海洋保护区及特别保护区的数量和面积发展迅速，已远远超出预期。然而，就目前我国各类海洋保护区总体情况来看，还存在一些不合理的方面和弊端。①空间布局不合理。目前，我国自然保护区晋升机制主要是"自下而上"的申报形式，即地方政府或业务主管部门申报，国家组织评审和审批，由于缺乏空间布局的宏观指导，造成一些区域自然保护区过于密集，而一些区域无论是生物多样性保护还是渔业资源保护均非常重要，确实需要通过建立国家级自然保护区予以保护的区域，却由于地方或部门没有申报而没有建立，成为自然保护的空缺区域。②建设目的不明确。由于缺乏科学规划指导，一些地方曾主动积极申报海洋保护区，然而，随着一些保护区周边区域社会经济发展需求的变化，保护与发展的矛盾逐渐激化，往往提出调整保护区范围和功能的要求，由于缺乏保护区统一的科学规划，针对某一申请调整的保护区在国家生物多样性和渔业资源保护中的战略地位、在国家生态安全格局中的战略位置和功能不清，保护区面积是否合适、功能区划怎样调整等问题存在严重的技术"瓶颈"，给国家自然保护区审批与调整带来诸多的技术难题，甚至影响了地方海洋保护区建设和管理成果。③界限划分不科学。由于缺乏海洋保护空间布局的科学规划，使得目前国家级保护区基本上是按照行政区界划建的，没有包含整个生态区域，或者将不适合划归保护区范围的地段也包含了进来，从而没有真正发挥自然保护区的保护功效。

(二) 预期目标

针对我国海洋自然保护区空间布局合理性与重要生态系统和关键物种保护

成效问题，在识别和筛选海洋生物多样性与渔业资源保护热点区域的基础上，开展我国海洋自然保护区的空缺分析技术研究，集成研究海洋保护区保护网络构建技术，构建海洋自然保护区空间网络体系，提出空间优化方案，为指导我国海洋自然保护区发展规划编制与晋级申报及调整审批提供重要技术支撑。

（三）重点内容与关键技术

1. 海洋自然保护区网络构建与优化技术方法研究

在收集、整理、分析国内外已有的自然保护区网络构建与优化技术的基础上，结合我国海洋保护区实际情况，探讨我国海洋生物洄游设计技术方法，提出我国海洋自然保护区网络布局技术方案。

2. 海洋自然保护区网络构建

在我国海洋保护热点区域的筛选以及保护区空缺分析结果的基础上，开展我国海洋自然保护区网络构建研究，提出我国海洋自然保护区网络建设方案。

3. 海洋自然保护区网络优化

通过我国当前海洋自然保护区空间布局特征分析，基于我国海洋自然保护区网络布局技术方案，对已构建的海洋保护区网络进行优化，提出我国海洋保护区网络空间优化方案。

二、渤海海洋油气开发环境保护 ▶

渤海湾盆地作为一个新生代早第三纪始新世形成的盆地，分布着数十个大大小小的凹陷，是油气资源丰富的主要成因，现已发现油气田和含油气构造 72 个。渤海油气田面积约 58 327 平方千米，是我国第二大产油区，能源储量居全国之冠。依据中国近海主要含油气盆地油气资源评价（2005年），我国渤海湾石油远景资源量 94.6 亿吨，石油地质资源量为 113.6 亿吨，其中包括可探明地质资源量 56.8 亿吨，探明地质储量 16.9 亿吨，待探明地质资源量 39.9 亿吨。1971 年在渤海首次开钻，发现了埕北、石臼坨、锦州 20-2、绥中 36-1 等油田。尤其自 1995—2001 年底的 6 年间，已在上第三系等地层发现了秦皇岛 32-6、南堡 35-2、曹妃甸 11-1、12-1、锦州 9-3、旅大 37-2、渤中 25-1、蓬莱 25-6、蓬莱 19-3 共计 9 个亿吨级和近亿吨级大油田，其中蓬莱19－3油田地质储量达6亿吨。

　　渤海的丰富油气资源，极大地促进了海上油气开采的规模，也加大了可能的溢油风险。由于渤海的水交换条件较差，海洋生态承载能力和环境容量有限，海洋生态环境十分脆弱。海上油气开采规模增加带来的溢油风险，将降低渤海潜在生态承载能力和环境容量，并进而加剧渤海所面临的生态环境风险。"十一五"期间全国发生的41起海洋石油勘探开发溢油污染事故中，其中渤海19起，南海22起。

　　2011年6月4日和17日，蓬莱19－3油田B平台和C平台分别发生溢油。根据国家海洋局的公报，溢油事故造成蓬莱19－3油田周边及其西北部面积约6 200平方千米的海域海水污染（超一类海水水质标准），其中870平方千米海水受到严重污染（超四类海水水质标准）。蓬莱19－3油田周边及其西北部受污染海域的海洋浮游生物种类和多样性明显降低，生物群落结构受到影响，沉积物污染范围内底栖生物体内石油烃含量明显升高，其中口虾蛄体内石油烃平均含量超背景值4.4倍，最高值超15.5倍。至2011年12月，仍有54%样品生物体内石油烃含量超过背景值。此次事故暴露出我国海洋石油工业高速发展背景下的技术短板问题。我国海洋油气工业在装备数量、种类和作业能力上与世界先进水平尚有较大差距，技术问题一直是制约我国海洋油气开采的重要因素。也正是因为这个缘故，过去数十年中国向康菲等外国石油公司出售了多个海上油田的特许权。如何有效提升海洋石油工程技术开发实力是我国石油工业迫切需要解决的问题。

　　基于渤海油气田开发带来的生态和环境保护问题，我国应尽快建立渤海油气开采总量控制制度，以减缓渤海生态风险。进一步调整我国的海洋油气开发战略，将渤海油藏转化为战略贮备，优先开发深远海油气资源。其次，应完善油气开采区的潜在环境风险评估预警及信息共享机制。针对目前海上油气开采现状，进一步完善渤海海上油气开采区域的生态环境风险评估，并作为海上油气开采总量控制的依据。完善渤海环境监测、预警和应急系统及信息共享平台，建立海洋重大环境突发事件的风险预防与应急管理。同时，加强海上油气开采的全过程监管力度和机制建设。在现有监管体制的基础上，海洋油气开采毗邻区政府加大监管力度，进一步明确海上油气开采监管主体及责任，完善并落实监管方案，确保各项安全生产措施能够严格落实到位，消除生产过程中诱发突发污染灾害事件的隐患。

主要参考文献

曹志涛.2010.我国炼油工艺技术现状及发展趋势[J].炼油与化工,21(2):1-3.

崔毅,林庆礼,吴彰宽,等.1996.石油地震勘探对海洋生物及海洋环境的影响研究闭[J].海洋学报,18(04):125-130.

何桂芳,袁国明,林端,等.2009.海上油田开发对海洋环境的影响——以涠洲油田为例[J].海洋环境科学,25(02):195-201.

江志华,王华,蔡伟叙,等.2006.海洋石油开发工程环境影响后评价初探[J].油气田环境保护,16(03):52-54.

冷东梅.2009.石油化工废水处理技术应用研究进展[J].化学工程与装备,(12):129-134.

李巍,张震,闰毓霞.2005.油田生产环境安全评价与管理[M].北京:化学工业出版社.

邱弋冰.2006.海洋石油开发工程环境影响后评价研究[D].青岛:中国海洋大学.

史永谦.2007.核能发电的优点及世界核电发展动向[J].研究与探讨(1):1-6.

孙德意,宋浩亮,许俊斌.2011.从世界核电站发展趋势看我国核电发展现状[J].上海电气技术,4(2):40-46.

王林昌,邢可军.2009.海洋油气开发对渔业资源的影响及对策研究[J].中国渔业经济,27(03):34-40.

吴文洁.2001.世界联华产业发展新动向及其启示[J].西安石油学院学报(社会科学版),10(2):21-26.

肖国林,董贺平,何拥军.2011.我国近海海洋油气产量接替现状与面临的问题及应对策略[J].海洋地质与第四纪地质,31(5):147-153.

杨晓辉.2009.海洋化工类项目环境影响评价研究[D].青岛:中国海洋大学.

杨晓霞,周启星,王铁良.2008.海上石油生产水的水生生态毒性[J].环境科学学报,28(3):544-549.

杨作升,王涛.1993.坦岛油田勘探开发海洋环境[M].青岛:青岛海洋大学出版社.

张国光,薛利群,董建顺,等.2009.我国海洋水下工程技术的发展与展望[J].舰船科学技术,31(6):17-26.

周彦霞,任洪智.2006 面对采出水零排放的挑战[J].国外油田工程,22(1):34-36.

Ahlfeld T E.2005. Offshore oil and gas environmental effects monitoring investigations conducted By the U.S. minerals management services[M].Offshore oil and gas environmental effects monitoring approaches and technologies:415-430.

Armsworthy S L. 2005. Chronic effects of synthetic drilling mud on sea scallops(*Placopecten magellanicus*)[J].Offshore oil and gas environmental effect monitoring approaches and technologies，243 - 265.

Azetsu-Seott K，Yeats P，Wohlgechaffen G，et al. 2007. Precipitation of heavy metals in produced water；Influence on contaminant transport and toxicity[J]. Marine Environmental Research，63(2):146 - 167.

Berry J A. 2005. Environmental modeling of produced water dispersion with implications for environmental effects monitoring design[J]. Offshore oil and gas environmental effects monitoring approaches and technologies，111 - 129.

Bob C. 1998. Developing Sustainability Indicator for Mountain Ecosystems. A Study of The Caingorms Scotland[J]. Journal of Environment Management，(5):1 - 4.

Breuer E，Stevenson A G，Howe J A，et al. 2004. Drill cutting accumulations in the Northern and Central North Sea：a review of environmental Interactions and chemical fate[J]. Marine Pollution Bulletin，48(12):12 - 25.

Cott P. 2005. Monitoring Explosive-Based Winter Seismic Exploration in Water Bodies，NWT 2000—2002[J]. Offshore Oil and gas environmental effects monitoring approaches and technologies，493 - 510.

Cranford P J，Gordon Jr D C，Lee K，et al. 1999. Chronic toxicity and physical disturbance effects of water-and oil-based drilling fluids and some major constituents on adult sea scallops (placopecten magellanicus)[J]. Marine Environmental Research，45(3):225 - 256.

Gray J S. 2002. Perceived and real risks：Produced water from oil extraction[J]. Marine Pollution Bulletin，44(11):1 171 - 1 172.

Hannah CG，Drozdowski A，Loder J，et al. 2006. An assessment model for the fate and Environmental effects of off shore drilling muddies charges[J]. Estuarine，Coastal and Shelf Science，70(4):577 - 588.

Holdway D A. 2002. The acute and chronic effects of wastes associated with oil and gas production on temperate and tropical marine ecological processes[J]. Marine Pollution Bulletin，44(3):185 - 203.

Lee K. 2005. Overview of potential impactsfrom produced water discharge in Atlant Canada [J]. Offshore oi1 and gas environxnental effects monitoring approaches and technologies，319 - 342.

McCold L，Holman J. 1995. Cumuiative impacts in environmental assessment：How well are they considered[J]. The Environmental Professional，17:288.

Miller G W. 2005. Monitoring seismic effects on marine mammals-Southeast Beaufort Sea，2001—2002[J]. Offshore oil and gas environmental effects monitoring approaches and technologies，511 - 542.

Neff J M, Johnsen S, Frost T K, et al. 2006. Oil well produced water discharges to the North Sea. Part II: Comparisonofdeployedmussels(Mystiquesetuis) and the DREA Mmodel to Predict ecological risk[J]. Marine Environmental Research, 62(3):224 – 246.

Querbach K. 2005. Potential effects of Produced water discharges on the early life stages of three resource species[M]. 343 – 371.

Raimondi P T. 1992. Effects of Produced water on the settlement of Larvae[J]. Technological Environmental Issues and Solutions, 415 – 430.

Schaanning M T, Trannum H C, Oxnevad S, et al. 2008. Effects of drill cuttings on biologichemcal fluxes and macrobenthos of marine sediments[J]. Journal of Experimental Marine Biology and Ecology, 361(1):49 – 57.

Strxmgren T, Sxrstlxm SE, Sehou L, et al. 1995. Acute toxic effects of Produced water in relation to chemical composition and dispersion[J]. Marine Environmental Research, 40(2): 147 – 169.

主要执笔人

侯保荣　中国科学院海洋研究所　　　中国工程院院士

马德毅　国家海洋局第一海洋研究所　研究员

丁平兴　华东师范大学　　　　　　　教　授

杨作升　中国海洋大学　　　　　　　教　授

李永祺　中国海洋大学　　　　　　　教　授

李俊生　中国环境科学研究院　　　　研究员

张　远　中国环境科学研究院　　　　研究员

全占军　中国环境科学研究院　　　　副研究员

张朝晖　国家海洋局第一海洋研究所　研究员

王秀通　中国科学院海洋研究所　　　副研究员

专业领域四：海洋环境监测与风险控制工程发展战略

第一章 我国海洋环境监测与风险控制的战略需求

一、海洋资源利用和海洋综合管理的基本需求

海洋资源是海洋区域内在现在和可预见的未来能为人类所利用，并在一定条件下产生经济价值的一切物质和能量，主要包括生物资源、化学资源、矿产资源和动力资源等。海洋资源与海洋环境是统一的整体，两者相互依存。海洋在长期演化过程中形成了自身的平衡，如生态系统的内部平衡、生态与环境的平衡、海水物质组成平衡等。在人类小规模开发利用下，这种平衡尚可维持，但当开发强度过大时，原有的平衡将被打破，引起资源衰退，甚至引发其他资源的一系列破坏。海洋资源开发必须考虑对环境的影响和环境承受能力，良好的海洋环境是海洋资源可持续利用的前提和保证。通过海洋环境监测，可以认识和掌握海洋资源与环境两者间的关系和动态变化规律，有利于调整资源开发策略，有效开展海洋综合管理，维护海洋环境的正常状态，保证海洋资源开发的良性发展。

二、维护国家海洋权益、保障海洋生态环境安全的需求

我国是海洋大国，在国家"十二五"规划纲要中明确提出要"保障海上通道安全、维护我国海洋权益"，这事关国家重要发展战略机遇和经济社会的可持续发展，关系到中华民族的长治久安。海洋环境监测是管理与评估海洋环境的重要手段，是海洋环境保护和管理的基础和技术保障，是海洋环境管理执法体系的基本组成部分。通过海洋环境监测，可以掌握海洋

生态系统变化的动态过程，揭示海洋生态过程的机制和规律，为维护海洋权益、保障生态环境安全提供重要科学依据。特别是近年来，我国海洋环境污染加重，赤潮等海洋生态灾害高发，海上溢油、化学品泄漏等事故风险加大，核电站泄漏等境外污染事故也对我国海域呈现出潜在威胁，更加凸显了海洋环境监测和风险控制对于保障我国海洋生态环境安全的重要性和战略意义。

三、促进海洋经济可持续发展，建设海洋生态文明的需求 ▶

党的十八大将社会主义生态文明建设放在突出的位置，提出大力推进生态文明建设。海洋环境质量的好坏，是衡量沿海地区生态文明的重要标志之一，也是影响社会经济发展的重要因素之一。目前，我国海洋经济发展迅速，在取得重大经济效益的同时也引起了一系列海洋环境问题，海区污染加重，环境灾害频繁发生，给海洋捕捞业、养殖业及旅游业等带来巨大损失，海洋环境质量状况逐年退化。加强海洋生态文明建设是贯彻落实科学发展观的本质要求，海洋生态文明建设已成为促进海洋经济可持续发展和建设现代化海洋强国的必然选择，海洋环境监测与风险控制工程的发展是海洋生态文明建设的重要技术支持，为海洋经济可持续发展和生态文明建设提供了重要保障。

第二章　我国海洋环境监测和风险控制发展现状

一、海洋环境监测发展现状　▶

（一）海洋环境监测发展历程

我国的海洋环境问题自 20 世纪 50 年代开始出现，60 年代起海洋污染明显加重，沿岸及近海水域不断发生污染事件，导致资源受损、生态恶化，危及人体健康。由此，1958 年，我国开始了全国海洋环境大普查工作，带动了我国海洋环境监测的发展。50 多年来，我国海洋环境监测从无到有，从相对薄弱到相对完善，取得了较快的发展，回顾 50 多年的建设和发展历程，基本可分为以下几个阶段。

初始阶段（1958—1972 年）。1958 年 9 月至 1960 年 12 月，在国家科委海洋组的统一协调下，全国 60 多家单位联合开展了第一次大规模全国近海海洋综合普查，派出船只 30 余艘，获得 14 000 多个站次的资料，掌握了当时我国海洋环境的基本状况，建立了国家海洋基本数据和图集，我国海洋环境监测工作从此开始起步并逐步形成。

根据形势发展需求，1964 年我国成立了国家海洋局，在其后十几年中，逐步组建了国家海洋局系统的北海分局、东海分局、南海分局，以及一系列海洋工作站、海洋观测站和海洋研究机构，形成了海洋环境监测的基本队伍。改革开放以后，随着海洋环保事业的发展，根据国务院文件精神要求，国家海洋局逐步建立健全了海洋监测管理机构和业务机构，先后在东北海洋工作站、北海分局、东海分局和南海分局成立了渤海环境监测中心、黄海环境监测中心、东海环境监测中心和南海环境监测中心，初步形成了业务化的海洋环境监测体系，并在青岛、杭州和厦门的第一、第二、第三海洋研究所建立了放射性污染实验室、标准物质实验室和污染生态实验室，为海洋环境污染监测提供了必要的技术支持、保障和服务。

起步阶段（1972—1983 年）。1972 年第一次联合国环境与发展大会之后，环境污染问题引起全球更多关注。1973 年我国召开了第一次全国环境保护工作会议，海洋环境污染监测工作逐步走向正轨。1974 年 1 月 30 日《中华人民共和国防止沿海水域污染暂行规定》正式颁布，该规定明确了国家海洋局负责对海域水质的测试、调查和防治海水污染的科学研究工作。1974 年，我国开始了全国近岸海洋环境污染调查工作，并于 1979 年出版了第一部大型综合性海洋环境污染调查规范——《海洋污染调查暂行规范》，该规范的问世，第一次统一了国内海洋环境污染的监测技术，标志着我国海洋环境污染调查监测工作开始走上规范化道路。这一阶段，相继开展了渤海、黄海、东海和南海海域的海洋污染基本状况调查，基本掌握了我国近海海域的污染状况，为综合防治海洋污染和开展环境管理提供了依据，奠定了我国海洋环境污染监测的基础。

同期，我国海洋环境保护法规也开始注重污染控制，1982 年《海水水质标准》公布执行，继而颁布实施了《海洋石油勘探开发环境保护管理条例》、《防止船舶污染海域管理条例》等，对海洋环境保护的监测工作做出规定。1982 年 8 月 23 日第五届全国人民代表大会常务委员会第二十四次会议通过《中华人民共和国海洋环境保护法》，其中规定，国家海洋管理部门负责组织海洋环境的调查、监测、监视，开展海洋科学研究，国家港务监督负责船舶排污的监督和调查处理以及港区水域的监视，国家渔政渔港监督管理机构负责渔港船舶排污的监督和渔业水域的监视，军队环境保护部门负责军用船舶排污的监督和军港水域的监视。这一分工合作的管理体制，对确保海洋环境保护法的实施发挥了重要作用，我国海洋环境保护走上以污染控制为主的轨道，海洋环境污染监测开始成为海洋污染控制的主要监督手段。

发展阶段（1983—1999 年）。在此期间，我国海洋环境监测在网络发展、系统建设、业务能力和技术水平等方面都有了长足的进步，海洋环境监测管理也进入新的发展阶段。1984 年成立的"全国海洋环境污染监测网"（后改称为全国海洋环境监测网）加强了对海洋环境监测的协调和管理，利用卫星、飞机、船舶、浮标等多手段对我国海域实行立体监测、监视，使我国海洋环境监测工作形成一个整体，促进了我国海洋环境的保护与管理。成员单位每年按时开展监测工作，积累我国近海环境资料的同时，对我国近海海域污染状况的认识也逐渐深化。

同时，装备和设备仪器的不断更新，为全方位、快速、有效地采集和分析海洋环境监测数据奠定了基础，随着标准规范和技术方法不断健全，制定了《海洋监测规范》、《海滨观测规范》、《海洋调查规范》等相关方法规范，建立了监测质量保证管理机构，使我国海洋环境监测工作的标准化和规范化迈上新台阶。

同期也大力推进了相关制度建设，1983 年城乡建设环境保护部颁发《全国环境监测管理条例》，首次全面对监测机构及其职责与职能、监测站的管理制度、环境监测网和工作制度作了规定。1985 年颁布《海洋倾废管理条例》，此后陆续颁布了《中华人民共和国防止船舶污染海域管理条例》、《中华人民共和国防止陆源污染物污染损害海洋环境管理条例》和《中华人民共和国防止海岸工程建设项目污染损害海洋环境管理条例》，明确了环境监测管理在海洋环境保护中的重要性，并对沿海各级环境监测机构的主管部门做了明确规定。1987 年，农牧渔业部发布《中华人民共和国渔业法实施细则》，细则规定，各级渔业行政主管部门应当对渔业水域污染情况进行监测，渔业环境保护监测网应当纳入全国环境监测网络。1989 年《中华人民共和国环境保护法》规定，国务院环境保护行政主管部门建立监测制度，制定监测规范，会同有关部门组织监测网络，加强对环境监测的管理。国务院和省、自治区、直辖市人民政府的环境保护行政主管部门应当定期公布环境状况公报。"九五"期间，全国人大对《中华人民共和国海洋环境保护法》进行了修订，修订后的《中华人民共和国海洋环境保护法》进一步明确了各个部门对海洋环境监测的分工。1996 年我国政府颁布了《中国海洋 21 世纪议程》，提出了我国海洋事业可持续发展战略，并于 1998 年发表中国政府白皮书《中国海洋事业的发展》，较全面、系统地阐述了海洋环境监测管理中遵循的基本政策和原则，指出要加强海洋环境监测、监视和执法管理，逐步完善多职能的海上监察执法队伍，形成空中、海面、岸站一体化海洋监察管理体系。

健全阶段（1999 年至今）。1999 年国家海洋局召开"海洋环境监测工作会议"，提出"一个落实，二个突破，三个加强和四个提高"的要求，标志着全国海洋环境监测工作进入快速、健康发展的新时期。与此同时，在"中国海洋环境监测系统建设项目"的带动下，我国海洋监测业务机构进一步完善，初步形成了四级监测业务体系。

同时，为满足海洋经济发展的需要和社会公众对海洋环境保护的需求，国家海洋局在借鉴吸收发达国家海洋环境监测先进经验的基础上，从2002年起开始对实施多年的《全国海洋环境监测工作方案》进行分步调整，使过去传统的以污染防治为主要监测内容，逐步调整为污染防治和海洋生态环境保护并重，组织制定了一系列与现行监测方案配套的监测技术方法与评价标准，满足了海洋环境监测与评价业务工作的需求。

另外，随着沿海地区经济的迅速发展，海洋环境保护和减灾面临的形势依然严峻，海洋污染损害事件不断发生，赤潮等海洋环境灾害日益增多，造成了巨大经济损失。为此，国家制定了《全国海洋环保"九五"（1996—2000年）计划和2010年长远规划》，指出要加强海洋污染调查、海洋环境监测管理，进一步完善环境监测网。为进一步发挥该网的作用，提高我国近岸海域环境监测能力和水平，2002年，国家环境保护总局在各海区分别设立7个中国环境监测总站近岸海域环境监测分站（中心站），中央与地方海洋环境监测业务机构合理分工、密切合作，有效满足了各级政府、各级海洋行政管理部门的需求，初步形成比较完善合理的海洋环境监测业务系统。

（二）海洋环境监测进展概述

从1972年我国开展黄海、渤海等特定区域污染源状况调查开始，我国海洋环境监测工作从无到有、从孤立到融入、从单一到全面，逐渐形成了较为完善的监测体系，正面向多元化发展。

海洋环境监测制度体系已基本构建。2000年4月，《中华人民共和国海洋环境保护法》开始实施，国家海洋管理部门相继组织制定了《海洋环境监测质量保证管理制度》、《海洋环境监测报告制度》等一系列海洋环境监测管理的规章制度。原国家环境保护总局为加强近岸海域的环境管理，防止陆域污染源对海洋产生污染侵害，于1994年正式建立了点面结合的近岸海域环境监测网，包含成员单位74个。全国省（自治区、直辖市）、市级海洋环境监测业务机构基本建立了现场调查、站点布设、样品采集、实验室分析、数据处理、综合评价等海洋环境监测全过程的质量控制体系，经过多年运行，取得了明显成效。

海洋环境监测工作获得了重大发展。海洋环境监测所获得的大量数据、资料，为海洋功能区划、海洋开发规划、滩涂开发、水产养殖、防灾减灾等提供了大量的基础资料和科学依据，在沿海经济建设和海洋开发利用中发挥了重要作用。同时，把海洋监测与陆源口监测有机结合，不断调整充实监测点位，持续完善海洋环境质量趋势性监测工作，具备了全面开展陆源排污监督监测、海洋生态监测、海洋污染事故应急监测等不同目标的全方位海洋环境监测的能力，极大地丰富了海洋环境监测的工作领域与研究内容。

但海洋环境监测工作的能力尚待进一步加强。随着国家对海洋监测工作的重视，尤其通过"十五"期间国家对海洋监测工作的全面建设，海洋监测能力有了长足的发展，但区域经济的不平衡也造成海洋环境监测能力的区域性差异。①专业技术人才缺乏，现有的海洋环境监测人员中，具有充足经验的人员少，兼职的环境监测人员多，尤其缺乏海洋生物、赤潮等方面的专业监测人员。②监测仪器设备匮乏，部分环境监测站只能进行常规监测，缺乏大型仪器设备，远远不能满足海洋经济发展的需求。③经费保障投入不足，缺乏海洋环境监测能力发展规划和经费持续投入建设机制，监测队伍建设以及仪器设备得不到较好的保障，影响了海洋环境监测能力。

（三）海洋环境监测系统现状

针对近海海洋环境监测，我国目前已经建立了全海域环境监测网络，初步构建了以卫星、飞机、船舶、浮标、岸站等多种监测手段组成的近岸海域立体化监测体系，共有成员单位100余家，分属国家海洋局、国家环境保护部、交通部、农业部、水利部、中国海洋石油总公司、海军等部门，是一个跨地区、跨部门、多行业、多单位的全国性海洋环境监测业务协作组织，其基本任务是对我国所辖海域的入海污染源进行长期监测，掌握污染状况和变化趋势，为海洋环境管理、经济建设和科学研究提供基础资料，监测网实行二级管理。一级网为全国海洋环境监测网，二级网为海区海洋环境监测网。各主要相关部门的监测网建设情况如下。

国家海洋局：从20世纪60年代开始，国家海洋局陆续在沿海省、市、自治区设立了海区监测中心、监测总站、监测中心站和监测站，开展水文气象及海洋水质污染监测。1984年组建了"全国海洋污染监测网"（即全国海洋环境监测网），从此，我国近岸、近海水域的水文、水质监测转入常规监测业务。1999年，国家海洋局开展了"中国海洋环境监测系统——海洋站和志愿船观测系统"建设项目，该建设方案借鉴国外先进的海洋环境监测技术，采用了海洋、电子、计算机、信息通信等领域高新技术，在局属系统内建立并基本形成分别覆盖国家、海区、省（自治区、直辖市）、市、县5个层次、结构合理、条块结合、分级管理的海洋环境自动监测业务体系。同时通过与地方共建，使局属的海洋环境监测体系外延至沿海地区，形成统一覆盖全海域的海洋环境监测网络。2003年，国家海洋局新组建了全国海洋环境立体监测网，利用卫星、飞机、船舶、浮标、岸基监测站、平台、志愿船等手段构建海洋环境立体监测系统，对我国全部海域实行监测监视，该体系在近岸、近海和远海监测区域以及主要海洋功能区，全面开展海洋环境质量和海洋生态监测，同时也对海洋赤潮、风暴潮、海上巨浪、海冰以及海上溢油等海洋环境问题进行监测监视。

国家环境保护部：从20世纪70年代末，国家环保局（1998年改为国家环保总局）相继在沿海省、市、自治区设立环境监测站，开展海洋污染监测。1994年，由中国环境监测总站和沿海11个省、自治区、直辖市环境监测站组成了"全国近岸海域环境监测网"，监测水质污染情况。1999年12月，国家环保总局完成近岸海域环境功能区划，并下发"近岸海域环境功能区管理办法"。全国近岸海域共划分Ⅰ～Ⅳ类功能区651个，进行了近岸海域环境功能区监测站位布设，启动了环境功能区信息系统建设工作。2002年5月，为进一步发挥全国近岸海域环境监测网的作用，提高近岸海域环境监测能力和水平，国家环保总局在各海区分别设立7个"中国环境监测总站近岸海域环境监测分站（中心站）"。各分站的职责主要是负责辖区近岸海域环境质量监测、事故应急监测和入海污染源调查，以及海水浴场水质监测等。至此，环境保护部在海洋环境污染监测方面建立健全了组织机构、技术支撑单位及业务化运行体系。

交通部：1974年1月30日，国务院批发了《中华人民共和国防止沿海水域污染暂行规定》。为防止船舶污染海域，交通部在沿海各主要港口建立监测机构，逐步形成交通系统环境监测网。1983年12月，国务院颁发《中华人民共和国防止船舶污染海域管理条例》，进一步促进了交通部完善和健全"全国海港环境监测网"。该网由交通部下属的沿海环境监测机构组成，配合交通部环境监测总站，负责全国沿海各港口及主要航道的环境监测，同时，在建港、扩港及港口运行中，也设立了监测水位及气象的监测站点。

水利部：由水利部水质试验研究中心及下属各环境监测机构组成"国家基本江河水文站网"，负责全国主要江河流域的水质监测，其下属机构包括 7 大流域水环境监测中心等单位。水文站网是指在一定区域，按一定原则，用适当数量的各类水文测站构成的水文资料收集系统。水利部监测网包含了各种不同性质的测站系统组成的水文站网，如由基本站组成的基本水文站网，以报汛为主要目标的水情站网，也包含了按观测项目把水文测站组合在一起的项目站网，如流量站网、水位站网、泥沙站网、雨量站网、水面蒸发站网、地下水观测井网等。

农业部：针对海洋渔业环境保护存在的问题，农业部于 1985 年组建了"全国渔业环境监测网"。该网由农业部下属沿海各环境监测站组成，配合农业部渔业环境监测中心，负责沿海各渔业水域的常规环境监测和污染事故调查。近几年，各渔业环境监测站对我国重要渔业水域进行监测调查，取得大量数据，初步掌握了全国重要渔业水域污染动态，定期编报渔业环境监测年报。各级监测站还进行污染死鱼事故的环境调查，为渔政和环保部门处理事故提供执法依据。

其他：海洋石油总公司分别在渤海、南海西部各建立一个海洋环境监测站。海军根据海上国防安全的需要，在特定海区建立了以水文气象为主的海洋站和观通站。

（四）海洋环境监测管理机构

《中华人民共和国海洋环境保护法》第五条规定："国务院环境保护行政主管部门作为对全国环境保护工作统一监督管理的部门，对全国海洋环境保护工作实施指导、协调和监督，并负责全国防治陆源污染物和海岸工程建设项目对海洋污染损害的环境保护工作。"目前，中国海洋环境监测管理机构体系已经全面建立，国家海洋局是国务院管理海洋事务的职能部门，全面负责全国海洋环境的监督管理，组织海洋环境调查、监测、监视、评价和科学研究。国家海洋局下设 3 个分局，即北海分局、东海分局和南海分局，分别负责北海区（渤海、黄海北部）、东海区和南海区的海洋行政管理和海洋环境保护、海域使用管理、海洋环境监测、预报等工作。

沿海 11 个省（自治区、直辖市）人民政府设立了海洋行政管理机构，负责组织本省（自治区、直辖市）的海洋环境调查、监测、监视和评价，编拟海洋环境保护与整治规划、计划和方案，监测监视海洋自然保护区和特别保护区，组织海洋环境观测、监测、灾害预报警报。沿海各市（地区）人民政府设立的海洋环境监测管理机构，按照国家和省级的要求，结合本地区的实际，组织本地区的海洋环境调查、监测、监视和评价，编拟本地区的海洋环境保护与整治规划、计划和方案，组织海洋环境观测、监测、灾害预报警报。沿海大部分县（区、市）也设立了海洋环境监测管理机构，按照国家和上级的要求，组织实施本地区的海洋环境调查、监测、监视和评价。

（五）海洋环境监测制度

环境监测制度是指在一定时间和空间范围内，间断或不间断地测定环境中污染物的含量和浓度，为观察、分析其变化和对环境的影响过程而制定的相关法律制度。环境监测的对象大体上可以分为污染源和环境质量状况两个方面：污染源主要包括工业、农业、交通污染源和城市废弃物；环境质量状况主要包括大气、水体、土壤等环境因素的质量状况。所谓海洋环境监测制度，是指关于海洋环境监测机构的设置、监测标准、监测任务和监测管理的法律规范的总和。目前我国已在海洋环境监测站管理、环境监测网管理、环境监测报告编制、环境监测仪器设备管理、监测数据资料管理、环境监测质量保证管理、监测人员合格证发放等方面建立了较为完善的管理制度。

（六）海洋环境监测的国际交流与合作

1978年，随着美国海洋环境污染监测代表团的来访，开启了中国海洋环境污染监测走向世界的大门。依据国家海洋局赋予的职责，国家海洋环境监测中心围绕全国海洋环境监测的需求和发展方向，按照"积极稳妥推进国际合作和海洋权益工作，为促进国家海洋工作、维护国家海洋权益和发展海洋经济服务"的工作思路开展海洋国际合作与交流活动，先后与多个国家建立了合作关系，与美国、法国、德国、俄罗斯、韩国等政府部门间达成了海洋科技合作协议或谅解备忘录，确立了一系列合作研究项目。国家海洋环境监测中心编制了"国际海洋环境监测交流与合作实施方案"，并于2003年选派各领域专家组成考察团，先后赴美国和法国进行考察，了解美国、法国等国家海洋环境保护和监测的现状，学习他们在海洋保护和监测领域的技术与评价方法及标准体系，其中借鉴的某些思路与方法已经运用到制定我国海洋环境监测体系的实践当中，为今后开展国际合作研究拓宽了道路。

另外，中国还担任许多重要的国际组织的理事国，如北太平洋海洋科学组织、海洋气象委员会、国际海洋环境保护组织等，在国际间开展交流与合作，学习发达国家的先进经验与技术，国际海洋环境合作为中国海洋生态环境保护工作提供了重要技术支撑。

二、我国海洋环境风险控制发展现状

(一) 海上溢油风险源识别

海上溢油事故多发区多集中在港口、石油基地、石油勘探区以及通航密集区。对于我国海域来说，主要的原油接卸码头所在港区包括营口港、唐山港、天津港、大连港、青岛港、日照港、上海港、宁波－舟山港等；国家战略石油储备基地包括浙江省宁波市的镇海基地、浙江省舟山市的岱山基地、山东省青岛市的黄岛基地、辽宁省大连市的大连基地等，总储量约为1亿桶；海上通航密集区主要有老铁山水道，长山水道、成山头水道、长江口、舟山水域、台湾海峡、珠江口等区域；海洋石油勘探开发溢油风险高发区域主要包括位于我国东北部渤海油气开发区、广东大陆以南的南海东部油气开发区以及南海西部油气开发区，以上区域或航线的临近海域为溢油高风险区。

(二) 溢油风险监控与应急

我国的溢油应急反应体系建设起步于20世纪90年代中期。目前，全国各沿海港口都已建立专门的船舶溢油应急组织指挥机构，交通运输部海事局作为我国防治船舶污染的主管机关，在沿海和内河主要港口设立分支或派出机构，形成了覆盖全国海域的船舶溢油监视监测体系，并在烟台、秦皇岛建成了国家溢油应急设备库和应急技术交流示范中心。各沿海省、市、自治区通过政府专项投入、港航企业自身投入和扶持专业清污公司市场化运作等手段，建立了专业兼职清污队伍；实施区域间协作交流，编制了《珠江口区域海上溢油应急计划》、《台湾海峡水域船舶油污应急协作计划》、《渤海海域船舶污染应急联动协作机制》等。我国还积极开展国际联系与协作，与周边国家和地区研究编制了《西北太平洋区域行动计划》。

我国目前已初步建成卫星、航空、雷达、船舶等多种监测技术相结合的海洋溢油事件监测体系和应急体系，基本覆盖了整个中国近海。开展石油勘探开发定期巡航、溢油卫星遥感监测、石油平台视频及雷达监测等海洋石油勘探开发的监管和溢油风险排查，并在重点石油勘探开发区及周边海域进行水质、沉积物质量、底栖环境和生物质量监测，建立了原油指纹信息库，海上溢油应急漂移预测预警系统及海上无主漂油溯源追踪系统等，初步建立了海洋环境敏感区决策支持系统。

另外，我国于 1998 年 3 月 30 日加入了《1990 年国际油污防备、反应与合作公约》（《OPRC1990》），公约于 1998 年 6 月 30 日对我国生效。按照《OPRC1990》的要求，公约缔约国必须分层次建立起与潜在的溢油风险相适应的溢油应急反应体系。我国在 2000 年 4 月修订生效的《中华人民共和国海洋环境保护法》，对建立我国的溢油应急反应体系做出了明确的规定。根据上述公约和我国法律的要求，交通部和国家环保总局发布实施了国家海事行政主管部门负责制定的《中国海上船舶溢油应急计划》，以及《北方海区船舶溢油应急计划》、《东海海区船舶溢油应急计划》、《南海海区船舶溢油应急计划》、《台湾海峡水域船舶溢油应急计划》等海上溢油事件应急处置预案，并逐步建立了国家、区域、港口、船舶 4 个层次的船舶溢油应急反应体系。

随着相关法律法规体系的持续建设，我国船舶溢油应急机制不断完善，目前船舶溢油监测体系已覆盖整个中国近海，数值模型计算和遥感监视等先进手段也已应用于溢油动态预报和实时监测中。同时，加大了应急设备和队伍的建设，建立了应急技术交流中心，陆续在全国沿海重点水域和长江沿线建设了一批溢油应急设备库，培养了一批溢油应急指挥人才，极大提高了我国海洋溢油污染应急能力。

1. 海上船舶溢油应急反应体系初步建立

目前，我国已经初步建立起海上船舶溢油应急反应体系。2000 年，交通部和国家环保总局联合颁布了《中国海上船舶溢油应急计划》，以及北方海区、东海海区、南海海区、台湾海峡水域船舶溢油应急计划。2003 年，交通部与河北省人民政府联合颁布了《秦皇岛海域船舶溢油应急计划》。同时，交通部积极推进省级和地市级水上溢油应急预案的制定发布工作，其中上海、天津、河北、山东和浙江等 8 个省级应急反应预案和 34 个沿海地

（市）级应急反应预案已由当地政府发布实施。港口、码头、船舶应急计划已经全部编制完成并实施。

2. 依托海上搜救指挥系统和海事信息系统，具备了一定的组织指挥决策能力

交通部海事局、挂靠在交通部的中国海上搜救中心总体负责全国海上搜救和船舶溢油应急反应工作，沿海各省、市、自治区成立了 26 个海上搜救中心或分中心，具体负责辖区海域事故搜救和溢油应急反应工作，承担起海上溢油应急处置的组织、指挥和协调任务。海事部门、海救中心或分中心对我国水域发生的重大船舶污染事故应急行动进行指挥决策，实践中取得了较好的效果，保证了应急行动的快速、高效，将污染事故的损失降到了最低。

3. 依托海事巡视力量，具有一定的监视监测能力

海事部门作为我国防治船舶污染的主管机关，在全国沿海和内河主要港口均有分支或派出机构，形成了覆盖全国海域的船舶溢油应急管理体系，并在传统船舶巡航的基础上，在沿海和长江下游建设了数十个船舶交通管理系统，在沿海主要港口建立了闭路电视监控系统，逐步探索并使用了计算机溢油扩散模型、卫星遥感监测和直升机空中监测等一批现代化监视监测技术，溢油监视监测范围不断扩大，也提高了监视监测的准确性。还在交通部环境保护中心和烟台溢油应急中心等设立了监测实验室，开展了相关监测工作，溢油监视监测手段不断完善，监视监测能力不断提高。

4. 初步具备在港区和近岸水域内控制清除中小型规模船舶溢油事故的应急能力

交通部先后在山东烟台、河北秦皇岛建立了溢油应急中心，其目的是在北方海区实现中等规模的船舶溢油控制和清除能力，并为全国的溢油应急工作起到积极的示范作用。交通部投资建设的溢油应急中心和设备库是我国最主要的政府应急力量，此外，交通部也投资改造多艘大型航标船为应急清污船舶，加装溢油应急清污设备，使其成为兼职专业溢油清污船舶。交通部溢油应急能力的提高，不仅在我国船舶溢油事故的应急中发挥了重要作用，还为履行国际公约发挥了重要作用。

同时，沿海及内河主要港口都陆续编制实施了各个级别的溢油应急计

划或预案，配备了一定数量的船舶溢油应急设备设施，大多已形成了社会专业清污公司与兼职队伍相结合的船舶溢油应急队伍，部分经济发达的地区也已开始建立应对海上溢油事故应急反应的政府防污设备库，船舶溢油应急队伍也初步具备市场化的雏形。我国沿海主要港口也已基本具备了在港区和近岸水域内控制和清除中、小型规模船舶溢油事故的应急能力。

5. 组织溢油应急培训和演习，培养了一批溢油应急指挥人才和清污作业人员

沿海主要港口每年组织开展不同规模的船舶防污和应急培训，与东亚应急反应公司等合作开展了多次溢油应急培训，海事部门还在深圳、上海、青岛等海域组织了多次海上溢油应急演习，为国内培养了一批溢油应急指挥人才和业务较为熟练的清污作业人员，提高了我国溢油应急能力。同时，以交通部海事局和中国海上搜救中心为主导建立了海上搜救和防污应急指挥体系。

（三）溢油风险评价

相对国外而言，我国的溢油风险评价起步较晚，尚属起步阶段，还缺乏系统的方法与研究。近几年，国内溢油事故的频发使许多学者把重点放在对溢油发生的概率预测和船舶的溢油因素分析上，如应用概率与数理统计理论、人工神经网络理论、线性规划等理论或方法，以我国海上船舶溢油历史统计数据为依据，开展我国海域船舶海上溢油事件的风险概率分析、船舶溢油的因素分析、船舶溢油的危害预报分析等，也有学者采用模糊数学方法开展港口区域溢油区化因素分析，包括船舶类型、船舶吨位、船舶的技术状态、气候条件、人为因素等。但目前的评价分析仍显粗糙，结论较为武断和主观。

与此同时，溢油风险的动力学模拟研究在我国也蓬勃发展起来。国家海洋局第一海洋研究所研制了溢油漂移全动力模式，模式方程组包括了影响溢油的动力和非动力因子，并在渤海和南海进行了运用。广东海事局与大连海事大学共同开发了珠江口区域海上溢漏污染物动态预测系统，利用三维潮流模型、三维溢油与化学品漂移扩散模型、溢油风化模型等，预测溢漏油品在珠江口水面及水体中的漂移扩散范围和性质变化过程，系统的预测结果与现场实际情况比较相符，但计算过程仍需改进。总体而言，国

内溢油模型的研究以二维为主，三维溢油模型尚未成熟。

（四）海上化学品泄漏

对于海上化学品泄漏事故，相关部门能及时开展现场监测和跟踪监测，并针对潜在的污染源，对各类海洋优先控制污染物的分析方法进行技术储备，为应对化学品泄漏事件后的快速送检、及时检测、确定污染物种类、排查污染源等一系列工作奠定技术基础。利用区域风险评价技术方法，通过源项分析、环境效应分析、风险表征和风险评价以及风险管理，确定了我国化学品海上泄漏风险高发区域及风险等级划分。

在相关法律法规建设方面，2009 年 9 月，国务院颁布实施了《防治船舶污染海洋环境管理条例》（以下简称《条例》），自 2010 年 3 月 1 日起施行。《条例》第六条规定，国务院交通运输主管部门、沿海设区的市级以上地方人民政府应当建立健全防治船舶及其有关作业活动污染海洋环境应急反应机制，并制定防治船舶及其有关作业活动污染海洋环境应急预案。《条例》第五条规定，国务院交通运输主管部门应当根据防治船舶及其有关作业活动污染海洋环境的需要，组织编制防治船舶及其有关作业活动污染海洋环境应急能力建设规划，报国务院批准后公布实施。沿海设区的市级以上地方人民政府应当按照国务院批准的规划，并根据本地区的实际情况，组织编制相应的防治船舶及其有关作业活动污染海洋环境应急能力建设规划。《条例》第八条规定，国务院交通运输主管部门、沿海设区的市级以上地方人民政府应当按照规划建立专业应急队伍和应急设备库，配备专用的设施、设备和器材。

第三章 世界海洋环境监测和风险控制发展现状与趋势

一、世界海洋环境监测和风险控制发展现状与主要特点 ▶

（一）海洋环境监测发展现状与特点

1. 海洋环境监测系统

鉴于海洋监测对于海洋认知的特殊重要性，长期以来国际海洋科学组织和海洋强国，针对与社会经济发展密切相关的海洋现象或海洋科学问题，致力于发展海洋监测技术，建设全球或区域的海洋监测系统，组织实施阶段性的或长期的海洋科学监测计划，获取实时的现场海洋生态环境数据，开展系统的科学研究，服务于社会经济发展和军事目标，这是当代海洋科学和海洋监测技术发展的主要特点。

从总体上看，国际上海洋监测技术和海洋监测系统以形成全球联网的立体监测系统为目标，正在向高效率、立体化、数字化、全球化方向发展。现已构建包括卫星遥感、浮标阵列、海洋监测站、水下剖面、海底有缆网络和科学考察船的全球化监测网络，作为数字海洋的技术支持体系，提供全球性的基础信息和信息产品服务。

世界各沿海发达国家，已纷纷建立或正在建立各种海洋生态环境监测站，一些国际组织也组织发起了若干海洋生态环境监测计划或项目，如政府间海洋委员会发起了全球海洋观测系统（GOOS）项目，其中包括几个重要的海洋生态监测方面的计划——海洋健康、海洋生物资源和海岸带海洋观测系统。作为全球海洋环境监测系统的重要组成部分，建设、运行技术难度和成本相对较低的近海监测系统，构建以遥感、调查船只、移动或固定测量平台支撑，形成海天一体化的区域性立体实时监测体系，已成为世界各国的投资建设重点。

如美国的国家海洋立体监测系统，于 20 世纪 80 年代建立，包括 175 个海洋监测站、80 个大型浮标等。该监测系统实际上是由缅因湾、卡罗莱纳近海、蒙特利湾等区域性海洋监测系统组成的，目前有基于 NOAA 的 90 个浮标、60 个海岸自动监测网和 175 个水位监测站以及多源卫星构成的海洋动力环境监测网，并由国家业务海洋产品和服务中心为用户提供相关海洋信息。

另外，英国也组织了近岸海域质量监测计划，在 20 世纪 80 年代后期，英国将海洋环境监测纳入国家监测计划。根据该计划，英国对 87 个河口、混合带和离岸海域进行监测，包括污染物测定和生物状态评估。以底栖环境和生物效应为近岸海域环境监测的指标，注重海域生态环境的综合效应和潜在的对人体健康的影响。

在海洋环境预警预报方面，欧、美等发达国家使用数据同化和数值预报技术，建立了现代化的海洋环境预警预报业务系统，通过综合分析定量评估海洋灾害对社会、经济和环境的影响，制定防御对策，提供相关动态可视化分析产品。产品涉及海洋服务和公共安全、海洋生物资源、公共健康和生态系统健康等。例如美国国家海洋与大气管理局建立的美国东海岸海洋预报系统对美国东海岸近海温度、盐度等环境变量进行实时预报，并以此为依据，进一步开展富营养化、有害藻类暴发、近海污染等灾害事件的综合评估和预报。但是，海洋环境的评估和预警预报系统的区域适用性非常明显，十分依赖于区域地理环境的特殊性，难以照搬到其他海域使用，只有进行大量的实地分析与调研，才能建立起可信的区域环境评估和预警预报系统。

2. 海洋环境监测设备

随着海洋开发和陆地污染物的增加，海洋环境的保护越来越引起各国的重视，海洋环境监测技术的研究和开发得到充足发展。目前监测的物质和主要的参数有：①海洋水文气象参数：风速、方向、流速、流向、气温、水温、气压、波浪等；②水质状态参数：溶剂氧、pH 值、盐度、化学耗氧量、叶绿素 a 含量、有机物、酚含量等；③物理化学参数：各种营养盐、重金属等；④核辐射。

环境污染监测技术包括化学监测技术、物理监测技术、生物监测技术等。美国、日本、法国等国相继研制了用于现场污染监测的温度、盐度、

pH 值、DO（溶解氧）、浊度等传感器，用于监测海洋污染的其他参数传感器，如叶绿素 a、营养盐、放射性、有机物、重金属等的研制也有了很大进展。美国、挪威、俄罗斯等国家也发展了水质污染监测浮标来监测港口、海湾、河流入海口的污染状况。同时，为了提高现有水文气象浮标的利用率，研究污染与水文气象环境的关系，又在水文气象浮标上加装了水质监测传感器，构成水文气象水质污染监测浮标，改进了海洋环境污染监测技术。

海洋环境监测传感器的技术进步是海洋环境污染监测自动化水平的具体体现。目前从国际上看，海洋环境监测的基本情况是：海流、水温、盐度、气压、DO 传感器的技术已经成熟，精度和稳定性已达相当高的水平，化学和生物传感器技术还不过关，如营养盐的测量仍采用实验室分析，痕量金属的测量仍依靠萃取和样品分析，利用生物学原理监测海洋生态环境的技术发展还比较缓慢。发展趋势是：传感器进一步向模块化、智能化、网络化发展，向小型化和多功能化发展，向载体平台自动取样分析技术方向发展。化学和生物传感器是目前开发的关键技术，光纤化学传感器尚处于实验室研究阶段，痕量金属的光纤传感器已有样机研制成功。

监测仪器是海洋环境监测的核心，监测仪器的稳定性、维护周期、抗生物污染能力关系到整个海洋环境监测系统能否有效运行。生物污染和海水腐蚀成为目前近岸海域长期实时监测面临的两大难题，生物污染和海水腐蚀缩短了海洋监测仪器寿命和仪器探头的维护周期，导致叶绿素、浊度、DO、pH 值等多种参数测量值发生漂移。研发维护周期长和数据稳定的监测仪器是世界各国关注的焦点。

3. 海洋环境监测技术

海洋自动观测系统是由海洋浮标、水下移动观测平台与海洋卫星等构成的海洋立体观测系统，能实现海洋科学研究所需的连续和长时序的观测。

海洋浮标具有全天候稳定可靠的收集海洋环境资料的能力，能实现数据自动采集、自动标示和自动发送，造价低，不受环境影响。目前国际上的发展趋势是布设浮标网或浮标阵列来实现对大面积海域的高分辨率海洋观测。

利用水下移动观测平台开展海底观测和研究必不可少。水下移动观测平台主要包括有缆遥控水下机器人（ROV）、无缆水下机器人（AUV）、水下自航式海洋观测平台（AUG）等。ROV 可下潜至人员无法到达的深度或危险环境下执行作业。日本、美国和英国等在该领域具领先优势，日本海洋科学与技术中心研制的"海沟"号，是全世界下潜深度最大的 ROV，可达 11 000 米。AUV 由于没有带缆的束缚，可大范围和长时间执行水下观测任务，美国、英国和俄罗斯等国家在技术上处于领先地位。AUG 具有浮标和潜标的部分功能，可作为海洋环境立体实时观测系统的移动节点，1995年美国研制的水下滑翔机器人，作为移动节点在海洋环境立体实时观测系统中发挥了重大作用。

卫星遥感的覆盖范围广、同步性强、资料提供及时，经过半个世纪的发展，从可见光探测到合成孔径雷达，通道在不断扩大；从单一产品到多产品比较与同化；从海洋要素的观测到动力，乃至地球化学与气候变化的观测等，卫星遥感观测与探测取得了巨大的成就，大大提高了海洋预报和资源探测能力。

国际先进的区域立体实时监测体系具有"实时观测—模式模拟—数据同化—业务应用"的完整链条，通过互联网为科研、经济以及军事提供信息服务，其中的观测系统由沿岸水文/气象台站、海上浮标、潜标、海床基以及遥感卫星等空间布局合理的多种平台组成，综合运用各种先进的传感器和观测仪器，使得点、线、面结合更为紧密，对海洋环境进行实时有效的观测和监测，加大重要海洋现象与过程机理的观测力度，并进行长期的数据积累，服务于科学研究和实际应用。

4. 海洋环境监测制度

当前，许多发达国家，如美国、英国、日本等，都建立了比较完整的海洋环境监测法律制度及管理体系，针对明确的管理目标，实施综合的海洋环境监测。由于地理环境、历史发展等多方面的原因，发达国家的海洋环境监测制度也不尽相同，各有优缺点，值得借鉴。

由于海洋环境恶化日益严重，美国政府不断加强对环境监测体系建设的投入，国家研究理事会海洋委员会专门成立了海洋环境监测评价委员会，用于评价海洋环境监测的准确性和效率以确保监测体系的方案设计、规章制度和决策符合环境保护的时代要求。联邦政府发布和实施了一系列法规、政策和措施以保护和恢复海洋生态环境和资源。美国海洋环境监测体系的建设历史已有上百年，并设有配套法律和管理体制来保障监测体系的正常运行和有效实施。近年来，美国政府颁布的重要海洋环境监测法令主要有：《联邦水污染控制法》、《海洋保护、研究和保护区法令》、《外大陆架土地法》、《国家海洋污染研究、发展和监测计划法》等。环境保护署、国家海洋与大气管理局、美国工程技术部队、内务部的矿物管理服务机构、美国海岸巡逻队是各海洋环境监测法令的执行者。另外，各州、县行政部门、公共实体和排污企业也执行特殊的环境监测行为。

此外，在美国，各部门之间的分工合作有着明确的法律规定，比如，环境保护署与相关机构协作，遵照《联邦水污染控制法》的有关条款，建立水质监测系统，监测航道、邻近海域和大洋的水质；国家海洋与大气管理局与环境保护署和美国海岸巡逻队协作，遵照《海洋保护、研究和保护区法令》的规定，进行有关倾倒废物对海水和大湖水质影响的监测与研究；内务部遵照《外大陆架土地法》的有关条款，对外大陆架区域的海洋环境状况和发展趋势进行监测，鉴定目标区域内发生显著变化的水质和生产力，并进行原因分析。

美国的海洋环境监测在法律保障和技术支持方面，在各政府部门之间以及联邦政府与地方之间的协作方面，都建立了较为完整和高效的体系。另外，美国的海洋环境监测方案详细，方案设计以尽可能获得更多有效的海洋环境数据为原则，监测数据可以满足更为广泛的海洋环境保护和管理的目的，为决策提供较为完整的信息，使公众得到更全面的教育。

英国的海洋环境监测管理机构依据《奥斯陆－巴黎协议》，建立了英国河口区和沿岸水域的海洋环境监测网，在英国海域内设立了常规的取样站，并启动"国家海洋环境监测计划"进行重金属、有机物、营养盐等海水水质指标的监测，也进行贝类的重金属、有机物暴露监测，有着明确的适用标准，相关监测标准包括《欧盟危险物质标准》、《贝类养殖水质标准》、《贝类卫生标准》和《水产品标准》等。

英国国家海洋环境监测计划还包括空间观测和生物效应的研究，监测计划有着明确的目标：开展英国海域物理、化学、生物参数等长期、准确及其变化趋势的监测；验证国内和国际有关海洋环境监测标准，为英国海洋环境管理提供先进可行的技术方法；建立英国国家海洋环境监测数据库；发布海洋环境的实时信息。监测计划的第一阶段是空间观测，其主要目的是对海洋环境进行统计学方面的趋势研究，第二阶段是海洋环境参数长期监测的站点研究，将英国的海洋环境监测的方法、标准等与欧盟和国际的相关方法相整合，达到既与国际标准统一又符合本国的实际情况，国家海洋环境监测计划的质量控制符合《国家海洋生物分析控制计划》。国家环境检测和观测数据中心负责监测数据的处理，处理后的数据录入英国国家监测计划数据库。

俄罗斯于 1996 年参加《联合国海洋法公约》，并通过俄总统提交国家杜马批准。俄罗斯联邦水文气象、环境监测服务部和国家环境委员会负责海洋环境监测，其早在苏联时期，就已经开始了海水水质的监测工作。俄罗斯负责海洋和海岸带管理决策的其他部门还有自然资源部和科技部等。俄罗斯参加海洋污染监测计划后，成立了国家海洋环境监测报告中心，建立了较为完整的数据搜集、分析、评价体系。目前正在建立健全海洋自然灾害预报、监测和预警体系。俄罗斯联邦水文气象、环境监测服务部和国家环境委员会属下的应用生态国家研究所负责俄罗斯的水文气象和海洋环境监测服务。

俄罗斯海洋监测预报信息主要由国防部、通信部、交通部、渔业委员会、自然资源部、国家环境委员会等部门发布。在国际合作方面，俄罗斯参加了大量的联合国组织的国际海洋环境监测项目，也参加了一些双边、多边、政府、非政府组织的国际合作项目。目前俄罗斯联邦为世界气象组织、世界天气观测组织、政府间海洋委员会和全球海洋观测系统建立了海洋环境监测和预报的数据库。

日本的海洋环境监测主要体现在海水水质监测和海洋生态环境保护方面。在海洋环境监测立法上，颁布的《日本水污染控制法》对海洋环境保护和海水水污染监测做了详细的规定，同时积极参与海洋环境保护和监测的国际协作，是《伦敦公约》、《海洋污染 73/78 公约》、《西北太平洋行动计划》、《保护海洋环境的全球行动计划》、《联合国海洋法公约》的成员国，与美国达成日美防治海上溢油的合作框架，在亚太经合组织部长级会议上签署了有关海岸带管理、海洋污染和海洋资源可持续管理的联合声明，参与了联合国环保署国际海事组织的监测北太平洋海水水质和海洋生态环境计划等。

日本环境厅于 2001 年升格为正部级的环境省，统管全国的环境保护工作，执行海洋环境监测方案的设计和海洋环境保护计划的制订和实施。同时，日本很多学术团体和非政府机构在海洋环境保护工作中发挥了重要作用。如日本的海洋环境监测工作大多由各地大学和科研机构完成，在濑户内海的综合整治中，如国际封闭性海域环境管理中心、濑户内海环境保护协会等发挥了重要作用。

德国从20世纪70年代开始建立环境监测网络，对水体、空气、土壤及物种多样性等进行监测与评估，为环境政策制定与环境管理决策提供科学依据，其中，对海洋环境的保护主要是对陆源污染物的控制、入海河口的治理以及海上溢油污染的监控。德国海运水利署负责海上溢油和海上倾废管理，其职能主要与国际防治污染公约有关。德国既是GOOS的参与国家，也是欧洲GOOS的发起国之一，主要参与联邦海洋与水文测量局在日耳曼湾和波罗的海的实时海洋环境监测网，该监测网在日耳曼湾、波罗的海设有监测站，并且计划在其他海域进行增设，配备自动化监测系统，获取长时间序列的海洋气象学和海洋学数据，监测海洋化学和生物化学参数。

5. 国际或区域海洋环境污染监测

1972年，面对全球日益严重的环境污染问题，联合国在瑞典的斯德哥尔摩召开了世界环境大会，并发表了著名的《人类环境宣言》，从此揭开了人类向环境污染宣战的序幕。联合国环境规划署（UNEP）是世界环境的主管机构，提出：环境问题是系统问题，需要系统的方法解决。因此，为应对海洋环境污染，各国及组织间相互合作，协作开展了多种国际或区域海洋环境污染监测，其中地中海环境污染监测与全球海洋污染监测计划是典型案例。

1974年，UNEP启动"区域性海洋计划"，地中海作为全球的重灾区被列入计划。地中海是世界上最大的"陆间海"，横跨亚、非、欧三大洲，长4 000千米，宽1 800千米，海域面积达250万平方千米，沿岸共有18个国家。1974年前，由于沿岸各国实行各自为政的海洋环境政策，掠夺性地开发海洋资源，将大量未经处理的污染物无节制地排入海洋，导致滩涂荒废、水质恶化、渔场外移，海洋生物资源急剧下降。面对严峻的环境污染形势，地中海沿岸的国家在UNEP的直接帮助下，制定了一系列的公约和法规，以海洋环境的监测和研究为先导，强化海洋环境管理。

1975年，UNEP在西班牙的巴塞罗那主持召开了地中海沿岸国家政府间部长会议，批准了"地中海行动计划"，该计划包含4项内容：①总体规划地中海海域的资源开发与管理；②综合协调研究、监测、信息交换、污染状况评价及防治措施；③框架公约及其附带保护地中海环境技术条款的协议；④机构设置和资金分配。此后，地中海行动计划得以迅速实施。

1976年，UNEP在巴塞罗那召开了第二次会议，会议通过了《地中海污染防治公约》即《巴塞罗那公约》，该公约于1978年生效，UNEP被指定为地中海行动计划和《巴塞罗那公约》的办事机构。地中海行动计划的初始工作是摸清地中海的污染物来源、污染物暴露水平及其监测和研究状况，为地中海沿岸国家谈判和实施《巴塞罗那公约》及其相关条款提供科学依据；建立地中海污染物的来源、转归和影响的长期记录。该项工作从1975年开始，持续5年，先后有16个国家、84个机构，共计200多个科研单位参加。地中海海洋环境污染物的监测，一方面反映了《巴塞罗那公约》及其条款要求的现状和趋势监测；另一方面也考虑到了该区域社会经济发展与海洋污染之间的相互关系。

在1972年发布的《人类环境宣言》中，明确了各国应当采取所有可能的步骤以预防海洋污染，并提议各国政府积极支持和参与相关国际计划以获取污染源、污染途径、污染暴露和风险评价所需的知识技能。基于此精神，UNEP于1974年启动了区域海计划，从区域的途径控制海洋环境污染和海洋及近岸资源管理；并在1983年确定了全球海洋污染综合监测的目标，包括建立有效的全球海洋生态学和物理学监测系统；针对全球海洋组织实施常规的、综合的长期监测及大尺度的综合实验；调查对海洋生态系统有影响的重要热动力学过程；调查能表征海洋环境目前状态的重要生态学过程、污染的负面效应和海洋的自净能力；评价不同区域海洋的生物学状态；在不同区域建立生态学标准体系和海洋生态系统影响评估的具体标准。在此基础上，UNEP于1984年编制了"全球海洋污染监测展望"报告，全面推动了全球海洋环境污染监测的发展。

（二）海洋环境风险控制发展现状与特点

第二次世界大战期间，船舶溢油事故频发，引起了沿海国家、国际社会和联合组织对海洋环境保护的普遍关注，陆续出台了限制船舶排放油污和处理海上溢油的国际公约。1954年，第一个防止海洋和沿海环境污染的国际公约《1954年国际防止海上油污公约》获得通过，这是世界范围内第一个涉及控制船舶排放油和油污水入海的规则。美国和一些发达国家，在

20 世纪 70 年代就开始制定国家溢油应急计划、尝试建立溢油应急防备系统，并对溢油应急技术进行研究和开发。一些跨国公司生产的溢油应急设备，几经改进，更新换代，大大提高了溢油围控和溢油清除效能。

20 世纪 80 年代末期，美国发生了几起重大溢油事故，引起了美国各界的强烈反响，在保护海洋环境的强大压力下，美国两院通过了《1990 油污法》，此时美国不仅认识到建立本国应急防备反应系统、制定溢油应急计划及相关反应程序的重要性，同时也认识到对抗御大型溢油事故的应急防备和反应进行国际间合作的必要性。1990 年 11 月，国际海事组织在伦敦召开了"国际油污防备和反应国际合作"会议，顺利通过了《1990 年国际油污防备、反应和合作公约》，该公约于 1995 年 5 月 13 日生效。《OPRC1990》要求各缔约国把建立国家溢油应急反应体系，制定溢油应急计划作为履行公约的责任和义务。

1. 海上溢油应急战略

（1）针对海上溢油的风险防控，预防应该放在优先位置。大量的统计资料表明，只要预防到位，相当一大部分的溢油污染事故是可以避免的。目前国际大石油公司采取的溢油预防措施有：油轮双层船体结构、执行防污公约、培训公约、国际安全管理规则、港口国监管等。此外，海上救助也有预防的作用，由于拖带得当而避免船舶造成油污染的事例屡见不鲜。对溢油治理人员的培训也是预防措施之一。

（2）应急准备，主要是指应急设备和应急治理机制的完备。全球的溢油污染形势不容乐观，而防备与治理油污的机制，不论是发达国家或发展中国家都仍不够。目前国际上对海上溢油采取的防备措施主要包括：海上溢油清除组织的分类与治理程序、海上溢油治理计划、非油轮的应急计划、油污防备公约的实施、国际溢油战略的制定、地区性海域的溢油危机及防备等。

（3）应急反应与治理，海上溢油应急治理技术一直是业界的热门话题，治理技术的进步对于保护海洋环境具有重要作用。治理溢油的目的是清除或回收溢油，防止油污染，保护环境，具体方法有：就地焚烧、机械回收、化学分散或凝聚等。

（4）溢油应急反应计划可以分为国际溢油应急计划、国家溢油应急计划、地方溢油应急计划及港口、码头和设施溢油应急计划等，不同层级溢油应急计划的制订可有效加强国际合作、因地制宜，分区分类地加强对溢油风险源的管理与防范。

2. 溢油应急支持技术

（1）海陆空立体化溢油应急反应系统。欧、美发达国家海事主管机构的海巡飞机和岸边监管设施通常配备了雷达、红外、紫外等视频监视装置，能保证及时发现和跟踪监视海上溢油事故。美国、加拿大、挪威等国还建立了地面应急反应中心，便于及时获取、存储和管理各方面的溢油应急信息，并通过海洋资源数据库、应急行动计划地理信息管理软件、溢油预测模型和溢油物理化学特性数据库等技术装备为溢油应急处置的科学决策提供支持。目前欧、美发达国家溢油应急快速反应技术的主要特点是：能快速有效地支持海陆空立体化的溢油应急反应决策和海上清污行动。

（2）航空遥感监视监测海上溢油。由飞机携带的溢油监视监测航空遥感平台具备起航快、机动灵活、距海面高度适宜的特点，相对于卫星遥感平台而言，容易获得实时、清晰的大尺度溢油监视监测图像，有利于应急快速反应的实现。目前几乎全部欧、美发达国家都在溢油应急处置中应用航空遥感平台，远比卫星遥感平台的应用普遍。

（3）海上溢油浮标跟踪定位技术。海洋浮标是一种现代化的海洋观测设施。它具有全天候稳定可靠的收集海洋环境资料的能力，能实现数据的自动采集、自动标示和自动发送。海洋浮标与卫星、飞机、调查船、潜水器及声波探测设备一起，组成了现代海洋环境立体监测系统。

在溢油预测与预警技术方面，近20年来，国外广泛应用 GIS 技术制作和管理溢油环境敏感图，分类定义和管理海岸、岛屿、环境保护区、渔业资源保护区等敏感资源的基础资料，用于帮助应急人员及时了解和保护事故所在海域的环境敏感资源。美国、加拿大以及欧洲的一些国家已经研制开发了溢油模型商业软件，总体上基本能够反映出溢油漂移扩散的大致趋势，成本低，反应快。但溢油模型的预测准确性受到风海流预报速度及精度、溢油风化模型模拟精度和其他不确定性因素的较大限制，模拟预测结果与实际溢油状况尚不能精确吻合，在溢油时间和空间预测方面有时会出现比较明显的差距，因此在溢油污染快速预警方面目前尚未取得突破性进展。当前溢油污染预警技术的主要发展趋势是：利用卫星和航空遥感图片快速识别溢油环境敏感资源，敏感资源时空分布的快速数值化，GIS 环境敏感资源图与溢油模型快速动态耦合，以及溢油污染快速评估与风险预警。

关于海上溢油应急反应中心的建设，发达国家的地面溢油应急反应中心一般是与溢油事故相关的信息处理中心和应急反应决策中心，发挥着有效控制海上溢油事故、提高消除及回收效率、预防和减轻污染损害、充分有效地利用应急资源的基础支撑作用。地面应急反应中心装备有决策支持系统、报警系统、溢油漂移预报系统、各种油品化学成分及危害数据库、清污救助材料/设备性能及存货数据库、地理信息系统、溢油应急反应能力评估系统、污染损害评估系统、大屏幕显示综合指挥系统等，采用无线通信系统技术实现地面溢油应急反应中心与海巡飞机及海上作业船舶之间的可视化信息通信，依据海巡飞机的监视报告，快速生成救助与清除方案，指挥清污船快速准确地进行多项海上溢油清污技术的集成式清污作业。

美国的溢油应急反应决策支持系统包括了内容庞大的信息系统，包含：①海岸警卫队海洋安全信息，用于应急计划和反应中的安全管理、事故发展趋势分析、集中防备和强制行动案例等；②国家海洋与大气管理局和美国环保局应急作业的计算机辅助管理信息，用于化学危险品泄漏应急计划及其治理；③海岸警卫队和国家海洋与大气管理局溢油应急设备信息，用于制定油污应急计划和提供决策支持；④海岸警卫队港口研究信息，与溢油应急决策支持系统的其他组成部分协同使用，制定具体的区域应急计划和训练方案。

3. 海上化学品泄漏应急

海上化学品运输在西方发达国家兴起于 20 世纪 60 年代，目前在国际海事组织 IMO 登记的化学品达 3 万余种，据德鲁里航运咨询公司统计，1988年世界化学品海运量为 7 000 万吨，其后以每年约 4.8% 的年增长率递增。与化学品的海运发展相适应，国际国内化学品专用码头和仓储业务也得到了长足发展，60 年代中期，欧洲就已逐步形成了完善的仓储网，到了 80 年代，仅欧共体内部就拥有独立仓储码头 70 多家，储存能力超过 400 万立方米。90 年代后，一些发达国家的散化储运公司将业务扩展到世界各地。如挪威的 Odfjell 公司在美国海湾地区、南美洲的巴西、阿根廷、智利和我国的大连、宁波、珠海等地投资建成了设备技术一流的散化码头和储罐设施，新加坡乐意储罐有限公司在我国上海、深圳、青岛等地也建设了一批较具规模的液体危险品仓储码头。

由于不可抗力、设备突然失灵、操作者疏忽、船舶灾难等无法预测的因素，存在着化学品泄漏事故不可根本避免的客观事实。具有易燃、腐蚀、毒性及污染等多种危害特性的液体化学品，一旦发生泄漏，将对周围环境和人员造成巨大危害。世界范围内发生了许多严重的化学品事故，最严重的是1980年12月的印度博帕尔惨案，由于农药厂的地下储罐应急控制阀门失灵，使罐内液态异氰酸甲酯以气态形式迅速外泄，40多分钟泄漏约30吨毒物，1小时后毒物扩散面积达40平方千米，造成2000多人死亡，5万人失明，引起世界各国震惊。

化学品运输过程中的火灾、爆炸和泄漏等事故已成为当今世界普遍关注的环境和安全问题。化学品事故不仅威胁到人类生命及财产安全，还有可能对水体、大气、海底、陆域和海洋生态等各个环境圈层造成破坏。由于化学品种类繁多，性质及毒害作用各异，因而其突发事故的情况复杂，应急救援困难，必须根据危险源的具体情况，在对突发事故做出准确预测、判断的基础上，制订合理有效的应急救援方案。

当前涉及对化学品泄漏污染进行预防和应急的国际公约大致包括：《1990国际油污防备、合作和反应公约》、《1996年国际海上运输有害有毒物质损害责任和赔偿公约》、《国际散装运输危险化学品船舶构造和设备规则》、《经1978年议定书修订的1973国际防止船舶造成污染公约》等。

受到1984年美国联合碳化物公司在印度博帕尔化学品泄漏事故的影响，美国积极推进了化学品事故防范和应急体系的建设，早期发展历程见表2-4-1。

表2-4-1　美国化学品事故防范与应急体系建设早期历程

年份	事　件
1984	联合碳化物公司在印度博帕尔发生泄漏事故，造成数千人死亡
1985	美国化学制造者协会提出"社区认识及紧急应变方案"
1986	国会通过应急计划及社区知情权法
1988	美国化工业采用加拿大的"责任关怀规范"
1990	修改《清洁空气法》，化学品安全与危险调查局成立
1992	公布职业安全卫生过程安全管理标准
1996	公布环保局的风险管理方案规划
1998	化学品安全与危险调查局正式运作
1999	各工厂向环保局提交第一批共1.5万份风险管理计划

4. 海上突发性污染事故应急体系

美国的污染应急体系于 20 世纪 70 年代开始初步成形，其体系主要构成是国家溢油应急反应指挥中心、相关的州政府、地区建立的三级溢油应急反应系统。美国在溢油防备和反应方面，不仅制定了较为完善的法律法规，建立了国家反应体系，还建立了科学的溢油预防、控制和应对策略系统、信息库系统、溢油鉴别系统以及污染损害赔偿体系，其溢油清除力量包括发生溢油的公司及其保险公司、美国海岸警卫队国家突击队、国家污染基金中心和辖区反应组。溢油公司对溢油事件负责，首先启动应急预案并负责上报，国家突击队由 3 支国家突击力量和 1 个协调中心组成，其主要任务是应对溢油和化学品泄漏。同时美国实施油污基金制度，联邦政府建立油污基金，州政府通过立法也建立了油污基金制度。油污基金的建立可以保证迅速调集溢油应急力量，及时采取措施进行清除，将溢油的污染损害控制在一定的范围。美国还建立了溢油清除协会会员制度，保证溢油清洁公司机构正常运转和快速的反应，在溢油反应清除和防污管理工作中，通过市场化、商业化的运作解决公司的生存问题。

日本溢油应急力量主要由海上保安厅和海上防灾中心组成。海上保安厅主要负责在海域进行监视、监督工作，拥有自己的溢油清除和围控设备以及消防船，海上保安厅还建立了沿海环境基础数据库，并负责预测溢油漂移的方向，帮助围控和清除海上溢油。此外，保安厅还派出巡逻船和飞机监控海上污染，加强对航行密集区域的监控。日本海上防灾中心是日本民间海上防灾的核心机构，接受海上保安厅的指示，在发生溢油应急事故时，采取措施清除溢油。其下属有 4 个委员会，包括溢油清除、船舶消防、器材和训练委员会，该中心拥有海上防灾用的船只和器材。同时还开展海上防灾训练，推动有关海上防灾的国际协作，进行海上防灾工作调查研究等。

英国海上溢油应急反应主要由英国海上污染控制中心负责，隶属英国运输部海岸保卫厅，履行国际海事组织对于溢油反应方面的公约。该中心具有航空遥感监视能力和能评估溢油量和溢油飘移的计算机系统，以及空中或船上喷洒溢油分散剂的能力和拥有回收或转移海上、岸上溢油的设备。英国海上污染控制中心主要承担在大型溢油事故中的海上反应和岸线清除的协调工作，在协调岸线油污清除工作方面对各地政府相关部门进行技术指导。海上污染控制中心和地方政府在由运输部的海岸保卫处、海上安全厅、渔业部门、环境部门、国防部和气象局以及大自然保护组织、各大石油公司、英国溢油控制协会组成的支持系统的支持下开展应急反应工作。海上溢油事故一旦发生，较小的事故可以由海岸保卫处的救助协调中心来组织处理，更大的事故由海上污染控制中心和地方政府来协调各相关部门来展开行动。支持系统的相关部门按各自职责向海上污染控制中心提供支持，与其他国家略有不同的是国防部在有偿情况下对海上污染控制中心提供相关知识、设备及人员的援助。各大石油公司与海上污染控制中心签署志愿协议，以便海上污染控制中心在大型溢油事故发生时能得到公司支持。此外，英国大不列颠溢油控制协会是英国溢油应急反应的一个重要支持组织，它是代表各公司利益的商业协会，为所有英国和海外的工业和海运污染提供设备和服务，拥有的红色报警体系能 24 小时快速为各成员公司提供各种应急反应设备和器材。

法国溢油应急反应体系分为海上和陆岸两个系统，分别建立了两级应急组织。在中央设有海上事故国务秘书主管下的部际海事委员会和内务部长主管下的民事安全委员会，分别负责海上和陆岸溢油应急计划的审定和污染控制工作，以及全国性的应急演习；在地方一级由军事部门负责计划和指导海上溢油污染控制作业，与地方当局和海上企业协作制订应急计划，并组织人员训练演习，而溢油清污工作由公司和民间来完成，一般会采用临时租用或征用的方式。

综上可见，发达国家经过多年探索，大都形成了运行良好的应急管理体制，包括应急管理法规、管理机构、指挥系统、应急队伍、资源保障和信息透明等，形成了比较完善的应急救援系统，并且逐渐向标准化方向发展，使整个应急管理工作更加科学、规范和高效。具体表现在两个方面：①应急组织体系与机制；②应急基础与保障措施。

具体包括：①建立协调有效的应急组织管理体系；②拥有一支专业化的应急救援队伍；③建立及时、准确、透明的新闻发布机制；④成立广泛参与的社会化自救互救形式；⑤构建完善的法律体系；⑥高度重视危机管理理论研究；⑦不断提高公众的防灾意识。

二、面向 2030 年的世界海洋环境监测和风险控制工程发展趋势

（一）重视水体的富营养化评估与污染源监测

自 20 世纪 70 年代末以来，由于生活污水排放量和农业化肥施用量的激增，富营养化已成为全球性的环境焦点问题。以美国为例，据美国科学院估算，大西洋沿岸和墨西哥湾排入近海的生活污水中氮的含量自前工业化时代以来已增长 5 倍，若不采取有效措施，到 2030 年，进入近海的氮量可能会增长 30%。美国 60% 以上的河口和海湾生态系统由于富营养化问题发生了中度或严重退化。因此，就目前的海洋环境监测而言，各个国家和地区海洋水体监测的重点均集中于富营养化及其相关问题。另外，目前富营养化评价方法已超越了第一代简单的富营养化指数求算，进入了以富营养化症状为基础的多参数评价方法体系。

海洋污染源除点源外，还有农业灌溉水排放、城市径流和污染物的大气沉降等非点源，入海污染源数量庞大且分散，管理难度大，不确定性也较大。因此，各国在加强点源排放监测的基础上，制定了非点源污染源污染整治行动计划，采取全流域水质保护的综合管理模式，以满足滨海地区点源和非点源污染整治的需要。为降低营养盐向海洋输入，美国最新的海洋政策要求沿海各州制定并强制执行营养盐水质标准，减轻非点源污染，实施以污染物日最大总量为指标的点污染源和非点污染源排放减少计划。OSPAR 的"联合评价与监测项目"对于点源和非点源污染的监测与评价均提出了详细的技术要求，并根据污染源的类型分别开展了河流和直排口监测以及大气综合监测。

（二）由水质要素和污染物监测向海洋生态环境监测扩展

在海洋生态系统退化问题日益严重的严峻形势下，沿海各国及海洋环境保护组织均将海洋环境监测和评价的重心自污染监测向生态监测转移，按生态功能区划分监测区域，以更加明确水质保护目标。澳大利亚利用区域项目"生态系统健康监测计划"进行了定量化的生态健康综合评价，在全国河口状况评价项目中采用系统化的指标，通过未受人类活动干扰的对照环境条件的比较，对河口的综合生态状况偏离原始状态的程度进行了定

性评估。但目前生态监测和评价方法尚不完善成熟，确定科学的生态健康状况的评价指标和评价阈值，建立适宜的综合评价方法体系，仍是困扰科研人员的难题。

发达国家，如日本除进行海洋要素监测外，还开展了海洋生态监测工作，监测内容包括：①海岸调查：海岸线变化、滩涂、海草床、珊瑚礁；②近岸海域生态调查：滩涂、海草床、珊瑚礁、沙滩及其栖息生物多样性，以及代表性海洋生态系统基本情况；③海洋动物调查，包括重要的海洋动物的繁殖、洄游以及栖息地状况等。海洋生态监测对于全面保护海洋生态系统，维持海洋生态健康具有重要作用。美国、澳大利亚、日本等国家建立了海洋环境的长期跟踪监测系统，以便于发现海洋生态环境的变化规律并预测其发展趋势，为有效保护和改善海洋生态环境提供基础数据和科学依据。海洋生态环境监测和长期跟踪监测系统是海洋环境监测的发展趋势。

（三）强调海洋环境监测的区域特征与公众服务功能

海洋环境具有明显的区域特征，在进行监测和评价时不能一刀切，要根据不同水域的水动力学、生物和化学等背景状况，划分成适宜的评价单元，并对评价指标和评价标准进行一定的甄选。另外，在海洋环境监测与评价中，注重海洋环境是否能满足人类利用海洋资源的需求，加强对人类活动管理提供科学依据和决策支持，切实将海洋环境监测和评价工作与保护海洋环境免受人类活动影响的管理工作紧密结合。

（四）积极推进环境监测技术信息化进程

发达国家已经实现利用先进的海洋监测技术和设备，构建信息化的海洋环境监测站网络，对海洋环境进行长时间序列的连续监测，把现场实况传送到陆基中心，并通过互联网传送到世界各地的用户。监测站网络的构建伴随着卫星遥感技术、水声和雷达探测技术、水平和水下观测平台技术、传感器技术、无线通信技术和水下组网技术的进步，使得海洋监测技术总体上向长时间、实时、同步、自动观测和多平台集成观测方向发展。海洋监测进入了从沿岸、空间、水面、水体、海床对海洋环境进行多平台、多传感器、多尺度、准同步、准实时、高分辨率的四维集成监测时代。

计算机模拟技术被更多地应用于海洋环境监测，将海洋环境监测资料与构建的数学模型相互验证，不断修正模型，持续的技术进步可以不断减少监测频率和密度，最终达到以最小的监测频率和密度获得最大的信息量。这样，大量的海洋环境质量信息可通过地理信息系统快速而准确地向社会提供直观而详细的海洋环境质量信息服务；所建立的数学模型还可以用来模拟海上突发污事件的发展过程，推演事件发生的准确时间和地点，在海洋环境管理中发挥重要作用；由于海上实际作业时间明显减少，将大大地降低监测费用。

通信技术也是海洋监测信息化的重要内容，随着复杂和先进的传感器和其他水下设备的开发，伴之而来的是大量需要被分析处理的数据和不断增长的数据传输量。因此，新的水下数据传输技术也在不断地被开发。水下数据通信属于通用技术，比较容易实现，但具有海洋特色的水下通信与网络技术仍有待拓展。水下高带宽通信方式主要包括水声通信、射频电磁波通信、光纤通信、自由空间光学激光通信等。以上通信技术在应用中存在各自优势和不足，应根据不同区域的海洋环境特性选用。在海洋环境立体监测系统建设以及观测数据的传输过程中，水声通信与组网技术将发挥不可或缺的作用。过去几十年的持续研究，使得水下通信与原始通信系统相比，无论在性能还是稳定性方面都有很大改进。近 10 多年来，在点到点通信技术和水下组网协议方面取得了重大进展，但仍面临严重挑战。

（五）重视海洋环境监测与评价方法体系的完善与统一

欧盟和 OSPAR 在实施海洋环境监测与评价项目的同时，推出了一系列完整的监测与评价技术指南及导则，并在实际工作中不断修订和完善。同时，对于地理区域上有交叠的 OSPAR 和欧盟所开展的海洋环境和评价工作，也非常注重不同计划间技术方法的协调一致，注重数据的质量控制，既提高了监测与评价项目的运行效率和数据的使用效率，又避免了重复工作。

（六）呈现跨学科、跨地区、跨部门的合作监测趋势

海洋环境监测从以海洋水文等海洋一般环境要素监测为主，发展到针对污染状况的监测，目前海洋资源环境的承载力、海洋生态环境保护等相关内容也逐步纳入到各国海洋环境监测计划之中，已经发展成为一个跨不同学科、不同专业、不同领域的综合性了解认识海洋的基本手段。

多部门合作共同构建监测系统是目前国外海洋环境监测发展的一个重

要趋势。以往的海洋环境监测往往是单一部门为某一明确的目标开展监测，从全国层面上来看监测的对象和内容上有很多重复，部门间各自为政，监测手段方法不一致，资料不能共容，造成资源严重浪费。许多发达国家都采取了有效措施避免这种现象的继续发展。

多地区合作也是当今海洋环境监测的一个重要趋势。由于海洋本身具有流动性，一个地区出现的环境问题，可能随着海水的不断交换和流动传播至另一地区，因此，全球性或区域性合作开展海洋环境监测也是当前较为普遍的形式。

（七）卫星遥感监测是未来海上溢油监测的主要模式

目前船舶溢油监测的模式主要有：卫星遥感监测、飞机遥感监测、巡逻船遥感监测、VTS 监测、CCTV 监测、定点监测和浮标跟踪 7 种模式。目前溢油监测卫星的数量有限，还不能对所有海域进行全天候监控。由于卫星为载体的溢油监测模式监测范围广，具有其他模式所不具备的优势，随着卫星数量的逐步增加，卫星遥感监测将成为海上溢油监测的主要模式。

（八）"微型实验室"是海洋环境监测仪器研发的新趋势

目前海洋环境监测仪器研发大体沿着两种思路发展，一种是直接测量法，即利用传感器在水下直接测量污染参数；另一种是"微型实验室"法，把复杂的取样分析过程转向小型化，即把目前实验室内行之有效的分析方法搬到水下，研制类似于水下微型实验室的仪器，把海水抽到仪器内进行测定，解决目前的技术难题。两者相比，前者结构比较简单，可以快速采样，耗电较低，使用起来更加方便，但技术上难度大，在实用性上有一定难度。后者则已经商品化，成为当前测量仪器的主流，可测量包括营养盐、化学耗氧量、有机物、重金属等参数。另外英国研制的光学传感器可测量包括叶绿素在内的多项参数，采用新颖的光学方法，不需要消耗化学试剂，反应迅速，但成品较少。目前实践中大多数测量已采用"微型实验室"法，虽然测量仪体积大、结构复杂，但自成体系，参数测量准确、可靠，美国、德国、挪威、俄罗斯在浮标上加装的海洋环境和水质污染监测仪器多数是采用这种方式。

三、国外经验教训（典型案例分析） ▶

（一）OSPAR 协议

奥斯陆-巴黎协议（OSPAR 协议）由 15 个国家和欧共体于 1992 年签署，工作内容包括 5 个专题战略：海洋生物多样性、生态系统保护和养护；富营养化；有害物质；放射性物质；海上开发活动（主要是油气开发）。其中海上开发活动专题战略关注的主要问题包括：①哪些离岸油气开发活动会对海洋环境造成影响以及这些活动的变化情况；②离岸设施向海洋排放的碳氢化合物和有害物质的量及变化；③对底栖生物、浮游生物、海洋哺乳动物和海鸟等的生物效应及变化。

海上开发活动专题具体工作内容包括：①研发工具：编写离岸油气开发活动的环境效应监测导则的技术附录；建立统一的测定生产水中油含量的分析方法；建立统一的测定生产水中芳香烃含量的分析方法；建立离岸开发设施排放的碳氢化合物和其他化合物的环境效应评价方法；建立数据同化上报系统，以汇总和编辑离岸油气开发活动的环境监测数据和资料。②搜集资料：通过数据同化上报系统，汇集与离岸油气开发活动相关的环境监测数据和资料；通过数据同化上报系统，汇集签约国所搜集的离岸设施排放的碳氢化合物及其他化合物资料；OSPAR 海域油气开发离岸设施名单、废弃设施名录及处置报告、油气开发设施的综述性报告。③效应评估：评估离岸油气开发活动的海洋环境效应；评估钻屑被扰动后可能释放的污染物及其环境效应；评估离岸油气开发排放的碳氢化合物和其他化合物的海洋环境效应。④编制综合评估报告。

通过综合评估，目前得出的重要结论之一为：油气开发的生产水中的污染物排放逐年上升，值得关注。

（二）澳大利亚生态健康监测计划

生态健康监测计划（EHMP）是澳大利亚目前开展的最全面的海湾、河口和流域监测计划之一，监测区域位于昆士兰东南部，包括 18 个主要流域、18 个河口及莫顿湾。使用生态健康生物学和理化指标来确定水域的健康程度，每年发布一次评价报告，至今已有 10 余期。设置监测站位 200 余个，每月测定一次水质参数，生物学采样频率根据指标特点而有所不同。

EHMP 的监测指标包括理化和生物指标。①理化指标包括：浊度、DO、盐度、pH 值、温度、水体透明度、叶绿素 a、营养盐（总磷、总氮、氮氧化物、氨、活性磷酸盐），污水中的氮。②生物指标包括：海草深度范围：每年两次，共 18 个站位；珊瑚盖度：每年 1 次，共 5 个站位；大林氏藻分布：遥感数据。

最终经过评估，得出综合生态健康指数（EHI）和生物健康指数（BHR），辅以专家评判的结果来确定，得出优、良、中、差等健康等级。

（三）大连输油管道爆炸事故

2010 年 7 月 16 日，大连中石油国际储运有限公司（以下简称"国际储运公司"）陆上输油管道发生爆炸，火灾事故造成原油泄漏引发海洋环境污染。事故发生后，党中央、国务院领导高度重视，在交通运输部、国家海洋局等有关部门的大力支持和密切配合下，开展了清污攻坚战，7 月 25 日事故现场及市区空气质量全部恢复正常水平。8 月 25 日，海上及沿岸清污工作完成，实现了"油污不流向公海，不蔓延到渤海"的既定目标。

1. 案例背景

国际储运公司位于大连大孤山半岛大连保税区国际能源港内，原油罐区内建有 20 个储罐，库存能力 185 万立方米。周边分布其他单位的原油罐区、成品油罐区和液体化工产品罐区，储存原油、成品油、苯、甲苯等危险化学品。项目于 2005 年 11 月通过审批，2008 年 5 月验收。

7 月 15 日下午，利比里亚籍载有 28.4 万吨原油的油轮开始向国际储运公司原油罐区卸油，此时企业违规向输油管道上加注"脱硫化氢剂"。7 月 16 日 13 时，油轮停止卸油，但加剂作业仍在进行，造成"脱硫化氢剂"局部富集，引起输油管道发生爆炸，原油泄漏，引发火灾，发生特别重大生产安全责任事故。

大连新港工作船码头泄洪渠排海口距事故现场 700 米左右，是此次事故溢油入海的唯一通道。排海口处设有钢制应急排海闸门，四周为橡胶密封材料，排海闸门由电动或手动控制，闸门平日处于半关闭状态。保税油库爆炸点附近罐组由 6 座储罐组成，并设有 1.8 米高的防火堤围堰。事故发生时，罐组内的消防水及溅入罐组内的泡沫、油品全部流入 3 000 立方米事故池或残存在 103 号罐内，而罐组外管道爆炸流出的热油和消防水则在地面流淌，经雨水井系统进入泄洪渠排海口入海。

大连市环保局接到事故报告后，为防止原油入海造成海洋污染，立即于18时35分电话通知大连港集团相关负责人关闭泄洪渠排海口闸门。但现场指挥部考虑到现场火势很大，流淌油火在地面迅速蔓延，若关闭排海闸，流入泄洪渠的大量原油、消防水会溢出到大连港罐区地面造成更大面积的流淌火，严重威胁附近液体化工品和成品油罐区的安全。为避免造成更大的人员伤亡和财产损失，现场指挥部决定不关闭排海口闸门，故部分原油及大量消防水经雨排系统通过泄洪沟排海口进入港池，海面上燃烧的原油烧毁了港池内设置的四道围油栏，原油扩散至港池外部海域，造成海洋污染。

2. 应急处置

事故引起中央及地方领导高度重视，根据国务院的统一部署，由环境保护部牵头组织、协调交通运输部、国家海洋局等部门和地方政府开展清污工作。各部门切实加强协调配合，按照任务分工联合作战，确保了海上和沿岸清污工作的高效有序开展。

环保部派前方工作组持续1个月在现场指导、协调海事、海洋等部门及地方政府开展清污工作。对事故现场、污染海域、海岸沿线、油污收集场地等清污工作进行巡查、督导，参加海上油污清理工作会商。同时组织海洋、海事等部门，成立了由30多位专家组成的专家组，开展生态环境影响评估工作。

交通部从全国各地调集30余条应急船舶和大批应急器材迅速到大连进行清污工作。辽宁海事局重点负责海上清污作业的组织指挥、关键区域的油污清理围控和制定清污作业方案。根据海域污染情况，将50平方千米重点污染海域划分为12个清污作业区域，确定了"围、追、堵、清"的清污工作思路。

国家海洋局组织北海分局在第一时间派出中国海监船、海监飞机到达事发海域，并征调中海油4艘专业船只投入海上溢油的回收工作。指挥空中、海上和陆岸应急力量开展立体化的应急监视监测工作，及时获取并报告海上溢油信息。

中石油集团积极协调和调运了大量应急物资和多艘清污船只，组织力量切断污染源头，清理事故现场，并在港区排洪渠入海口设置7道围油栏，控制溢油扩散。

大连市成立了"7·16"事故海上清污工作领导小组,按照省委省政府要求,开展清污攻坚战。重污染区由辽宁海事局全权指挥,调派专业清污队伍进行重点清理;轻污染区采用人海战术,调集渔船,组织部队、群众分片包干进行清理;实行属地管理,落实清污责任制;充分发挥市场作用,制定清污激励政策措施。7月25日,海上清污取得胜利,重度污染区和海上的大面积油污已全部清除。据统计,共调用60艘清污船舶作业1 041艘次,渔船14 282艘次,清污人员6万余人次,作业面积1 678平方千米。

海上清污取得胜利后,工作重心及时转向海岸清污。7月26日,市政府成立了海岸清污指挥部,市环保局为总协调部门。针对不同类型的岸壁,采用高压水枪药剂喷刷、干冰高压冲洗、吸油毡及草帘吸附、机械挖掘以及人工刷洗等方法清洗海岸油污。截至8月底,共组织海岸清污人员15万余人次,投入运输车辆及清运机械设备7 500余台次,清污岸线长度达202千米,清污岸线面积172万平方米,沙滩、岸壁油污得到全面清理,受污染海岸线基本恢复原貌,清理出的含油废物全部按规定安全处置。

环保、交通、海洋等部门及时抽调最先进的监测设备和高水平的监测队伍,加强对污染范围、污染程度和变化趋势的会商研判,为清污工作科学有序开展提供了重要技术支撑。

环保部卫星中心、中国环境监测总站采用卫星遥感和无人机遥感监测等科学手段,加大环境监测频次,及时分析和发布环境质量信息。大连市环保局组织编写完成了《大气环境影响应急跟踪监测分析与评价》报告,确定了火灾事故没有对大连市整体空气环境质量造成超标影响,未对人群健康造成不利影响的结论。为准确测定事故对市区大气环境的影响,大连市环保局环境监测人员除在事故现场设立6个监测点位的同时,又在事故现场周边企业、居民区和市内设立8个监测点位,并自7月19日起,在大连所有媒体连续7天发布环境质量公告、日报、预报。为确定溢油影响范围和程度,以及对海水浴场的影响,市环保局在事故现场周围海域设立7个监测点位,在远海设置8个监测点位,在各个海水浴场设置9个监测点位对油污染浓度和范围进行连续跟踪监测,并及时向市委、市政府提供海水水质情况。

交通海事部门利用卫星监测、海上巡查、空中航拍、雷达测油、红外探测等一系列专业有效的溢油监测方式，对污染范围做出准确判断。国家海洋局利用卫星遥感、航空遥感、船舶监视和陆岸巡视等手段，组织对海上溢油进行严密监视监测。

3. 事故及污染原因调查

9月初，国务院成立大连中石油国际储运有限公司"7·16"输油管道爆炸火灾事故调查组，共分为技术组、管理组、环境组和综合组4个组，分别由安监总局、监察部、环保部和安监总局有关负责人担任各小组组长。

由环境保护部、交通运输部、国家海洋局三部门组成的环境组，负责对大连"7·16"爆炸火灾事故环境污染原因、经过、污染情况、污染清除及费用进行调查，对环境生态的影响进行评估。环境组共计6次进行现场勘察，召开33次各类会议，查阅有关资料和文件数百件，于9月中旬提交了调查报告。

4. 经验启示

（1）领导重视，组织得力是清污工作顺利开展的关键。党中央、国务院领导对此次事件高度重视，温家宝总理、李克强副总理等领导同志先后多次做出重要批示，张德江副总理第一时间率环境保护部、交通运输部、国家海洋局等相关部门负责同志赶赴现场，各级环保部门的领导均在第一时间赶赴事故现场，指导、协调、部署相关工作，为灭火清污工作、防止造成二次污染提供了强有力的保障。

（2）注重日常机构建设、应急演练是应对突发环境事件的保障。大连市非常重视环境应急管理工作，狠抓应急机构和基础能力建设，为环境应急管理工作奠定了基础。2006年年初，成立了大连市环境污染事件应急指挥部办公室，负责环境应急管理工作，建立了反应快速、处置高效的应急指挥处置程序；通过12369环保热线、事故专用电话等方式，以及应急、监察、监测等部门的24小时在岗值班制度，建立了全市24小时畅通，反应快速的指挥处置程序；建立市政府、区市县政府和企业三级预案防控体系，建立了环保与安监、环保与企业等两级应急联动工作机制；举办了全市联动、省市联动的突发环境污染事件应急演练等工作。

（3）恪尽职守，勇于奉献是清污工作取得实效的保证。事故应对过程中，面临着诸多艰难险重的任务，甚至面临着生死考验。广大干部职工发扬斗争精神，在40多天的清污工作中，大连市环保局承担了海岸线油污清除、陆域污染物的监管、清运、贮存和安全处置以及海面、陆域监测、监察工作，任务十分繁重。环保局领导坚持每天深入一线，现场指挥、参与清污工作，形成了强大的工作合力和坚强的领导核心。在一线的许多同志风餐露宿，始终奋战在清污的第一线，不畏艰辛，无私奉献。特别令人感动的是，广大渔民、群众、学生、环保志愿者纷纷参与清污会战，用勺舀、用桶装、用草粘，为打赢清污攻坚战做出了积极贡献。

5. 反思

（1）企业未对库区进行安全生产事故三级防控体系建设。国际储运公司在项目建设过程中只考虑了储罐和罐区的安全防范，在每个罐组设置了围堰和防火墙，使罐组防火堤内出现安全生产事故后消防水和物料泄漏能够得到有效收集，并自流进入事故缓冲池。但现行安全生产设计规范中，未考虑库区输油管道出现问题后的应对措施，未对整个库区设置安全生产事故三级防控，致使此次输油管道爆炸因缺少消防水回收系统，泄漏原油随消防水进入雨排系统造成海洋污染。

（2）大连港区未对整个区域进行安全防控体系建设。大连保税区国际能源港仓储规模大、储存介质多、各库区之间以及库区内各罐区之间高密度布局，一旦某罐区发生安全生产事故，将涉及其他罐区，引发连锁反应，造成巨大的经济、财产损失并引发环境污染问题。当地政府未对整个港区制定安全防控体系规划，未统筹考虑设置和协调运行安全生产事故防范设施，未建立统一的事故情况下的环境安全应急体系。

（3）环保部门环境应急能力需进一步加强。一是要下大力气加强应急指挥和处置装备建设，在事故处置过程中，缺乏先进的装备，难以及时掌握污染状况。如没有统一的监视平台，对事故点污染面积、范围缺少直观的掌控，指挥决策受到影响；应加强应急救援物资储备，面对大型泄油事故，现有物资储备明显不能满足需要，应加强应急救援物资的储备，设立环境应急专项储备金制度，建立相应的管理机制，提高应急救援物资保障能力；要逐步建立完善的危险化学品贮存、处置企业链，这次事故危险废物处置过程中，辽宁省环保厅调动了全省相关企业参与，为安全运输、贮存和处置含油废物提供坚强保障，但也暴露出危险废物处置能力不足，甚至有些含油废物无法处置的问题，应加强对危险废物处置方法、技术研究，提高处置能力，以适应环境突发事件应急处置工作需要。

（四）墨西哥湾漏油事件

2010 年 4 月 20 日夜间，英国石油公司（以下简称 BP）租用的位于美国墨西哥湾的深水地平线（Deepwater Horizon）号钻井平台发生爆炸并引发大火，钻井平台底部油井自 2010 年 4 月 24 日起漏油不止，至少 500 万桶原油喷涌入墨西哥湾，影响路易斯安那、密西西比、亚拉巴马、佛罗里达和得克萨斯州长达数百千米的海岸线。此次事故的漏油量已大大超过 1989 年埃克森"瓦尔迪兹"号油轮溢油事故，成为美国历史上最大的溢油事故，但在美国国家海上溢油应急反应体系的指挥下，溢油应急响应及时，治理措施采取得当，造成的环境和经济损失相对于"瓦尔迪兹"号油轮溢油事故来说要小得多。

为了应对该事故，BP 公司在休斯敦设立了一个大型事故指挥中心，包括联络处、信息发布与宣传报道组、油污清理组、井喷事故处理组、专家技术组等相关机构，并与美国当地政府积极配合，动员各方力量、采取各种措施清理油污。应急处理方案主要分为 5 个步骤：准备工作、应急反应、评估和监测、预防和阻止扩散以及清理。

1）准备工作

主要包括建立地区应急预案和组织野生动物保护。美国每个州的当地政府都建立了地区意外事故应急预案（以下简称 ACP），在溢油应急反应准备过程中，ACP 可在所有利益相关方之间建立紧密的联系，确立需要保护的敏感地区并制定行之有效的保护策略。应急反应小组通过与政府内外的野生动物专家紧密合作，加快应急反应能力，最大限度地减少了溢油对野生动物的影响。

2）应急反应

在应急资源的部署中，"机遇之船"（Vessel of opportunity）方式值得借鉴。漏油事件对从路易斯安那州到佛罗里达州的很多渔民和船只都造成了影响，很多人申请参与救援工作，应急小组及时将其纳入到溢油处理队伍中，形成了"机遇之船"的工作模式。具体包括："机遇之船"计划共包含 5 800 艘船舶，雇佣了当地的海员并让其参与海岸线的保护，同时也扩大了后勤运输补给的范围和能力。应急反应小组还经常借助船东对当地海岸地区的熟悉，预测和观察溢油在敏感海岸的流动状况。"机遇之船"计划形成了基本的框架组成和规章制度，包括：招募、审核、分类排序、标记、培训和监管要求等。

通信联络在事故应急中具有重要作用，溢油应急响应要求对横跨墨西哥湾沿岸的 5 个州开展协调活动，需要大量的通信沟通平台，但目前尚没有可以提供如此广泛通信能力的平台。应急反应小组努力构建通信基础设施，该网络通信能力的提升将使政府具备应对未来任何应急响应的能力。

本次事故应急中，空中监测系统为超过 6 000 艘船舶提供服务，包括提供油情警报、指导收油船及撇油器到达正确的作业位置、监控燃烧点等，对于作业船舶而言，其作用更像是眼睛一样。空中监测团队正不断提高自身的工作能力，以通过对开阔水域的监视、跟踪、探测、识别来确定溢油的正确位置及相关属性。以外，空中监测系统还可于第一时间记录溢油区域的立体照片，并将溢油的具体位置及相关数据传递给公共图像系统。

3）评估与监测

在事故评估与监测过程中采用了公共图像系统的模式。通过全球超过 200 个独立的数据类型，创建了一个集成视图；该视图采用新开发的设备和技术，提供了一个无缝和快速协助救灾的平台。公共图像系统作为一种系统性应急协调机制，可确保应急人员和指挥部人员做出准确、可靠的判断并与当地作业人员和公众进行有效地沟通。

事故应急中成立了组织海岸线清理评估小组，由从英国石油公司、NO-AA、国家环保部门及各州立大学的科学家组成，主要负责准备及计划海岸线保护和溢油处理。工作内容主要包括：预评估阶段，实地考察溢油事件，这是评估损害程度的关键；初始评估阶段，在溢油到达海岸后，将调查结果报告提交给应急救援人员，给出溢油处理建议。专家需要核实溢油出现的位置，确定溢油的性质及潜在的污染源并给出处理建议；最后评估阶段，评估海岸线溢油处理工作的成效。

4）预防与阻止扩散

在预防与阻止扩散方面，本次事故应急跨墨西哥湾沿岸地区共建立了 19 个分支结构，极大地提高了救援小组的协调和规划能力，确保了部署的准确性；分支机构的建立充分调动了墨西哥海岸线附近及陆地作业人员的积极性，并使当地利益相关者也参与到救援工作中。

5）清理

在对事故油污的处理中，直接从水中回收溢油被认为是当前最有效的方法，但伴随着石油动态运动及特性的持续变化，如何确定溢油处理的规模和持续时间已成为一个新的挑战。通过本次事件，溢油受控燃烧法经历了从概念的提出到实际用于溢油处理的过程，专家们对于该方法的使用经验得到了显著增强。此外，此次漏油事故处理中进行了史上最大的溢油围油栏部署，共使用了超过 1 400 万英尺（426 万米）的围油栏，其中包括约 420 万英尺（128 万米）的普通围油栏和约 910 万英尺（277 万米）的吸油围油栏，实践表明布控围油栏是保护海岸线最有效的方法之一。

第四章 我国海洋环境监测与风险控制面临的主要问题

我国海洋经济持续发展，海洋维权任务艰巨，与我国海洋环境安全维护和经济发展的需求相比，海洋环境监测和风险控制能力明显不足，主要体现在以下几个方面。

一、海洋环境监测系统尚不健全，监测技术不完善 ▶

我国海洋环境监测体系的目标区域主要是近岸及近海海域，其目的是对我国人为活动影响区域的海洋环境质量、海洋生态健康状况、赤潮、海岸带地质灾害等进行监测与评价，为海洋环境管理提供依据，监测的手段主要是现场船舶监测。海洋观测系统主要集中在岸基观测台站。从海洋监测覆盖的范围来看主要还是近岸与近海，主要薄弱环节是远海监测能力不足，连续自动观测能力薄弱。

海洋生态环境监测技术虽然取得了一定的进展，但仍存在以下问题：①海洋有机物污染监测方面，现有方法只能满足常规有机污染物，一些新的重要海洋有机污染物缺乏检测方法；②海水中营养盐和无机污染物的监测技术目前只能采用富集和萃取样品的方法，在实验室进行样品分析，缺乏现场痕量物质富集、萃取、分析技术和设备；③海洋致病微生物检测技术初步形成较系统的技术体系，但大多数技术成果在检测灵敏度、仪器稳定性和重复性方面需大量验证；④海洋浮游生物监测技术相当薄弱，浮游生物图像识别技术研究远远落后于发达国家。

海洋环境监测能力是实施海洋生态环境监测与风险控制的基础。经过40多年的建设和发展，我国具备了一定的海洋环境监测能力、海洋环境信息应用能力和海洋环境预报能力，但海洋环境保障体系建设起步较晚，就业务化系统的规模、能力以及实际预报保障总体水平而言，大体接近发达国家20世纪90年代初期的水平，存在的问题和技术"瓶颈"大致有以下几方面。

（一）管理体制没有理顺、规章制度尚不健全

我国目前涉及海洋监测的部门和单位较多，除国家海洋局外，环保部、农业部、水利部、科技部、中科院、交通运输部、气象局、海军、大专院校、沿海地方政府有关部门以及海洋工程部门都开展与海洋监测或研究相关的活动，各部门之间缺乏有机联络和合作，造成重复建设、资金分散，甚至相互制约，严重影响了我国海洋环境监测事业的发展。缺乏资源和数据共享机制，严重影响了我国海洋科学研究和海洋环境预报的有效发展。缺乏国家统一的近海海洋监测系统，监测资源和监测数据不能共享已成为制约我国海洋科学发展的主要"瓶颈"之一。

（二）监测理念落后、技术支撑不足、主要设备依赖进口

目前我国海洋环境监测的理念相对落后，缺乏总体设计，目的不够清晰。大多为监测而监测、单纯为科学研究积累资料而监测。此外，还没有形成海洋环境监测技术研究、开发与推广应用的有效机制，缺乏系统的研究计划和固定的经费来源。近年来，我国一些涉海单位在新监测技术方法的研发、标准的建立、规范的修订等方面做了一些工作，但多数技术尚未进入业务化转化过程，未能形成相应的技术标准和规范。特别是深海海底监测技术，要实现海底监测网络的建设，还存在很多技术"瓶颈"和难题，包括长距离高保真的数据传输海底光纤电缆、全自动耐高压低功耗的海底监测仪器、5 000 米水深以下作业的水下机器人等。

监测仪器方面，即使常用的如高精度电导率和温度剖面测量仪（CTD）、声学多普勒海流剖面仪（ADCP）、海面动力环境监测高频地波雷达（HFGWRD）、剖面探测浮标（Argo）、投弃式温度深度计（XBT）等，国产机也存在不少工艺问题，缺乏市场竞争力。水下自航行监测平台（AUV）和水下滑翔器（Glider）在国外已应用于水下监测，而我国则刚立项研制。除了台站和锚系浮标以外，海洋仪器设备几乎全部依赖进口。

（三）海洋监测系统以岸基监测台站为主，离岸监测和监测能力薄弱

经过几十年的努力，我国初步建立了近海海洋监测系统，但受监测技术水平、经济支撑能力、管理体制等因素的制约，其监测时空分辨率、持续监测时间、资源的利用率，都难以满足海洋监测和科学研究的需要。对

于我国近 300 万平方千米的海域，目前的常规海洋监测以 110 多个岸基监测台站为主，仅属于近岸监测，而对远离海岸的近海，只有 3 个水文气象浮标和 17 条近海标准断面，迄今尚没有海上固定式长期海洋综合监测平台，也缺少海洋多学科综合性监测浮标。不但与欧美、日韩有明显差距，即使与周边国家相比也相当薄弱。可见，我国近海长期海洋监测和实时监测系统建设与我国国力严重不符。

断面监测也不容乐观，断面位置变动太多，监测频率较低；数据共享性差，投入大，产出少，数据使用率低。我国不少的调查船数据来源于研究项目，一方面该类数据未纳入全国海洋监测系统中，使用率很低；另一方面，数据缺乏系统性和连续性。已经完成或正在组织实施的"专属经济区和大陆架勘测"专项、"西北太平洋海洋环境调查与研究"专项以及"我国近海海洋环境与资源综合调查"专项，均属我国近海大型基础调查，属常规性基础数据的获取和积累，执行周期有限，不具备长期持续性。相反，日本和韩国十分重视在其邻近海域部署长期的国家断面进行长时间序列监测。

（四）不能满足海洋科学研究的综合性监测要求

国家海洋局、中国气象局和农业部的临海监测台站，功能较为单一、专业，不利于对整体过程和相互作用的研究。中国科学院的 3 个海洋站的监测海域主要集中在 3 个台站所在地点及所在湾区，缺乏对中国近海关键区的监测，例如黄渤海、长江口区、南海中部与南部海区；监测内容少，监测内容主要是常规的海洋生态环境参数和气象参数。中国科学院及地方建设的区域性海洋监测系统还是试验性的，有待提高和完善。

缺少长期、系统和有针对性的近海海洋科学监测，是导致对我国近海诸多重大海洋科学问题的认识肤浅、争论长久、难以取得重大原创性成果的主要原因，是制约我国海洋科学发展的主要"瓶颈"之一。随着我国国民经济的发展和社会的进步，海洋经济和海上军事活动日益增强，众多新的海洋科学问题摆在科学家面前等待解决。从满足海洋科学技术创新的需求出发，针对关键海域的重大海洋科学问题，加强近海区域性长期综合监测网络建设，获取全天候、综合性、长序列、连续实时的监测数据，对于我国海洋科学发展与重大海洋科学问题的解决迫在眉睫。

（五）海洋环境质量评价尚停留在环境污染评价，海洋环境监测层次有
待提高

当前我国海洋环境质量评价多体现在环境污染状况，评价标准中生态
系统结构和功能变化、富营养化和赤潮等生态指标体现不足，未在系统的
生态环境理论框架下进行生态系统层面的全面监测和监控，对区域海洋生
态系统的认识不够系统，而这些是海洋生态环境质量评价中最重要的评价
指标之一。因此，应尽快完善适合我国近海特点的生态环境质量综合评价
方法及相应的监测和管理体系，以有效推进我国的海洋生态环境保护工作。

（六）海洋环境监测的质量控制和质量保证薄弱

海洋环境监测的质量标准是目前我国海洋环境监测的薄弱环节。包括
监测设计质量、现场测量质量、仪器设备质量、采样质量、实验室分析质
量、数据质量、评价模型的质量、数据产品加工质量及服务质量等在内的
监测质量管理体系尚未健全。到目前为止，只有部分监测机构取得了国家
和地方技术监督部门质量检测机构计量认证或 ISO9000 系列的质量认证，尚
难以保证海洋环境监测数据的质量。

（七）海洋生态监测体系建设处于起步阶段

随着人们对环境质量要求的提高，对环境监测的要求也随之提高。环
境的变化不仅影响人们的生命健康，而且对包括人类在内的生态系统产生
巨大的影响，对环境的监测范围应当考虑引起生态系统发生反应的因素及
这些因素的时空效应。环境的监测不只限于污染物质的化学分析，而且要
掌握环境中各种物理、化学、生物、生态因素的动态变化。我国海洋生态
监测的仪器、技术、方法标准、队伍和网络等都不完善，海洋生态环境监
测工作基础比较薄弱，基本上处于起步阶段。

二、海洋环境质量标准主要参照国外制定，无我国基准研究支持 ▶

目前，我国没有在真正意义上建立起相应的水环境质量标准体系，而
制约我国海洋环境质量标准体系改进和完善的主要原因之一是我国缺乏相
应的水生态基准研究。我国现阶段颁布的水环境质量标准多借鉴于发达国
家的水环境基准资料，从而形成了重标准而轻基准，跨越式制定水环境质
量标准的阶段发展特点。如我国现行的地表水环境质量标准和海水水质标

准主要依据是美国、日本、欧洲及俄罗斯等国的水质基准和标准资料，往往仅侧重于引用国外生物毒性资料。以生态学的角度，不同的生态区域有不同的生物区系，对某个生物区系无害的毒物浓度，也许会对其他区系的生物产生不可逆转的毒性效应。因此，仅仅参考发达国家的水环境基准资料来确定我国的水环境质量标准，只能是权宜之计。

目前尚缺乏充分的科学证据说明我国现行的海水水质标准可以为我国海洋环境中大多数水生生物提供适当的保护。导致我国环境保护工作可能存在着"欠保护"和"过保护"的问题，前者不能保证人体健康和生态系统的持续安全，后者虽然对生态系统有益无害，但对发展中国家的经济成本考虑就意味着无谓的浪费。不同的国家和地区制定海洋环境质量标准均需要以区域性海洋质量基准为基础和依据，以确保可给予本区域环境生态恰当的保护。

三、海洋环境风险管理的信息支撑能力薄弱 ▶

我国从 20 世纪 60 年代陆续开始海洋环境监测，虽然在海洋观测技术方面经过 30 多年的建设和发展，已初步建立了由海洋站、浮标、调查监测船、卫星遥感和航空遥感组成的立体监测网的雏形，特别是"九五"、"十五"期间，依托"863"等科技攻关项目的支持，涌现了一大批科技成果，极大提高了我国海洋监测体系的研究和发展水平。但综合生态环境监测系统和数据的集成和生态预警方面功能还比较弱。尚缺乏海洋风险管理的综合信息服务平台建设，亟须整合汇集风险源、海洋水文动力、海洋生态环境监测、海洋环境灾害等各类基础信息，为海洋风险管理提供快速、有力的支撑。

四、海洋生态环境灾害的应急处置能力有待加强 ▶

（一）应急法律法规不完善

目前，我国已经制定和颁布了一些应对突发事件的法律和法规，如《中华人民共和国安全生产法》、《突发公共卫生事件应急条例》等。从整体上看，关于应对突发事件的法律、法规体系尚不完整，法律基础建设薄弱。从部门法角度上看，我国已初步建立起一套比较完整的减灾法规和减灾管理体系。然而，目前我国减灾法规还没有形成一个从内容到形式都与我国国情相符合的科学的法律体系，应急的法律法规不成系统，法律中的冲突较为明显，难以做到"依法应急"，不得不采取一些临时措施来弥补法律的漏洞，这种应急措施的随意性、社会动员的高成本以及立法滞后的现状，极大地影响了紧急状态出现时应急处置的成效。

（二）应急管理体系不完善

缺乏综合性的应急处置管理体系，特别是缺乏有效协调和沟通，资源没有整合，信息难以共享，不利于对应急处置全过程的综合管理，难以突出预防为主的方针，应急处理工作始终处于被动应付的境况。突出的问题有：应急指挥体制不完善、应急指挥中心建设不标准、应急指挥系统缺乏标准、缺乏统一的应急信息平台。应急信息平台的主要任务是搜集、整理突发事件的各种信息，为应急决策提供决策支持、应急方案、灾后评估以及经验总结等。应急涉及多个政府部门和各级、各层次的人员，数据量大，搜集和管理难度较大。目前国内缺乏统一的应急信息共享机制，没有建立应急信息储存标准和应急信息交换标准，使得各部门之间的应急数据不能有效共享。

（三）海上溢油应急能力建设有待加强

1. 溢油污染应急管理体制不足

溢油应急涉及多个部门，其间的协作机制不完全明确，无法形成一体化管理的态势，难以形成高效、科学的溢油污染应急管理体系。在海域溢油应急反应行动中，无论是政府部门还是非政府部门，信息沟通仍然沿袭传统的层级传递方式，险情逐级上报，指令层层下达，往往耽误了应急反应的宝贵时间。各参与主体之间，由于按照职能进行分工，应急管理信息系统相互孤立、缺乏交流，难以实现信息资源共享。同时，一些机构和人员出于对自己业绩的考虑，对一些不利的信息采取压制、隐瞒等做法，影响应急反应的最佳时机。

船舶油污强制保险制度、船舶油污赔偿基金制度以及船舶污染损害索赔与赔偿制度等国内船舶油污赔偿机制尚未建立，实际上存在"谁清污谁吃亏"的局面。因此，专业清污公司对参与应急行动的热情不高，对应急力量的投入更加缺乏动力，以致清污手段和清污能力长期得不到改善。

2. 溢油污染应急能力有限

近年来，在尚不具备专业应急队伍的情况下，通过建设设备库的方式和途径来加强政府应急防污力量。但由于缺乏法律依据，设备库的建设无法规划，投入力度难以保持，购置的防污设备仅限于低端设备，数量也十分有限，多数溢油应急行动往往以人海战术代替科学技术，与国际水平相比，清污的效率和质量存在明显的差距。另外，溢油应急设备总量不足，储存分散，整合困难，应急能力低下，一旦发生重大船舶溢油事故，难以及时提供足够的清除油污的有效设备，应急设备设施配备的结构也不合理，影响了应急行动的快速性和有效性。

根据港口自测，青岛、烟台港溢油能力不足以应对100吨溢油事故，上海港的应急能力约为50吨，秦皇岛为30吨，甚至不能应对中型集装箱船舶一个燃油舱的溢油。其次，溢油应急设备性质偏低，低水平重复配置现象严重，缺乏能应对重大溢油事故的专业船舶。防污染设备总量看似庞大，但实际应急能力不高。各港很少配备处理大规模溢油事故必不可少的专业溢油船舶，目前全国沿海和长江干线港口近300艘船舶可以参与应急清污行动，但是近85%是用于港口作业的污油水回收船，83.6%是排水量300吨以下的小型船舶，仅有不到10%的船舶自身拥有溢油回收能力。应急服务市场也未形成，由于应急清污收益没有保障，社会力量成长机制不完善，环保服务企业普遍没有能力配备先进和较大型专业应急设备，无法形成较强的溢油应急处置能力。

3. 海上溢油污染应急决策指挥系统较落后

应急决策指挥系统是溢油应急工作的指挥中枢，目前我国各级海上搜救中心的指挥决策系统仍十分落后，很大程度上依赖人工操作和经验判断，信息传输不通畅，智能化、自动化程度低，现场信息难以实时传递到指挥中心，严重制约应急工作的科学决策。

（四）化学品泄漏应急能力不强

危化品泄漏的事故虽然没有溢油事故频繁，且事故泄漏量较小，但影响范围相当大，应急反应更为复杂。危化品种类众多，行为方式多样，毒性效应复杂，应急反应技术不如溢油成熟，应急人员与人群皆处于风险中，对人类潜在的影响比溢油严重得多。

目前我国处理水上危化品泄漏事故应急反应能力还存在许多薄弱环节：①决策水平有待提高，因为危化品的复杂性和危险性导致事故发生后往往难以正确决策；②清污水平比较落后，缺乏相应的围控、清污等设备；③缺乏应急联动机制，诸多危化品泄漏事故暴露出陆地和水上没有形成应急反应联动机制，与预防控制措施脱节，致使危化品污染严重；④在危化品运输量越来越多的状况下，对其研究仍在初级阶段。

目前，国内外的危化品数据库大多基于陆地危化品泄漏特征建立，但危化品在水中的稀释度和分解过程不同于陆地，陆地危化品的数据库在应用于水上应急时，实用性受到一定限制。因此应开展水上危化品泄漏事故应急相关技术的研究，为危化品事故应急反应和处置提供科学决策支持平台。

第五章　我国海洋环境监测与风险控制工程发展的战略定位、目标与重点

一、战略定位与发展思路

注重顶层设计，按照世界发达国家和国际水平进行海洋环境监测与风险控制工程战略规划和布局，服务于国家发展蓝色经济和低碳经济的战略需求。

（一）战略目标

围绕海洋环境观测网、海洋风险管理综合信息服务平台及生态环境灾害的应急处置等重大工程的建设，全面提升海洋环境风险的综合管控能力，降低污染灾害、赤潮（绿潮）、溢油、危化品泄漏等灾害风险，实现核辐射等巨灾风险的可控，保障海洋生态安全，促进海洋经济持续发展。

在海洋环境监测及海洋生态工程的某些领域取得具有原创性的国际领先成果，构建与我国综合国力相符的海洋环境监测体系，参与和组织地区及国际海洋环境监测计划。

在未来 10～20 年内，掌握海洋环境监测设备核心技术，基本实现国产化。大力发展海洋环境监测网络，近岸海域环境实时监测网络能够覆盖所有重点保护区域和典型海洋区域，各监测网数据联网共享，基本形成区域海洋环境监测预报体系。

（二）战略任务与重点

针对我国海洋环境现状及目前海洋环境监测与风险控制能力建设存在的问题，未来 20～30 年间我国海洋环境监测与风险控制重点任务主要为以下几方面。

1. 构建强大的海洋生态环境监测系统

未来我国应在重点海域进一步加强由岸基监测站、船舶、海基自动监

测站、航天航空遥感组成的全天候、立体化数据采集系统的能力建设，使污染监测、生态监测、灾害监测及海洋自然环境监测结合为一体，建立错层次、多功能、全覆盖的海洋监视、监测与观测的网络结构，形成由卫星传送、无线传输、地面网络传输等多种技术和专业数据库组成的监测数据传输和监测信息整合系统。加强配备重金属、新型持久性有机污染物及放射性等的分析检测设备，探索适合我国的海洋环境监测分析技术方法，重点开展海洋功能区监测技术、海洋生态监测技术、赤潮监测技术、海洋大气监测技术、海域污染物总量控制技术、污染源监测技术研究，尽快形成标准规范，指导海洋环境风险评价与分析工作。

2. 构建完整的"基准—标准—监测—评价"海洋环境保护技术体系

完善海洋环境监测技术体系建设，加强国产海洋生态环境监测设备研发，基于我国海洋生态环境的特点与海洋生物区系分布特征建立具有我国特色的海洋水环境质量基准与标准体系，搭建海洋生态环境质量评估技术平台。针对重点海域建立国家海洋环境监测与评估计划，构建完整的"海洋水质基准—水质标准—生态环境监测—生态质量评价"海洋生态环境保护技术体系。

3. 建立海洋环境风险管理信息服务平台

构建海洋环境风险管理信息服务平台，主要包括应急监测数据编报系统、海洋环境监测数据库、风险源数据库、应急监测数据管理系统、应急信息产品制作系统、海洋动力动态数值模拟系统、海洋环境应急信息可视化查询系统等，为海洋环境突发事件提供应急处置的相关信息，从而提高应急指挥的实效性和科学性，最大限度地降低突发事件对海洋生态环境造成的不良影响。

4. 形成有效的海洋生态环境灾害应急处置能力

建立海洋溢油以及处置物质储备基地，根据海洋溢油风险区、多发区等合理布局溢油物质储备网络体系，合理配置消油剂、围油栏、吸油毡等常备物质。积极研发海洋溢油回收、绿潮海上处置等工程设备，提升海洋环境灾害的现场处置能力。建立由陆岸应急车辆、海洋应急专业船舶和直升机构成的海、陆、空立体快速应急反应体系，提升海洋生态环境应急反应速度。

5. 发展路线图

发展路线见图 2－4－1。

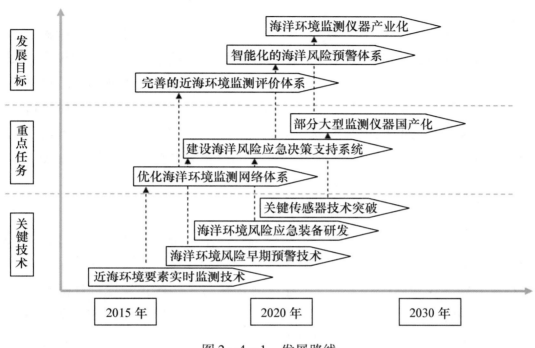

图 2－4－1　发展路线

二、重要领域海洋环境监测与风险控制工程发展战略

（一）以解决重大科学问题开展海洋环境监测技术的原始创新

先进海洋国家发展海洋环境监测技术的原始创新是以解决重大科学问题为引擎，海洋科学家从解决重大科学问题的角度，提出对新监测技术的需求，并与工程技术专家共同研发海洋监测高新技术。我们应充分借鉴这一成功经验，改变现行的海洋学家与工程技术专家分离的研发模式，提升我国海洋环境监测技术的原始创新能力。

（二）掌握海洋环境与生态监测关键技术

通过技术引进和自主研发相结合的途径，逐步掌握海洋生态环境监测技术和监测设备核心部件研发制造技术，实现相关设备的国产化。开展关键技术与装备的研制。通过投放浮标、潜标，以及海洋环境监测组网，进行海洋生态环境的实时观测应用。重点发展海洋生态环境长期原位观测传感器和进行监测设备系统集成。

（三）围绕国家战略目标，创新我国海洋环境监测技术特色发展道路

在借鉴美国等先进国家海洋学家与工程技术专家共同研发海洋生态环境监测技术的同时，必须充分考虑我国海洋环境监测技术及产品的市场发育尚不成熟，特别是国家海洋事业的发展亟待批量性研发高技术海洋环境监测技术及产品，因此我们必须走符合国情的特色创新发展道路，结合我国实际情况，建议构建适合我国国情的海洋环境监测技术研发，规范海上试验平台，利用规范化海上试验平台，使海洋学家与工程学家融为一体，实现在创新中发展，在发展中创新的海洋环境监测技术的研发体系。

（四）建立紧跟国际形势变化和国家需求的海洋环境监测体系

随着国力的增强和国际影响力的增加，我国在世界政治、经济及社会各方面的话语权不断提升，但在海洋环境监测领域，我们依然没有与国家地位相符合的领导权和话语权。因此，建议海洋环境监测的顶层设计和战略规划要有国际视野，主动承担起与我国管辖海域相关的地区海洋监测义务，逐步建立起包括相关亚太国家在内的西太平洋立体海洋监测体系，远期目标可覆盖北印度洋等对我国国家安全重要的海区。这既是建立在海洋学原理上的科学做法，也为今后我国在地区海洋国际事务上获得必需的主动权。

我国现有海洋环境监测体系除了在"体量"上需要进一步扩展，更重要的是在"质量"上进行提升。我国海洋监测数据、报告等需要获得国际社会的认可，可以作为国家利益谈判的依据，这需要建立我国海洋监测国际领先的科技战略：有国际先进水平的海洋科研实力，有国际一流水平的软硬件监测配置，有国际海洋科研和监测机构参与的监测体系，有国际社会接受的监测标准及数据质量，有国际影响力的监测成果等，积极鼓励各监测主体通过各种方式走出国门，在国际舞台上展示。

（五）建立完善我国海洋生态环境灾害监控预警及应急机制

针对海洋溢油及化学品泄漏等突发性海洋生态环境灾害事故，建立重点风险源、重点船舶运输路线等监控技术体系，完善海洋生态环境灾害监控预警及应急机制，保障海洋生态环境与人体健康安全，保障海洋经济的可持续发展。

第六章 海洋环境监测与风险控制工程发展重大政策建议

一、国家海洋生态环境监测网络与风险防控体系建设 ▶

海洋环境监测是开发利用海洋资源、保护海洋生态环境、促进海洋经济可持续健康发展的重要基础性工作，其目的是全面、及时、准确地掌握人类活动对海洋环境影响的水平、效应及趋势。

我国海洋环境监测工作起步于 20 世纪 70 年代，我国近岸海域环境监测在经历了准备期（1977 年以前）、起步期（1978—1983 年）、发展期（1984—1989 年）和提高期（1990—1998 年）4 个阶段后，现已进入了国家与地方共同发展时期。据统计，目前全国开展近岸海域环境监测的监测站共 400 多个，主要隶属于国家海洋局和地方省（自治区、直辖市），环境保护部和地方省（自治区、直辖市）、水利部、农业部、交通部、海洋石油总公司和中国科学院等，根据本系统的需要也设立了海洋环境监测站。

经过 30 多年的建设，我国的海洋环境监测业务体系不断完善，业务管理不断深化，监测质量与技术水平不断提高，监测领域不断拓展，监测内容逐渐丰富。"十五"期间，我国海洋环境监测工作取得了长足发展，监测内容全面拓展，监测手段更为丰富，技术水平总体已达国际 20 世纪 90 年代初先进水平，95% 以上的沿海地级市成立了海洋环境监测中心（站）。在新的历史时期，在已有海洋环境监测体系的基础上，建议在以下几个方面进一步加强建设。

（一）发展海洋高新监测技术

在强化传统的实验检测技术基础上，大力发展与引进国外成熟的高技术监测手段和监测技术，提升海洋环境监测能力，逐步实现对海洋生态环境的立体监测。

（二）建立海洋环境监测指标体系和评价模式

海洋环境监测指标是可以用于代表一个复杂海洋生态系统或环境问题关键要素的物理、化学、生物学或社会经济的测量因子，具有清晰的解释和明确的指示意义，并可以通过可比的技术方法进行测量，指标体系是实施海洋环境监测的重要基础。

我国海洋环境监测指标体系研究与发展比较缓慢，目前的评价预测仍然处于单要素的和简单的统计模式之中。赤潮、水质等要素的预测预警刚刚起步，生态环境的预测预报还是空白，缺乏针对性的预测预警产品，更缺乏高精度、高时空分辨率的预测预警业务化模式。

借鉴国际上已经形成的关于海洋及河口环境状况指标体系、生物健康评价指标体系、海洋及河口生态学指标体系、河口及海洋生物学评价准则和方法、珊瑚礁生态系统健康评价指标与方法等，结合我国海洋和生态系统的实际情况，研究制定我国海洋环境监测指标体系和评价模式，包括环境综合质量评价指标体系和方法、海洋生态系统健康评价指标体系和方法，以及海洋环境质量基准体系和生态环境评价指南等。

（三）完善海洋环境监测技术标准和规范

海洋环境监测技术标准和规范是海洋环境监测业务的技术纲领及指南，随着监测技术手段的不断更新和监测内容的不断拓展，监测技术标准和规范应同步加以更新。

（四）优化海洋生态环境监测布局和功能

从海洋科学发展、监督海域污染趋势、掌握生态环境变化、评估功能使用程度等多方面考虑，结合海洋功能区划有关划分原则，针对各个功能海域不同的使用功能，设置固定站和监督站。形成点面结合、突出重点、有效监控的布局。

进一步加强由岸基监测站、船舶、海基自动监测站（平台、锚泊浮标、潜标、海床基等）、航天航空遥感组成的全天候、立体化数据采集系统的能力建设。使污染监测、生态监测、灾害监测及海洋自然环境监测结合为一体，建立错层次、多功能的监测结构，形成由卫星传送、无线传输、地面网络传输等多种技术和专业数据库组成的监测数据传输与监测信息整合系统。

（五）加强质量监督和管理

将质量控制与质量保证制度化。尽快建立监测全程质量控制和质量保证体系，开展监测方案设计质量评价、采样质量保证、现场测量质量控制、实验室分析质量控制与保证、监测数据评价和监测报告质量评价等。

（六）海洋生态环境监测的信息化建设

推进海洋环境监测信息管理系统的建设工作，建立完善各类海洋数据库与信息共享平台，逐步实现多部门、多层次海洋环境监测数据与信息的共建、联管、共享、共用，提高海洋环境监测与评价结果服务的深度、广度与效能，提升海洋减灾防灾管理与决策技术支持能力。

（七）加强应急监测能力建设

编制国家重大海上污染事故应急计划，加强应急能力建设。一是开展污染事故危险源调查工作，建立危险源实时监测系统，形成完整的突发性环境污染事故应急监测体系；二是加强应急监测仪器设备的能力建设，加强应急人才队伍建设，构建较为完备的海洋污染事故快速反应体系与应急联动处置机制。

二、海洋环境质量基准/标准研究专项　▶

在防止海洋污染和保护海洋环境的管理手段中，海洋环境质量标准的作用最为基础，应用也最为广泛。而海洋环境质量基准标示了海洋环境中不同介质对特定污染物受纳能力的底线，是制定海洋环境质量标准的准绳和科学依据。在保障海洋生态环境安全中，海洋环境质量基准起着基础性的支撑作用。

严格地说，我国并没有在真正意义上建立起相应的水环境质量基准体系，而制约我国水质标准体系改进和完善的主要原因之一就是我国缺乏相应的水环境基准资料，所颁布制定的水质标准多借鉴于发达国家的生态毒性资料和相关基准/标准限值，因此对于我国海洋生态环境保护的科学性也值得商榷，也影响了对海洋环境污染等事故的风险评估。

此外，海洋环境基准的原创性研究能力标志着一个国家海洋环境科研的实力，随着保护海洋生物多样性和海洋环境管理工作的进一步强化与深化，制定符合我国国情的近海环境质量基准势在必行。因此，根据我国近海洋生物区系的特点和污染控制的需要，开展相应的海洋生态毒理学研究和海洋环境质量基准定值方法学的研究，构建符合我国近海环境特征的海洋环境质量基准体系，对加强我国海洋环境质量的监测、评价与监督管理，制定海洋环境保护技术政策、标准，维护和提高海洋环境质量、控制海洋环境污染都具有重要意义。

专项研究可包括以下内容：

- 重点海域海洋生态调查及优先污染物筛选；
- 海洋环境生物学基准技术研究；
- 海洋环境生态学基准技术研究；
- 海洋环境沉积物基准技术研究；
- 海洋环境质量基准向标准转化技术研究。

三、海洋生态系统健康指标筛选与评估专项 ▶

基于生态系统健康的管理就是将人类社会和经济发展的需要纳入生态系统中，协调生态、社会和经济目标，将人类的活动和自然的维护综合起来，维持生态系统健康的结构和功能，在此基础上使社会和经济目标得以持续，既实现生态系统的持续发展，又实现经济和社会的持续发展。目前，由于污染和过度开发，海洋面临着环境恶化、资源快速衰竭的状态，为保证海洋生态系统的可持续发展和修复因污染而造成的破坏，基于生态系统健康的管理理念已经成为海洋环境资源管理的主流思想。当前美国、欧洲等发达国家已经将基于生态系统水平的海洋管理理念作为制定 21 世纪海洋管理政策的基石。

评价和管理生态系统的方法应该是针对专门地理区域的，应该考虑到生态系统的知识体系和不确定性。建立基于生态系统水平管理的基础是对海洋生态系统的认知，基于生态系统水平的管理决策其效用取决于评价指标的敏感性、所确立目标的准确性以及对所面临问题的科学认知。所以，海洋生态系统健康评价指标及方法体系的建立，对于从深度意义上认识和评价海洋生态系统是否健康是非常必要的，也是开展基于生态系统水平海洋管理的必不可少的一个重要组成部分，在海洋开发与管理中具有广阔的发展应用前景。

总体目标为：筛选一系列具有明确意义的生态系统评价指标，建立测量和获得准确系统的评价指标的观测系统和技术手段，确定海洋生态系统健康指标基准值，发展和完善诸多生态系统强迫与社会经济发展之间权衡的评价模型。

主要研究内容包括：

- 海洋生态系统动态变化过程与机制研究；
- 海洋生态系统指示性因子筛选；
- 海洋生态系统健康基准值的确定；
- 生态系统健康评估模型的构建；
- 生态风险评估与预测方法。

主要参考文献

安居白，张永宁．2002．发达国家海上溢油遥感监测现状分析[J]．交通环保，23(3)：27
  －29．

陈国华．2010．国外重大事故管理与案例剖析[M]．北京：中国石化出版社．

陈虹，雷婷，张灿，等．2011．美国墨西哥湾溢油应急响应机制和技术手段研究及启示
  [J]．海洋开发与管理，(11)：51－54．

陈军．2010．关于加强海洋环境监测工作的思考[J]．海洋开发与管理，(12)：60－63．

陈平，李嫛，李俊龙．2012．日本海洋环境监测实施情况及启示[J]．环境与可持续发展
  (3)：86－69．

陈书雪．2009．港口溢油事故风险评估及防范研究[D]．天津：南开大学．

陈伟建黄志球．2012．我国海域溢油应急反应体系的现状分析与对策[J]．航海技术
  (2)：63－65．

崔凤，张双双．2011．海洋开发与环境风险－美国墨西哥湾溢油事件评析[J]．中国海洋
  大学学报(社会科学版)，(5)：6－10．

崔源，郑国栋，栗天标，等．海上石油设施溢油风险管理与防控研究[J]．油气田环境保
  护，20(1)：29－33．

邓华江，邓云峰．2006．我国应急管理体系现状、问题及对策[J]．新疆化工，(3)：
  10－15．

董艳．2011．海上溢油应急技术介绍[J]．中国海事，(9)：13－14．

董莹莹．2008．完善我国海洋环境监测的法律途径[D]．青岛：中国海洋大学．

付培南．2000．"中国海上船舶溢油应急计划"研究、编制与实施概况[C]//2000'船舶防
  污染法规研讨会论文集．

高清军，毛天宇．2010．港口溢油应急设备的科学配置[C]//2010年船舶防污染学术年

会论文集.北京:人民交通出版社.

郭院,朱晓燕. 2005. 试论中国的海洋环境监测制度[J]. 海洋环保,(2):55 - 60.

雷海. 2011. 回顾:墨西哥湾溢油的教训和启示[J]. 中国海事(9):11 - 12.

李伟鹏. 2012. 我国防治船舶污染海洋环境法律问题研究[D]. 哈尔滨:东北林业大学.

李旸译. 2011. 深海危机 - 墨西哥湾漏油事件[M]. 北京:人民邮电出版社.

刘康炜,杨文玉. 2012. 海上溢油监测技术研究进展[J]. 安全健康与环境,12(7):1 - 3.

刘亮,范会渠. 2011. 墨西哥湾漏油事件中溢油应对处理方案研究[J]. 中国造船,52(增1):233 - 239.

刘明. 2010. 我国海洋经济发展现状与趋势预测研究[M]. 北京:海洋出版社.

刘圣勇. 2005. 船舶溢油事故应急组织体系研究与决策处理[D]. 上海:上海海事大学.

刘岩,王昭正. 2011. 海洋环境监测技术综述[J]. 山东科学,14(3):30 - 35.

柳婷婷,田珊珊. 2006. 海上溢油事故处理及未来发展趋势[J]. 中国水运,4(11):27 - 29.

马德毅,王菊英,洪鸣,等. 2011. 海洋环境质量基准研究方法学浅析[M]. 北京:海洋出版社.

牟林,赵前. 2011. 海洋溢油污染应急技术[M]. 北京:科学出版社.

潘红磊,王祖纲. 2010. 国外海上溢油应急反应与治理技术分析[J]. 中国安全生产科学技术(增刊):65 - 67.

尚春明,贾抒,翟宝辉,等. 2005. 发达国家应急管理特点研究[J]. 城市综合减灾,12(6):64 - 69.

石欣. 2010. 海洋环境监测法研究[D]. 青岛:中国海洋大学.

田纪伟. 2004. 海洋监测高技术论坛[M]. 北京:海洋出版社.

王斌. 2002. 海洋生态环境监测体系建设的初步研究[J]. 海洋通报,21(6):52 - 59.

王广宇. 2009. 加拿大溢油应急反应机制对我国的借鉴[J]. 水运管理,31(1):33 - 39.

王菊英,韩庚辰,张志锋. 2010. 国际海洋监测与评价最新进展[M]. 北京:海洋出版社.

王立德. 2006. 直面灾难:美国鉴于印度博帕尔毒气泄漏事件采取的化学品事故应对措施[J]. 世界环境(1):24 - 26.

王敏. 2009. 美国应急管理体系建设的启示[J]. 陕西综合经济(1):34 - 35.

韦兴,平藏凡. 1996. 对我国海洋环境监测工作的若干建议[J]. 海洋环境科学,15(3):64 - 70.

吴克勤,林宝法,祁冬梅,译. 2004. 2020 年的海洋 - 科学/发展趋势和可持续发展面临的挑战[M]. 北京:海洋出版社.

徐根平．2011．我国海洋环境监测法律规制[D]．青岛：中国海洋大学．

许欢．2005．海上溢油事故风险评价回顾与展望[J]．环境评价,(8):50－52．

许丽娜,王孝强．2003．我国海洋环境监测工作现状及发展对策[J]．海洋环境科学,22
(1):63－68．

杨省世．2009．我国水上船舶溢油应急能力现状及建设规划研究[J]．海事研究,
37－41．

易晓蕾．2003．我国海洋环境监测工作发展的对策研究[D]．青岛：青岛海洋大学．

尹奇志,初秀民,孙星,等．2010．船舶溢油监测方法的应用现状及发展趋势[J]．航海
工程,39(5):246－250．

张耀光,韩增林译．2010．美国海洋政策的未来[M]．北京：海洋出版社．

张志颖．2004．我国海上溢油应急反应机制建设迫在眉睫[J]．安全生产与监督,(3):
26－28．

赵兴林．2005．对海上溢油应急反应计划的研究[D]．大连：大连海事大学．

《走向海洋》编辑出版委员会．2012．走向海洋[M]．北京：海洋出版社．

主要执笔人

王文兴	中国环境科学研究院	中国工程院院士
焦念志	厦门大学	中国工程院院士
孙　松	中国科学院海洋研究所	研究员
马明辉	国家海洋局第一海洋研究所	研究员
韩保新	环保部华南环境科学研究所	研究员
闫振广	中国环境科学研究院	副研究员
李超伦	中国科学院海洋研究所	研究员
李盛泉	烟台海事局	高级工程师
马　伟	中船重工集团公司751所	高级工程师
梁　斌	国家海洋局第一海洋研究所	副研究员
张　锐	厦门大学	副教授
余云军	环保部华南环境科学研究所	副研究员